“十二五”国家重点出版规划项目

高性能纤维技术丛书

玄武岩纤维

曹海琳 晏义伍 岳利培 赵金华 著

国防工业出版社

·北京·

内容简介

本书首先介绍了玄武岩纤维的国内外发展历程和几个主要国家的玄武岩纤维产业布局，然后以玄武岩纤维的制备技术为起点，详细介绍了玄武岩纤维结构与纤维综合性能的相关性以及玄武岩纤维的表面处理技术和不同处理技术的效果评价，最后重点介绍了玄武岩纤维在复合材料中的应用，同时兼顾玄武岩纤维的几种制品及其应用领域，力求尽可能全面囊括玄武岩纤维的基础研究、应用研究与产业发展。作为国内第一本有关玄武岩纤维的专著，本书学术性和应用性并重，广泛性与深刻性兼顾，内容紧跟国内外本学科近年来的发展动向，系统地总结和讨论玄武岩纤维及其复合材料的制备、性能、改性、应用以及工业化发展。

本书可供从事玄武岩纤维研究和生产的技术人员阅读，也可作为玄武岩纤维复合材料等应用研发人员的参考资料。

图书在版编目(CIP)数据

玄武岩纤维/曹海琳等著.—北京:国防工业出版社,2017.7
(高性能纤维技术丛书)
ISBN 978-7-118-11290-0

Ⅰ.①玄… Ⅱ.①曹… Ⅲ.①玄武岩—无机纤维
Ⅳ.①TS102.4

中国版本图书馆CIP数据核字(2017)第117053号

※

国防工业出版社出版发行
(北京市海淀区紫竹院南路23号 邮政编码100048)
国防工业出版社印刷厂印刷
新华书店经售

*

开本 710×1000 1/16 **印张** 13 **字数** 248千字
2017年7月第1版第1次印刷 **印数** 1—2000册 **定价** 78.00元

(本书如有印装错误,我社负责调换)

国防书店:(010)88540777 发行邮购:(010)88540776
发行传真:(010)88540755 发行业务:(010)88540717

高性能纤维技术丛书

序

Foreword

从2000年起，我开始关注和推动碳纤维国产化研究工作。究其原因是，高性能碳纤维对于国防和经济建设必不可缺，且其基础研究、工程建设、工艺控制和质量管理等过程所涉及的科学技术、工程研究与应用开发难度非常大。当时，我国高性能碳纤维久攻不破，令人担忧，碳纤维国产化研究工作迫在眉睫。作为材料工作者，我认为我有责任来抓一下。

国家从20世纪70年代中期就开始支持碳纤维国产化技术研发，投入了大量的资源，但效果并不明显，以至于科技界对能否实现碳纤维国产化形成了一些悲观情绪。我意识到，要发展好中国的碳纤维技术，必须首先克服这些悲观情绪。于是，我请老三委（原国家科学技术委员会、原国家计划委员会、原国家国防科学技术工业委员会）的同志们共同研讨碳纤维国产化工作的经验教训和发展设想，并以此为基础，请中国科学院化学所徐坚副所长、北京化工大学徐樑华教授和国家新材料产业战略咨询委员会李克建副秘书长等同志，提出了重启碳纤维国产化技术研究的具体设想。2000年，我向当时的国家领导人建议要加强碳纤维国产化工作，中央前后两任总书记均对此予以高度重视。由此，开启了碳纤维国产化技术研究的一个新阶段。

此后，国家发改委、科技部、国防科工局和解放军总装备部等相关部门相继立项支持国产碳纤维研发。伴随着改革开放后我国经济腾飞带来的科技实力的积累，到“十一五”初期，我国碳纤维技术和产业取得突破性进展。一批有情怀、有闯劲儿的企业家加入到这支队伍中来，他们不断投入巨资开展碳纤维工程技术的产业化研究，成为国产碳纤维产业建设的主力军；来自大专院校、科研院所的众多科研人员，不仅在实验室中专心研究相关基础科学问题，更乐于将所获得的研究成果转化为工程技术应用。正是在国家、企业和科技人员的共同努力下，历经近十五年的奋斗，碳纤维国产化技术研究取得了令人瞩目的成就。其标志：一是我国先进武器用T300碳纤维已经实现了国产化；二是我国碳纤维技术研究已经向最高端产品技术方向迈进并取得关键性突破；三是国产碳纤维的产业化制备与应用基础已初具规模；四是形成了多个知识基础坚实、视野开阔、分工协作、拼搏进取的“产学研用”一体化科研团队。因此，可以说，我国的碳纤维工程技术和产业化建设已经取得了决定性的突破！

同一时期，由于有着与碳纤维国产化取得突破相同的背景与缘由，芳纶、芳杂环纤维、高强高模聚乙烯纤维、聚酰亚胺纤维和聚对苯撑苯并二噁唑（PBO）纤维等高性能纤维的国产化工程技术研究和产业化建设均取得了突破，不仅满足了国防军工急需，而且在民用市场上开始占有一席之地，令人十分欣慰。

在国产高性能纤维基础科学研究、工程技术开发、产业化建设和推广应用等实践活动取得阶段性成就的时候，学者专家们总结他们所积累的研究成果、著书立说、共享知识、教诲后人，这是对我国高性能纤维国产化工作做出的又一项贡献，对此，我非常支持！

感谢国防工业出版社的领导和本套丛书的编辑，正是他们对国产高性能纤维技术的高度关心和对总结我国该领域发展历程中经验教训的执着热忱，才使得丛书的编著能够得到国内本领域最知名学者专家们的支持，才使得他们能从百忙之中静下心来总结著述，才使得全体参与人员和出版社有信心去争取国家出版基金的资助。

最后，我期望我国高性能纤维领域的全体同志们，能够更加努力地去攻克科学技术、工程建设和实际应用中的一个个难关，不断地总结经验、汲取教训，不断地取得突破、积累知识，不断地提高性能、扩大应用，使国产高性能纤维达到世界先进水平。我坚信中国的高性能纤维技术一定能在世界强手的行列中占有一席之地。

师昌绪

2014 年 6 月 8 日于北京

师昌绪先生因病于 2014 年 11 月 10 日逝世。师先生生前对本丛书的立项给予了极大支持，并欣然做此序。时隔三年，丛书的陆续出版也是对先生的最好纪念和感谢。——编者注

前言

Preface

玄武岩纤维是21世纪的绿色环保材料，是世界高技术纤维行业中可持续发展的有竞争力的新材料产业。玄武岩纤维属无机非金属纤维，由天然的玄武岩矿石在高温熔融状态下通过拉丝漏板拉制而成。玄武岩纤维的性能介于碳纤维与玻璃纤维之间，在强度、刚度上大体和S2高强玻璃纤维相当，优于E玻璃纤维，但其在耐高温、耐酸碱性等化学稳定性及耐水性、吸湿等方面有优异的性价比。碳纤维等增强纤维的严重短缺，为玄武岩纤维的开发和应用提供了前所未有的机遇，其优异独特的性能加之低成本的价格优势，使之必将具有广阔的市场应用前景。基于此，玄武岩纤维及其复合材料可以很好地满足国防建设、交通运输、建筑、石油化工、环保、电子、航空航天等领域结构材料的需求，对国防建设、重大工程和产业结构升级具有重要的推动作用。

20世纪60年代，苏联首先开始了玄武岩纤维的研制工作，经过了近20年不断的实践，于1985年在乌克兰玻璃纤维研究所建成采用200孔漏板的第一台工业化生产炉，揭开了全世界研究玄武岩纤维的序幕。自此以后，美国、加拿大、欧洲、日本等都相继展开了前期研究，研究范围越来越宽，从连续纤维到超细纤维，从纤维制品到纤维复合材料，可以说是这种新材料获得大规模工业化应用的前奏。

我国开展连续玄武岩纤维的研究较晚，始于20世纪90年代中期，通过技术引进、消化、吸收、再创新，近几年发展较快，工业化生产试验刚刚完成，技术已趋成熟，部分技术达到国际先进水平，取得了自主知识产权，并被列入为国家"863"计划。迄今，国内已生产和正在运作建厂的企业达10余家，年总产量20000t左右。

本书作为玄武岩纤维的专业书籍，详细介绍了玄武岩纤维的制备技术和综合性能，以及玄武岩纤维在复合材料中的主要应用等相关内容，以期成为从事玄武岩纤维研究与应用开发等方向专业人士的主要参考读物。本书主要内容包括玄武岩纤维的国内外发展历程和各主要研发国家的产业布局、玄武岩纤维的制备技术、玄武岩纤维的结构与性能、玄武岩纤维的表面处理技术、玄武岩纤维复合材料及其应用，以及玄武岩纤维制品及其应用。

本书由深圳航天科技创新研究院先进材料所组织编著，第 1 章由曹海琳撰写，第 2 章由晏义伍撰写，第 3 章由岳利培撰写，第 4 章由赵金华撰写，第 5 章由曹海琳撰写，第 6 章由晏义伍撰写，佟晓楠和李振伟参与了书稿整理工作，全书统稿由曹海琳完成。

限于作者知识水平，书中不妥之处在所难免，欢迎读者匡误斧正。

作者

2017 年 1 月

目录

Contents

第1章 绪论 ······ 001

1.1 玄武岩纤维发展简史 ······ 001

1.1.1 国外玄武岩纤维发展历程 ······ 001

1.1.2 国内玄武岩纤维发展历程 ······ 002

1.2 当今世界玄武岩纤维产业布局 ······ 003

1.2.1 国外玄武岩纤维产业布局 ······ 003

1.2.2 国内玄武岩纤维产业布局 ······ 004

1.3 应用领域 ······ 005

1.4 发展趋势 ······ 006

参考文献 ······ 007

第2章 玄武岩纤维的制备技术 ······ 009

2.1 玄武岩矿石的品位与拉丝要求 ······ 009

2.1.1 玄武岩矿藏分布与矿石成分 ······ 009

2.1.2 玄武岩熔体特性与拉丝要求 ······ 011

2.2 熔炉设计与拉丝工艺 ······ 015

2.2.1 矿石选取与添加 ······ 017

2.2.2 熔炉设计 ······ 018

2.2.3 漏板设计与拉丝工艺 ······ 021

2.3 玄武岩纤维浸润工艺 ······ 026

2.3.1 浸润剂 ······ 026

2.3.2 浸润工艺 ······ 030

2.4 合股工艺 ······ 033

2.5 加捻纱制备 ······ 034

2.6 短切纱制备 ······ 037

参考文献 ······ 039

第 3 章　玄武岩纤维的结构与性能 …… 040

3.1　基本物理性能 …… 040

3.1.1　表面形貌 …… 040

3.1.2　密度 …… 041

3.2　化学组成与结构 …… 041

3.2.1　化学组成 …… 041

3.2.2　微观精细结构 …… 043

3.3　表面状态与性能 …… 048

3.3.1　表面状态 …… 048

3.3.2　表面能 …… 049

3.4　力学性能 …… 049

3.5　热性能 …… 052

3.5.1　热稳定性 …… 052

3.5.2　绝热性能 …… 054

3.6　耐腐蚀性能 …… 054

3.6.1　耐酸腐蚀性 …… 055

3.6.2　耐碱腐蚀性 …… 057

3.7　电磁性能 …… 061

3.8　阻燃性能 …… 062

3.9　隔音性能 …… 062

参考文献 …… 063

第 4 章　玄武岩纤维的表面处理技术 …… 064

4.1　表面处理技术 …… 064

4.1.1　涂层处理法 …… 064

4.1.2　化学处理法 …… 071

4.1.3　其他改性技术 …… 076

4.2　表面处理效果评价 …… 077

4.2.1　表面处理效果评价方法 …… 077

4.2.2　涂层表面处理效果 …… 083

4.2.3　偶联剂表面处理效果 …… 096

4.2.4　酸碱刻蚀表面处理效果 …… 100

4.2.5　等离子体表面处理效果 …… 103

参考文献 …… 104

第5章 玄武岩纤维复合材料及其应用 …… 106
5.1 热固性树脂基复合材料 …… 106
5.1.1 环氧树脂基复合材料 …… 107
5.1.2 酚醛树脂基复合材料 …… 113
5.1.3 玄武岩纤维增强乙烯基树脂复合材料及其应用 …… 127
5.2 热塑性树脂基复合材料 …… 133
5.2.1 连续玄武岩纤维增强热塑性树脂基复合材料 …… 134
5.2.2 短切玄武岩纤维增强热塑性树脂基复合材料 …… 149
5.3 建筑用玄武岩纤维增强复合材料 …… 161
5.3.1 玄武岩纤维在路面土工格栅中的应用 …… 161
5.3.2 玄武岩纤维在水泥基复合材料中的应用 …… 166
参考文献 …… 174
第6章 玄武岩纤维制品及其应用 …… 176
6.1 无捻粗纱 …… 176
6.1.1 规格与性能 …… 176
6.1.2 应用领域与实例 …… 177
6.2 短切纱 …… 178
6.2.1 规格与性能 …… 178
6.2.2 应用领域与实例 …… 179
6.3 织造制品 …… 181
6.3.1 二维织造制品与应用(布、毡等) …… 181
6.3.2 三维制造制品与应用(立体织物) …… 184
6.4 其他制品及应用 …… 185
6.4.1 土工格栅 …… 185
6.4.2 复合筋 …… 186
参考文献 …… 188

第1章

绪　论

1.1　玄武岩纤维发展简史

1.1.1　国外玄武岩纤维发展历程

玄武岩纤维（Basalt Fiber，BF）的研制工作20世纪60年代始于苏联，当时玄武岩纤维在一些特性上超过玻璃纤维，强度比钢材还高，而且在700℃条件下强度保有率高的特性引起了苏联军方的注意，苏联国防部门下达项目给乌克兰基辅材料问题研究院进行基础研究，该院建成“绝热隔音材料科研生产联合体”。经过了近20年不断的实践，花费了上亿美元，苏联科学家才最终开发成功了玄武岩连续纤维的生产工艺和技术。1985年在乌克兰玻璃纤维研究所建成采用200孔漏板的第一台工业化生产炉，揭开了全世界研究玄武岩纤维的序幕。美国、加拿大、欧洲、日本、中国等都相继展开了前期研究，研究范围越来越宽，从连续纤维到超细纤维，从纤维制品到纤维复合材料，可以说是这种新材料获得大规模工业化应用的前奏[1]。

苏联是世界上着手玄武岩纤维研究最早也最成熟的国家，但由于苏联解体，经济不景气，未能有效地推动玄武岩纤维的产业化进程。2000年，世界上唯一的年产1500t的工业化生产基地在乌克兰玻璃纤维与塑料研究所内建成。该厂由日本人投资，方式为乌克兰/日本合资，乌方提供技术，日方提供资金，产品100%由日本人回购，主要用于丰田LEXUS轿车消音器的绝热隔音毡。乌克兰为了防止技术流失，从未向世界各地的参观者介绍其技术与产品。苦于资金的缺乏，乌克兰无力推动玄武岩纤维及复合材料的进一步研究[2]。

俄罗斯在20世纪90年代也大力开展了玄武岩纤维材料的研究，俄罗斯实力雄厚的军工科研机构——俄罗斯国家石墨结构材料研究院（“暴风雪”号航天飞机材料研究单位）在玄武岩纤维的研究与开发方面做了大量的工作，主要成果包括将玄武岩纤维与聚合物材料、金属材料、陶瓷材料、无机和碳素材料相结合研制各种复合材料。玄武岩纤维研究列入了俄罗斯联邦“新材料和化学制品”重大技术项目，有关研究成果得到欧盟工业委员会和联合国的高度评价，并在一系列大型国际博览会上获得了多项金奖。为了全面发展玄武岩纤维材料研究和应用工作，俄罗斯石墨研究院发出倡议，并在莫斯科市政府的大力支持下，1998 年正式推出“在莫斯科经济建设中推广应用玄武岩纤维新材料综合纲要”，该纲要也得到俄罗斯联邦科技部的认可和支持。俄罗斯石墨研究院作为牵头单位具体组织和实施该重大项目，另外还有俄罗斯及独联体其他国家的 40 多个科研、设计和生产单位也参与实施这个纲要，它们包括俄罗斯苏达格茨玻璃纤维股份公司、莫斯科保温玻璃股份公司、列宁格勒电气机械厂、俄军工科研企业“中央科学设计局”、俄罗斯石墨研究院玄武岩科技中心，以及“隔热隔音材料”股份公司（乌克兰）等。俄罗斯正加强对玄武岩材料的研究与开发，并积极推动这一新材料在国防及国民经济中的应用。可以说，玄武岩纤维的开发与应用正展现出极其广泛的诱人的发展前景。目前，俄罗斯的研究重点主要是制备连续纤维及超细纤维的工艺及方法，纤维复合材料性能开发与应用等。

美国和加拿大从 20 世纪 90 年代才开始研究玄武岩纤维，从有关报道的情况来看，已有几家公司及若干所大学涉足这项研究。最近，美国的海特克（Hightec）公司、联合纤维（Fiberand）公司及加拿大的亚伯力（Albarrie）公司已相继宣称成功地制造了玄武岩连续纤维及超细纤维，并称已使用 800 孔漏板拉丝技术，可实现年产纤维 1000t。德国、英国、瑞典等国都报道生产出了可用于飞机发动机喷气管绝热隔音的超细玄武岩纤维。日本是世界上第一个规模化应用玄武岩连续纤维的国家。由于丰田 LEXUS 汽车发动机的废气出口温度的提升，原来使用玻璃纤维制造的消音器绝热隔音毡不能满足使用要求，因此日本出资与乌克兰建立了合资企业生产玄武岩连续纤维应用在这个方面[3]。

1.1.2 国内玄武岩纤维发展历程

我国开展连续玄武岩纤维（CBF）的研究较晚，始于 20 世纪 90 年代中期，通过技术引进、消化、吸收、再创新，近几年发展较快，工业化生产试验刚刚完成，技术已趋成熟，部分技术达到国际先进水平，取得了自主知识产权，并被列入国家“863”计划。迄今国内已生产和正在运作建厂的企业达 10 余家，年总产量 20000t 左右。

国内玄武岩纤维在产业化初期，大多引进模仿苏联的工艺技术。然而几年的实践证明，这些引进的技术在中国很难获得成功。国内现存的玄武岩纤维生产线，大多是各企业结合自身特点，依靠国内玻璃纤维行业技术人员在苏联技术设备基础上进行改造创新建立起来的,因此各厂生产工艺也不尽相同。炉窑方面,目前国内玄武岩纤维生产工艺主要有全电熔炉和气电结合炉两种。从目前表现来看,两种熔炉各有优劣:全电炉自动化控制较好,原丝线密度较为稳定;气电结合炉则由于受炉窑熔化能力的局限较小,采用熔炉多漏板拉丝技术,生产成本相对更低。漏板方面,目前各企业已经在完善400孔漏板拉丝工艺的基础上,逐步尝试更大漏板拉丝技术[4]。

1.2 当今世界玄武岩纤维产业布局

1.2.1 国外玄武岩纤维产业布局

21世纪以来由于实业资本的投入,玄武岩纤维在全球发展速度明显加快。

美国Paymeon集团旗下的美国玄武岩公司(Basalt America)专注于玄武岩纤维复合筋的生产和销售,玄武岩纤维复合筋可解决传统钢筋锈蚀的材料固有难题,其产品已被本土的迈阿密大学和佛罗里达交通部权威认证通过。同时最新的美国纤维增强塑料杆标准也首次将玄武岩纤维筋列入其中。美国利毕科技公司(Libi Technologies)目前销售两种不同型号的滑雪板,在这两种型号中所加入的是玄武岩纤维,而不是其他型号中通常使用的玻璃纤维。默文制造公司(Mervin Manufacturing)制备玄武岩增强滑雪板,在其拥有专利权的滑雪板木芯的每一侧都有玄武岩衬里,使滑雪板刚性更好,重量更轻。该公司还在其生产的Quik Sliver牌滑雪板中使用了玄武岩科技公司(Basaltex)的玄武岩产品。

在汽车工业方面,美国Azdel公司(GE和PPG的合资公司)开发了一种商名为Volcalite的热成型热塑性复合材料,该热塑性复合材料含有聚丙烯和玄武岩短纤维。该公司称玄武岩聚丙烯系统吸声性好、热膨胀系数低、强度重量比高、延展性好。在制造汽车顶蓬内衬时能够比使用普通材料薄50%。在英国、美国都设有公司的高技术纤维产业公司(Technical Fiber Products)使用玄武岩短纤维制造薄毡。该公司正在用这种薄毡试生产多层复合的热成型的汽车部件。佳斯迈威欧洲公司也在生产湿法玄武岩薄毡。

在欧洲,CBF因原料可持续利用和蕴藏丰富、生产过程绿色环保等原因,近年在德国、比利时和英国等建立生产厂家,其下游产品开发厂家尤为活跃。

2006年筹建并于2010年建成的比利时艾梭玛德克斯公司(Isomatex)通过计算机准确控制玄武岩纤维与其它矿石混合来准确控制原料成分均匀,并采用独特的感应电炉解决玄武岩熔体导热率低等技术问题,制备出高强度的玄武岩纤维。同样,位于比利时韦弗海姆市的玄武岩科技公司(Basaltex)率先把玄武岩纤维引入欧洲,专注于开发、生产高性能特种多用途玄武岩纤维以代替高强玻璃纤维、钢纤维、芳纶和高强度碳纤维,并取得初步应用,特别推出多款环保绿色复合材料。

在亚洲,连续玄武岩纤维的生产集中在中国、格鲁吉亚、韩国等国家,在这些国家中凡是用火焰炉生产连续玄武岩纤维的技术大多是来自于乌克兰或俄罗斯,唯独中国的全电熔炉是中国人自己的独立创新[5]。

近几年,由于世界经济的快速发展,全世界迎来了新的投资连续玄武岩纤维的热潮,有力地带动了该复合材料的强劲增长。但是受制于玄武岩矿石原料产地,并非所有的玄武岩矿石均适合制备连续玄武岩纤维,例如俄罗斯虽然拥有全球差不多1/5的大陆面积,但是至今还没有发现一处理想的生产连续纤维的优质玄武岩矿石,目前所用优质玄武岩矿石原料主要从乌克兰进口。全球范围内能够用来拉制连续纤维的优质玄武岩矿石极少,玄武岩纤维在全球的产业布局形成了乌克兰、俄罗斯、中国“三足鼎立”的局面[6]。

1.2.2 国内玄武岩纤维产业布局

我国在玄武岩纤维方面的研究起步较晚。20世纪90年代中期,南京玻璃纤维研究设计院最早开始玄武岩纤维的研究,专注于适合充当隔热材料的超细玄武岩纤维,主要用于战斗机发动机外壳等军工用途。随着国家相关部门对玄武岩纤维的重视,2002年哈尔滨工业大学深圳研究院派专家出访乌克兰,带回玄武岩纤维样品,并依托哈尔滨工业大学与乌克兰、俄罗斯坚实的合作基础及广泛的合作交流渠道,组建了专门的研究队伍致力于玄武岩纤维技术的引进、研发及其产业化工作。

2014年3月,在2014(吉林)高新技术纤维材料产业创新论坛举办期间,中国化学纤维工业协会玄武岩纤维分会成立,该分会是隶属于中国化学纤维工业协会的分支机构。该分会的成立代表国内玄武岩纤维逐步走向产业化。截止到2016年底,国内全行业粗略统计年总产能在20000t左右,玄武岩纤维规模化生产企业主要为四川航天拓鑫玄武岩实业有限公司(四川航天拓鑫)、浙江石金玄武岩纤维有限公司(浙江石金)、江苏天龙玄武岩连续纤维股份有限公司(江苏天龙)、河北通辉科技有限公司(河北通辉)、山西晋投玄武岩开发有限公司(山西晋投)、新疆拓新矿业有限公司(新疆拓新)、吉林通鑫玄武岩科技有限公司(吉林通鑫)、吉林玖鑫玄武岩产业(集团)有限公司(吉林玖鑫)、河南登电电力有限公司(河南登电)和贵州石鑫玄武岩科技有限公司(贵州石鑫)十家企业。浙江石金、江苏天龙和河南登电采用电熔炉技术,剩余7家采用均采用四川航天拓鑫气电结合炉技术。我国现有玄武岩纤维生产企业及其基本情况如表1-1所列。

表1-1 我国现有玄武岩纤维生产企业及其基本情况

企业	进入行业时间	工艺路线	纤维产能/t
四川航天拓鑫	2003	气电结合炉	3000
浙江石金	2003	全电熔炉	3000
江苏天龙	2007	全电熔炉	1000
河北通辉	2010	气电结合炉	2000
山西晋投	2012	气电结合炉	800
新疆拓新	2012	气电结合炉	1000
吉林通鑫	2013	气电结合炉	1000
吉林玖鑫	2013	气电结合炉	800
河南登电	2015	全电熔炉	1000
贵州石鑫	2015	气电结合炉	3000

1.3 应用领域

1. 军事、航空航天材料市场

在我国航空航天领域的现有武器装备型号与新型导弹和飞行器中,还大量使用玻璃纤维、高硅氧纤维和碳纤维增强的复合材料。由于缺少性能介于碳纤维与玻璃纤维之间的纤维,很多武器装备型号在选材上顾此失彼,即要么用碳纤维增加武器装备的成本,要么用玻璃纤维不能保证武器装备的性能。玄武岩纤维的出现为上述问题的解决提供了良好的途径,它作为耐高温、轻质、高性能防热和热结构材料可完全替代玻璃纤维复合材料,部分替代价格昂贵的高硅氧纤维和碳纤维增强复合材料,可提高导弹和飞行器的综合性能并降低制备成本,是我国高超声速导弹和飞行器理想的防热候选材料[7]。

2. 公路工程及交通安全防护材料市场

玄武岩纤维是一种理想的沥青混凝土及水泥混凝土加强材料,可广泛用于道路建设。与其他纤维加强沥青混凝土相比,玄武岩纤维具有不可替代的优势。在沥青混凝土及水泥混凝土中是替代木纤维、聚丙烯(PP)纤维、钢纤维的理想材料。此外,在公路建设中,玄武岩纤维复合筋具有高强轻质、高耐腐蚀、施工便利等特点,也是取代钢筋的理想材料,玄武岩纤维及其织物还可用来加固强化路堤、斜坡、堤坝及河岸。玄武岩纤维缆索作为一种新的柔性防护材料,由于其强度高、耐腐蚀、轻质易施工等优点将逐步取代目前市场上的传统材料。

3. 加固材料市场

玄武岩纤维单向布尤其适合于替代碳纤维单向布用于建筑桥梁加固补强和

修复,玄武岩纤维比部分碳纤维具有更突出的综合性能和性价比。在建筑加固领域,用于柱体抗震加固的玄武岩纤维性能已经非常接近碳纤维,某些指标数据比部分碳纤维更优越。

4. 消烟除尘过滤材料市场

目前,在过滤市场上应用最多的是玻璃纤维。鉴于玻璃纤维本身强度、耐磨、耐折及耐化学腐蚀性的不足,不得不对其表面进行浸渍等特殊工艺处理。此外,在300℃以上,玻璃纤维过滤材料无法胜任连续工作的要求,而上述工业行业又迫切需要强度高、耐高温、耐腐蚀的过滤材料以适应其恶劣的工作环境。玄武岩纤维正好将填补这一空白。

5. 汽车材料市场

玄武岩纤维复合材料(FRP)可以作轿车车壳、车身、底板、保险杠、车门、消音器、刹车片等。与玻璃纤维相比,玄武岩纤维的拉伸模量要高30%~50%,因此具有极大的市场竞争力。尤其是刹车片,玄武岩纤维几乎将无可争议地取代石棉及玻璃纤维。对于消音器的绝热隔音,玄武岩纤维也是最理想的一种材料。

6. 体育器械和娱乐用品市场

体育器械和娱乐用品要求重量轻、强度高、弹性好,这正是玄武岩纤维固有的特点。除此之外,它还具有可设计性,成形和修补都很方便,其优越的性价比也使其成为取代碳纤维的理想材料。

7. 船舶制造材料市场

玄武岩纤维优异的耐化学腐蚀及力学性能,又使其成为一种理想的舰船用复合材料的加强纤维。这种用玄武岩纤维加强的树脂复合材料作为舰船的结构及装饰材料可在游艇、渔船及内河客船等方面得到广泛应用,是取代玻璃纤维复合材料的理想替代品。

1.4 发展趋势

玄武岩连续纤维及其复合材料是21世纪的绿色环保材料,是世界高技术纤维行业中可持续发展的有竞争力的新材料产业。玄武岩纤维及其复合材料可以较好地满足国防建设、交通运输、建筑、石油化工、环保、电子、航空航天等领域结构材料的需求,对国防建设、重大工程和产业结构升级具有重要的推动作用。我国铁矿石资源缺乏,以玄武岩连续纤维制品替代钢材在道路、桥梁及建筑中的运用必将引起越来越多的关注。

从全球的发展水平看,玄武岩纤维的技术及规模尚处于初级阶段,这为我国赶超国外的先进技术水平提供了很大的发展空间和市场机遇。我们要充分认识到:第一,我国玄武岩连续纤维与发达国家的巨大差距和亟待强化发展的重要意义;第二,加强工艺及设备的工程化配套研究,进一步认清高新技术纤维产业信息化和标准化工作的重要性。由浙江石金牵头制定的《水泥混凝土和砂浆用短切玄武岩纤维》(GB/T 23265—2009)国家技术标准是我国乃至全球第一个有关玄武岩纤维的国家级技术标准,今后还要继续努力进一步加强相关检测标准制定,推动连续玄武岩纤维产业安全和可持续发展。目前,我国制定的《JT/T 776—2010 公路工程玄武岩纤维及其制品》等玄武岩纤维相关标准,为玄武岩纤维的普及推广奠定了基础。

在全世界碳纤维严重短缺的背景下:一方面,美国利用其军事联盟国(包括日本在内)借机对我国进行更加严密的封锁;另一方面,近几年来,美国、加拿大、德国、英国、日本、韩国等国也纷纷加大国防科研的投入,开展了连续玄武岩纤维在国防军工领域的应用研究,并展开了激烈的专利保护战。显然,连续玄武岩纤维将改变世界先进材料的格局,由于其性价比好,已经展现出广阔的国防军工的应用前景。

从国家层面上看,我国对连续玄武岩纤维的发展具有强大的国家影响力。发展连续玄武岩纤维制备技术在2001年6月列为中俄两国政府间科技合作项目;2002年8月列入国家“863”计划;2002年5月列入深圳市科技计划;2004年5月列入国家级“火炬”计划;2004年11月列入国家科技型中小企业创新基金,并列入国家“十一五”科技计划和国家发改委的中长期发展规划。一个项目先后有那么多的国家和地方科技计划的支持,这在其他国家是少见的,这充分反映了我国对发展连续玄武岩纤维的高度重视和支持。

从发展的基本条件看,我国火山和火山岩分布广泛,按照地理位置,可划分为两大区域:一是沿我国东部大陆边缘,存在数以百计的火山群和火山锥,成为环太平洋火山链的一部分;二是位于青藏高原及周边地区的火山群。由此可见,我国玄武岩矿床储量极其丰富,有充足的原料供应保障,且生产无“三废”排放,属国家产业发展政策鼓励方向。

从我国的市场看,我国本身就具有新材料应用的庞大市场。玄武岩连续纤维有较高的技术壁垒,近几年内不会受到像玻璃纤维那样的低价竞争。由于它可以替代玻璃纤维、石棉和部分碳纤维,而且玄武岩纤维及其复合材料的性能优异,制造成本又相对较低,替代潜力很大,可填补我国新材料领域的空白。玄武岩纤维增强复合材料的开发应用具有极为诱人的发展前景。这种新材料经济寿命达30年甚至50年以上,目前在国际上正处于方兴未艾的发展期,在国内尚处于起步阶段。要使国内的玄武岩连续纤维有一个良好的发展环境,就应当抓紧玄武岩纤维增强复合材料与制品的研究和开发,拓展玄武岩纤维的应用领域。

从我国企业参与投资新材料的情形看,企业有着进行技术创新及发展的强烈欲望与实力。从新材料的制造成本看，中国具有低成本制造连续玄武岩纤维得天独厚的条件。国家“863”计划该课题的研究成果表明，我国有着完全自主知识产权的低成本、大规模发展连续玄武岩纤维的新技术、新装置和新工艺。

在碳纤维短缺的时期，我国要积极开发新产品，以变应变，把碳纤维的短缺当作一个契机或者转机，利用连续玄武岩纤维优异的综合性能和良好的性价比，开发出更多的新产品。与其他高科技纤维的发展相比，我国连续玄武岩纤维的发展最有希望“后来者居上”，使我国成为全世界最大的生产及应用大国。

参考文献

[1] 郭欢，麻岩，陈姝娜. 连续玄武岩纤维的发展及应用前景[J]. 纤维·广角，2010，3：76－79.

[2] 吴佳林. 连续玄武岩纤维的研究进展及应用[J]. 化纤与纺织技术，2012，41(3)：38－41.

[3] Qing H E, Hong H U. Investigation on the knittability of basalt fiber yarns by a computerized flat knitting machine[J]. Journal of Donghua University (Natural Science), 2009, 35(3): 1－5.

[4] Ming Z H, Hong H U. CBF Weft Fleecy Structure Reinforced Composites and Their Properties[J]. Journal of Donghua University (Natural Science), 2009, 35(6): 660－664.

[5] 谢盖尔. 玄武岩纤维的特性及其在中国的应用前景[J]. 玻璃纤维，2005(5)：44－48.

[6] 石钱华. 国外连续玄武岩纤维的发展及其应用[J]. 玻璃纤维，2003(4)：27－31.

[7] 胡显奇，申屠年. 连续玄武岩纤维在军工及民用领域的应用[J]. 高科技纤维与应用，2005，30(6)：7－13.

第2章

玄武岩纤维的制备技术

2.1 玄武岩矿石的品位与拉丝要求

2.1.1 玄武岩矿藏分布与矿石成分

玄武岩是一种火山岩，是由火山喷发的岩浆在低压条件下迅速凝固于地表形成的一种矿石。研究数据显示，地壳中火成岩（溢出岩）占95%，变质岩占4%，沉积岩占1%，而火成岩中有2/3是花岗岩，1/3是玄武岩，即玄武岩在地壳中的含量约为32%。玄武岩矿石主要由基性岩构成，SiO_2占45%～52%，其他一些主要成分包括Al_2O_3（12%～16%）、Na_2O与K_2O（2%～8%）、CaO与MgO（10%～20%）以及Fe_2O_3和FeO（共占6%～18%）。

由玄武岩矿石熔融拉丝制备玄武岩纤维的生产技术起源于20世纪50年代初期民主德国、捷克斯洛伐克、波兰等东欧国家，但研究工作主要集中在苏联。1985年，苏联在乌克兰成功开发200孔玄武岩矿石熔融拉丝技术制备玄武岩纤维，宣告了玄武岩纤维工业化生产时代的到来。当时生产的玄武岩纤维被非常隐秘地用于军事和航空领域，其开发主要依托于苏联地区的乌克兰、俄罗斯、哈萨克斯坦、土库曼斯坦、塔吉克斯坦、格鲁吉亚、亚美尼亚等地丰厚的玄武岩矿石储量。

苏联解体后，乌克兰与俄罗斯继承了其玄武岩纤维生产工艺与先进技术。随着最近几年中国在玄武岩纤维生产工艺以及玄武岩纤维复合材料的研究开发方面不断的投入，在全球范围内形成了俄罗斯、乌克兰、中国“三足鼎立”的新格局，这固然与全球范围内玄武岩纤维制备工艺的持续高投入研究和技术突破有关，但从根本上还是与俄罗斯、乌克兰以及中国丰富的玄武岩矿石储量作为基础条件有关。

在乌克兰，所有地区的火成岩均可露天开采，其储量在几亿立方米以上，对工业生产来说完全不受限制。乌克兰的罗夫诺州玄武岩储量最大，在顿涅茨克州的第聂伯罗彼得洛夫斯克、查普罗叶、基洛沃格勒以及罗夫诺州的克里米亚、伊万诺夫、贝里斯托夫、拉法罗夫斯克等地的玄武岩亦被广泛用来制备玄武岩纤维制品。乌克兰地区的玄武岩矿藏分布及矿石成分如表2－1所列。

表2－1　乌克兰玄武岩矿藏分布及矿石的主要化学成分

<table>
<tr><th rowspan="2">矿藏分布</th><th colspan="11">氧化物含量/%</th></tr>
<tr><th>SiO_2</th><th>TiO_2</th><th>Al_2O_3</th><th>Fe_2O_3</th><th>FeO</th><th>CaO</th><th>MgO</th><th>Na_2O</th><th>K_2O</th><th>MnO</th><th>SO_3</th></tr>
<tr><td>贝里斯托夫（罗夫诺州）</td><td>48.9</td><td>1.6</td><td>16.10</td><td>4.6</td><td>9.1</td><td>10.2</td><td>5.1</td><td>2.30</td><td>1.30</td><td>0.3</td><td>0.3</td></tr>
<tr><td>伊万诺夫（罗夫诺州）</td><td>50.4</td><td>2.5</td><td>12.47</td><td>8.5</td><td>9.5</td><td>9.3</td><td>5.7</td><td>2.22</td><td>0.92</td><td>—</td><td>—</td></tr>
<tr><td>拉法罗夫斯克（罗夫诺州）</td><td>47.9</td><td>1.4</td><td>14.3</td><td>4.8</td><td>6.3</td><td>9.2</td><td>7.6</td><td>3.3</td><td>0.4</td><td>—</td><td>—</td></tr>
<tr><td>卡姆舍瓦斯科（顿涅茨克州）</td><td>47.7</td><td>1.0</td><td>18.6</td><td colspan="2">11.7</td><td>6.0</td><td>4.2</td><td colspan="2">7.5</td><td>—</td><td>—</td></tr>
<tr><td>诺瓦克斯科（顿涅茨克州）</td><td>43.3</td><td>2.0</td><td>16.6</td><td colspan="2">14.2</td><td>12</td><td>5.9</td><td colspan="2">2.6</td><td>—</td><td>—</td></tr>
<tr><td>维尔克斯科（顿涅茨克州）</td><td>43.8</td><td>3.7</td><td>13.2</td><td colspan="2">13.0</td><td>9.9</td><td>6.7</td><td>2.8</td><td>1.7</td><td>—</td><td>—</td></tr>
</table>

在俄罗斯，科米共和国的距乌赫塔150km的沃伊扎尤－沃里克温斯克地区有大量的玄武岩，这些地区的玄武岩以铁矾土以及铝土矿的形式存在，其化学成分及矿物质含量非常稳定，在远东地区，发现了大量的安山石－玄武岩。俄罗斯科米和远东地区的玄武岩化学成分及含量如表2－2所列。

表2－2　俄罗斯科米及远东地区玄武岩的主要化学成分

<table>
<tr><th rowspan="2">岩石主要矿物质及产地</th><th colspan="11">氧化物含量/%</th></tr>
<tr><th>SiO_2</th><th>TiO_2</th><th>Al_2O_3</th><th>FeO</th><th>Fe_2O_3</th><th>CaO</th><th>MgO</th><th>Na_2O</th><th>K_2O</th><th>MnO</th><th>SO_3</th></tr>
<tr><td>玄武岩，科米地区</td><td>48.5 ~ 49.6</td><td>1.1 ~ 1.8</td><td>13.1 ~ 14.9</td><td>—</td><td>13.5 ~ 13.7</td><td>10 ~ 10.5</td><td>7.1 ~ 7.5</td><td>—</td><td>2.3 ~ 2.5</td><td>—</td><td>—</td></tr>
<tr><td>安山石－玄武岩，远东地区</td><td>55.2</td><td>—</td><td>18.43</td><td>6.97</td><td>2.3</td><td>7.57</td><td>4.10</td><td>2.48</td><td>1.59</td><td>—</td><td>—</td></tr>
</table>

我国和俄罗斯、乌克兰一样，生产玄武岩纤维的唯一原料来自于火山岩，其主要化学成分为SiO_2、Al_2O_3、FeO、Fe_2O_3、CaO、MgO、Na_2O、K_2O、TiO_2等氧化物，其中SiO_2、Al_2O_3占比最大（70%以上），FeO、Fe_2O_3占9%～15%，其余绝大部分为碱性氧化物。

2000多万年以前,我国就是一个多火山活动的地区。虽然不是所有的火山岩都能生产玄武岩纤维,且能用的占很少一部分,但是与俄罗斯、美国、韩国、冰岛、日本等国家相比,我国东、南、西、北、中等地域拥有可生产玄武岩纤维的火山岩储量极其丰富,不像其他的国家那样玄武岩矿石只是集中在某些特定的区域,这构成了我国独特的资源优势[1]。

2.1.2 玄武岩熔体特性与拉丝要求

2.1.2.1 玄武岩熔体特性

由于玄武岩矿石是从岩浆凝固结晶形成的具有独特物理化学性能的混合整体,其复杂的化学成分主要表现为各种硅酸盐矿物质,玄武岩矿石中并没有独立存在的矿物质氧化物(SiO_2、TiO_2、Al_2O_3、Fe_2O_3、CaO、MgO、R_2O等),而是以钠长石$NaAlSi_3O_8$、钙长石$CaAl_2Si_2O_8$、透辉石$CaMg[Si_2O_6]$、橄榄石$(Mg,Fe)SiO_4$、普通辉石$Ca(Mg,Fe)[Si_2O_6]$等形式存在。在玄武岩矿石熔融转变为熔体的过程中,由于辐射、对流、热传导等热量传递形式的作用,矿石中的每一种组成成分都会在岩石熔融的过程中发生相转变,矿物质在岩石向液态熔体转变的过程中得以形成,而玄武岩熔体的各种特征也与熔体中的矿物质含量有着紧密的关系。

玄武岩熔体具有"熔点高、导热性差、易析晶、黏度窄、料性短"等一系列特性,其特性调控难度很大。其熔化温度高达1500~1600℃,成纤温度约为1360℃,且熔体温度控制不好,一旦进入析晶区域,析晶的速率是玻璃熔体的几十倍。

不同种类的玄武岩矿石熔融形成的玄武岩熔体具有不同的特性,根据玄武岩熔体的黏度不同可以将熔体简单分为高黏度熔体、黏性熔体、中等黏度熔体、低黏度熔体。不同种类的玄武岩熔体黏度与SiO_2含量见表2-3。在玄武岩熔体中,SiO_2等矿物质含量越多其黏度越大,温度越高黏度越低,从表2-3可知,玄武岩熔体的黏度与温度高度相关,这一特征导致了在玄武岩熔体制备玄武岩纤维的过程中具有较窄的温度浮动。

表2-3 玄武岩熔体类别与黏度

熔体类别	温度/℃		SiO_2含量/%
	1450	1300	
高黏度	>150①	>1000	>55
黏性	50~150	200~1000	51~55
中等黏度	30~50	100~200	47~51
低黏度	<30	<100	43~47

① 平衡黏度值(P)(1P=0.1Pa·s)

玄武岩熔体黏度数据可以用巴钦斯基(Batchinsky)公式描述:

$$\eta = \frac{C}{V - W} \tag{2-1}$$

式中 η——熔体黏度(P);

V——液体体积(m^3);

C,W——与温度及压力无关的常数。

由式(2-1)可知,玄武岩熔体黏度与其体积呈反比,当温度升高之后,熔体体积增大,因此黏度降低,这也解释了为何温度升高时分子之间的平均距离增大而相互吸引力减小。在高温状态下,当流动性不强时,体积与流动性呈线性关系,这会导致高温状态下结构的相对稳定。

在玄武岩由矿石向熔体转变的过程中,矿石中的部分挥发性气体、挥发性有机杂质等被除去,熔融的结果即玻璃体的形成,玻璃体的形成在1200~1400℃温度区间内,其结束发生在1400~1450℃温度范围内。在熔融过程的最后,熔体中没有未熔颗粒存在,但是会有气体气泡混在其中。水或气体的存在对玄武岩熔体黏度的影响很大,水蒸气以及其他气体的影响,会导致熔体黏度下降以及结晶速率加快。因此玄武岩熔体在拉丝制备玄武岩纤维之前应经过排气及均化作用过程,使挥发性气体以及异质体从熔体中除去,此时熔体可以达到平衡状态,气泡也会消失。达到排气以及均化作用阶段最常用的方法是加热法,将熔体温度加热到1450℃即可。

玄武岩矿石熔融形成的熔体是一个无规体系,其包含很少的均相成分,绝大部分都是晶体及玻璃体。玄武岩熔体的另一个典型特征是其高结晶能力,熔体冷却时其流动性迅速降低,黏性熔体中大量的过冷玻璃体会延缓结晶,导致硬化速率(熔体冷却过程中黏度的上升快慢即为硬化速率)较低。玄武岩熔体中含有的气体越多,其越容易结晶。另外,熔体中铁的氧化物越多,越易结晶。

玄武岩熔体(由于含有铁的氧化物而颜色较深)与传统玻璃熔体的冷却速度不同,玄武岩熔体的外部硬化速率与冷却速率很快而内部硬化速率与冷却速率很慢,冷却开始时,玄武岩熔体表面温度下降速率远大于玻璃熔体表面温度下降速率,但是,在玄武岩熔体内部一直深入到17~19mm处硬化速率均比无碱玻璃熔体硬化速率慢1.5~2倍。这是因为常见玻璃熔体的硬化速率与冷却速率完全与热容及热传导有关,而玄武岩熔体中有色氧化物(FeO 和 Fe_2O_3)能够吸附红外射线,导致玄武岩熔体的硬化速率与冷却速率不仅和热容及热传导有关,而且与熔体中矿物质含量,特别是有色氧化物(FeO 和 Fe_2O_3)含量有关。玄武岩熔体表面透明度较低会造成内部热量堆积,而玻璃熔体内部热量传递能力更强,导致高温玻璃熔体冷却速率更加均衡一致。

在玄武岩熔体中,1440~1550℃温度范围内,玄武岩晶体结构成分自毁,在1720~1780℃范围内,熔体中发生化学相互作用,含铁、铝及其他成分的硅酸盐开始形成。基于此可推论,1550~1720℃对玄武岩纤维制备来说是最佳的温度范围。

玄武岩熔体的无序程度取决于熔体温度及熔融时间。这是因为熔体温度越高，进入玻璃体时间越长，晶格材料破坏就越彻底，导致玻璃体中有序的原子排列数量减少，无序混乱结构开始增加。在相对高的熔体温度下，一些局部区域拥有的有序结构开始大量减少。可以说化学相互作用发生在熔体组成成分之间，它们又反过来改变了玄武岩熔体的性质。

玄武岩熔体的独特性很大程度上是由其中的二价铁与三价铁氧化物的含量不同造成的，FeO 与 Fe_2O_3 在玄武岩矿石加热熔融的过程中便形成，并且两者的含量在玄武岩矿石向玄武岩熔体转变的过程中不断变化，它们影响了熔体性能并且会和熔融加热设备底部装备的铂铑合金发生相互反应。研究表明，Fe^{2+} 与 Fe^{3+} 分别与铂铑合金发生如下反应：

$$Pt + 3Fe^{2+} \longrightarrow (FePt) + 2Fe^{3+} \tag{2-2}$$

$$Fe^{2+} + Fe^{3+} + Pt + 4Cl^- \longrightarrow Fe^{2+} + [PtCl_4]^- \tag{2-3}$$

Fe^{3+} 的氧化还原反应只有在 Cl^- 存在的情况下才能发生。Fe^{3+} 与 Pt 的氧化还原反应并不能发生，因为两者的电势之和为负值：

$$E(Fe^{3+}) + E(Pt) = -0.771 + 0.73 = -0.041 \tag{2-4}$$

玄武岩熔体中 FeO 含量的增多会降低与玄武岩熔体接触的铂铑合金的微观硬度（从 135 ~ 140kgf/mm^2（1kgf/m^2 = 9.81MPa）降低至 100 ~ 115kgf/mm^2），影响铂铑合金的使用寿命。因此，玄武岩熔体制备过程需增加一个控制 Fe^{2+} 最大限度向 Fe^{3+} 转变的步骤。

高温状态下，玄武岩熔体表面由于对流热传导与热辐射而冷却。热辐射在热量流动总量中所占的比例取决于固态玻璃体以及有色玻璃体的温度。

玄武岩熔体辐射系数从本质上不仅影响熔体温度状态，而且影响纤维制备过程。为了说明玄武岩熔体达到什么程度的辐射系数才能符合玻耳兹曼完美黑体热辐射规律，采用如下公式：

$$\varepsilon_{v,T}^{*} = \alpha_T v_{\varepsilon,T} \tag{2-5}$$

式中　α_T——与温度有关的常数；

v——光谱频率；

$\varepsilon_{v,T}^{*}$——辐射系数。

由式（2-5）可知，玄武岩熔体辐射系数与温度有关，α_T 与温度 T 呈指数相关：

$$\alpha_T = \alpha_0 e^{\frac{\alpha}{kT}} \tag{2-6}$$

式中　α, α_0——与温度无关的常数；

k——玻耳兹曼常数。

在短波光谱中，当 $hv \gg KT$ 时，完美黑体辐射系数可采用维也纳（Wien）公式描述：

$$\varepsilon_{v,T}^{*}=\frac{2\pi h\nu^{3}}{c^{2}}\alpha_{0}e^{\frac{h\upsilon+\alpha}{kT}} \tag{2-7}$$

式中　h——普朗克常数；

c——光速（m/s）。

玄武岩熔体的辐射系数与温度的关系如图 2－1 所示，图中纵坐标与 $\varepsilon_{v,T}^{*}$ 对应，温度 1000～1450℃，这一关系与式（2－7）表述一致，直线斜率与（$hv+\alpha$）/k 相同。

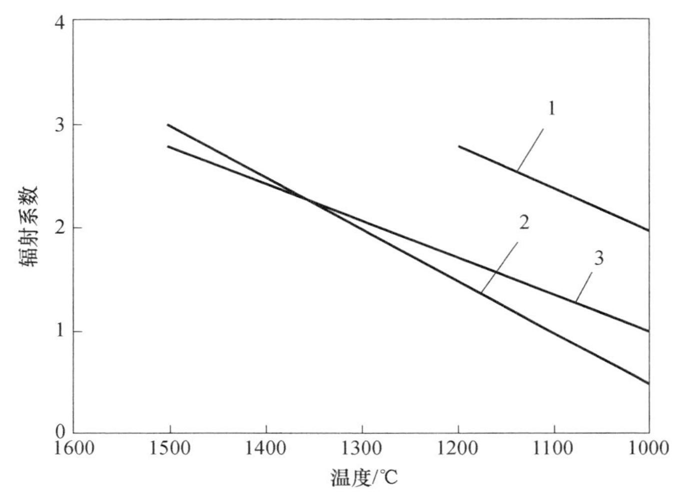

图 2－1　电压 hv＝0.75eV 时岩石熔体的辐射系数光谱

1—玄武岩；2—安山石－玄武岩；3—玢岩。

2.1.2.2　玄武岩熔体拉丝要求

玄武岩熔体成分的析晶上限温度与其拉丝成形温度非常接近，成纤温度范围窄，而且在温度梯度炉中的析晶温度测试进一步表明玄武岩的析晶温度点有较大的离散性。这样就大大降低了玄武岩熔体成纤工艺的稳定性，经常会出现断丝等现象，这种熔制、均化不充分的玄武岩熔体不宜用高孔数的拉丝漏板拉制纤维，而且这样的玄武岩熔体即使纤维在拉制过程中未出现断丝，也会使纤维拉伸强度等方面的特性产生较大的波动。因此玄武岩熔体在经过漏板拉丝工艺之前必须经过充分的均化作用形成均一熔体。

玄武岩熔体中不能有水或气体的存在，因为水蒸气以及其他气体会导致玄武岩熔体黏度下降以及结晶速率加快。因此玄武岩熔体在拉丝制备玄武岩纤维之前应经过排气及均化作用过程。

玄武岩熔体中的成分波动及其所经受的热历史的差异，也会造成其内部某些结晶物的差别，某些微晶物（如石英等）具有较高熔点，如果玄武岩熔体熔制不够充分,这些微晶体未能得到充分的熔化与均化,在玄武岩纤维拉丝成形过程中极易成为晶核而加速析晶现象的出现,因此高 SiO_2 含量的玄武岩熔体很难作为合适的玄武岩纤维生产的原料[3]。

玄武岩熔体中含有微量的气体和其他挥发性成分,在熔制与均化过程中:一方面,要充分挥发熔体中的气体,保证熔制好的熔体不含气泡,保证拉丝工序的稳定性;另一方面,气泡的生成与最终的破裂本身也有助于熔体的充分搅动与均化。而这一过程又需要一定熔体温度与适宜的黏度来保障,但目前用的熔窑结构及玄武岩熔体较高的熔体黏度不易使熔体产生较大的动压头来搅动均化玄武岩熔体。此外,玄武岩熔体在深度方向上的温度梯度较大,造成在深度方向上的熔体黏度梯度相应也较大,因此通过上下温差对流来均化熔体也极为困难。因此虽然在理论上化学成分相似的玄武岩矿石均可用于熔制玄武岩熔体并拉丝制造玄武岩纤维,但是就目前的拉丝工艺的局限性,对使用的玄武岩熔体有一定的选择性,一般要求玄武岩熔体中基本没有耐高温的晶相,这种晶相在不完全的熔制工艺中易形成二次结晶的晶核而影响玄武岩拉丝过程的稳定性。

玄武岩熔体中 FeO 与 Fe_2O_3 比例的不同不仅对熔体的性能有影响,而且对熔体拉丝制备的玄武岩纤维的力学性能也会产生影响。玄武岩熔体中 FeO 与 Fe_2O_3 比例升高,则拉丝制备的玄武岩纤维的抗拉强度提高。一般而言,在典型的玄武岩熔体成分中,FeO 含量比 Fe_2O_3 的含量大 5 倍左右,但经过拉丝成纤维后,这一比例将明显减少。而这一比例的变化主要取决于熔融池窑内的熔制气氛,如果玄武岩熔体在还原性气氛或在惰性气氛下拉丝,则玄武岩纤维中可继续维持 FeO/Fe_2O_3 的高比例。因此在玄武岩熔体中,添加一些还原剂如淀粉、石墨等可以进一步提高玄武岩纤维的抗拉强度,当然,只能是添加一些弱还原剂,否则金属铁将会还原析出,导致铂铑合金漏板中毒,而影响正常的玄武岩熔体拉丝效率。

2.2 熔炉设计与拉丝工艺

根据熔融原料所使用的容器不同,生产玄武岩纤维的方法包括坩埚法和池窑法。

坩埚法是把原料制成配合料加入球窑内,高温熔融、澄清均化、制成球,再将球加入坩埚内重新熔融,经坩埚底部的漏嘴流出,被拉制成纤维。目前,玄武岩纤维的生产基本上不采用这种方法。

池窑法又称直接法。它是把原料制成配合料加入炉窑内,经过高温熔融、澄清均化,熔体直接流入成形通路,经漏嘴流出后被拉制成纤维。目前国内工业化生产玄武岩纤维都采用这种方法。与坩埚法相比,池窑法省去了制球工序,因而过程简单。加上池窑法具有节能、污染少、体积小、占地少、成品率高、废丝少等优点,坩埚法已经基本上被池窑法取代。

炉窑方面,国内玄武岩纤维生产工艺主要有全电熔炉和气电结合炉两种。全电熔炉以浙江石金玄武岩纤维有限公司为代表,现在采用的是单模块漏板的电熔炉技术,2013 年至 2014 年完成“1 个熔炉带 4 块和 6 块漏板”的组合炉小池窑技术,该技术为世界首创。由四川航天拓鑫玄武岩实业有限公司研制的气电结合炉,符合低能耗发展方向,是新型模块式玄武岩纤维生产设备。

池窑法生产玄武岩连续纤维的设备有破碎机(磁选机)、混料机、称料器、加料机、预热池、熔窑、澄清池、单丝涂油装置、自动卷绕拉丝机、原丝烘干窑、无捻粗纱机、纺纱机、温度控制装置、水控制系统等。其制备工艺分为四个阶段:选料阶段、磨料阶段、熔融阶段以及拉丝阶段。

目前典型的玄武岩纤维生产工艺流程如图 2-2 所示:首先要选用合适的玄武岩石矿原料,经破碎、清洗后的玄武岩原料储存在料仓中待用。然后,经喂料器用提升输送机输送到定量下料器喂入单元熔窑,玄武岩原料在 1500℃ 左右的高温初级熔化带下熔化。目前,玄武岩熔制窑炉均是采用顶部的天然气喷嘴的燃烧加热。熔化后的玄武岩熔体流入拉丝前炉,为了确保玄武岩熔体充分熔化,其化学成分得到充分均化以及熔体内部的气泡充分挥发,一般需要适当提高拉丝前炉中的熔制温度,同时还要确保熔体在前炉中停留较长时间。最后,玄武岩熔体进入两个温控区,将熔体温度调至 1350℃ 左右的拉丝成形温度,初始温控带用于“粗”调熔体温度,成形区温控带用于“精”调熔体温度。来自成形区的合格玄武岩熔体经 200 孔的铂铑合金漏板拉制成纤维,拉制成的玄武岩纤维在施加合适浸润剂后经集束器及纤维张紧器,最后至自动卷丝机收卷[2]。

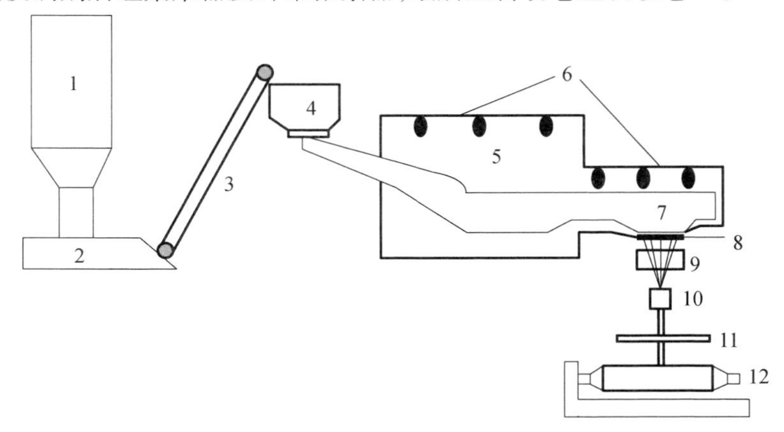

图 2-2 典型玄武岩纤维生产工艺流程简图

1—料仓;2—喂料器;3—提升输送机;4—定量下料器;5—原料初级熔化带;6—天然气喷嘴;7—二级熔制带(前炉);8—铂铑合金漏板;9—施加浸润剂;10—集束器;11—纤维张紧器;12—自动卷丝机。

2.2.1　矿石选取与添加

天然玄武岩矿石由含有矿物质的天然硅酸盐岩浆凝结而成，矿石加入熔炉后从1050～1070℃开始软化，至1450℃完全熔融。因为具有不同熔融温度的长石和辉石是基本的造岩矿物，它们在矿石中的含量对熔融过程的技术选取非常重要。玄武岩是典型的火成岩，火成岩的基本造岩矿物中，长石占大多数(60%)，辉石占12%，其他矿物占28%。辉石中的代表有透辉石及普通辉石，钠长石与钙长石能形成若干液晶态斜长石。玄武岩在特定情况下能够形成一种独特体系“透辉石－钠长石－钙长石”，在这种体系中，晶相由透辉石体现，而液晶相由斜长石体现。“透辉石－斜长石(50%钠长石，50%钙长石)”是一种两相体系(二元熔体)，起始熔融温度为1200℃。若斜长石中钠长石含量变为67%，钙长石含量变为33%，则“透辉石－斜长石”体系起始熔融温度变为1250℃。因此在玄武岩矿石加入熔融炉之前，对其成分进行化验是很有必要的，可以对其熔融温度进行精确控制。

玄武岩矿石的成分差异较大，判断玄武岩能否拉制成连续纤维，矿石制备的熔体酸度系数是一个关键，它是一个综合表达玄武岩熔体高温黏度、成纤性能、易熔性和化学稳定性的主要参数。只要根据玄武岩矿石的化学成分计算出玄武岩的酸度系数，就能大概判断出该玄武岩矿石能否拉制成连续纤维。一般情况下，玄武岩熔体的酸度系数在无碱与中碱玻璃之间，与中碱玻璃相近，因此大部分玄武岩矿石在熔融状态下很接近中碱玻璃的料性，可以拉制连续的玄武岩纤维。

玄武岩矿石制备的熔体硬化速率与玄武岩本身黏度－温度曲线有关，由于玄武岩成分含有较高的氧化铁，所以玄武岩熔体的硬化速度是很快的，这会给熔体的拉丝作业带来较大的困难，即拉丝料性较短，很难连续稳定地进行拉丝作业。玄武岩熔体具有拉丝条件，但要做到稳定拉丝作业，进行工业化规模生产，制备熔体的玄武岩矿石还必须具备下列条件才能保证拉丝生产：

(1) 玄武岩矿石作为原料必须经过高温熔化后才能形成玻璃体，即在高温下形成玄武岩熔融玻璃体。

(2) 玄武岩玻璃体必须满足熔制和成形工艺的要求。

(3) 拉丝温度不能过高，必须满足铂铑合金对拉丝的要求，其玄武岩熔融玻璃体的黏度－温度曲线必须满足拉丝工艺要求。

(4) 玄武岩矿产储量要大，组分含量要稳定，易于开采加工，运输方便、价格低廉是生产玄武岩连续纤维的基本保证。

玄武岩矿石经过化验分析以后，确定满足可以拉制连续玄武岩纤维的条件后，将玄武岩矿石粉碎成粒径小于5mm的粉料，粉料经磁选后进入混料机均匀搅拌成待用料进入料仓，或自动喂料机将玄武岩粉料自动加入到预热池加热，进入预热池的玄武岩粉料温度逐渐升到600～900℃，然后进入熔化池窑，玄武岩的熔融是在电炉内进行的，依靠电炉内电极的辐射和高温气流的对流，将热量传递给玄武岩，玄武岩受热温度升高，逐渐熔化。通过在熔化区与作业区设分隔墙、上升通道、热屏、薄层熔融体溢流带和溜槽等部分，保证工业参数的稳定。

由于玄武岩的最高析晶温度约为1280℃，所以当温度升至1320℃时有熔岩流出，1340℃保温阶段时，熔岩流动性较强，不太稳定，一般能自动带出2～3m的纤维，用牵引棒牵引时能拉出2～3m左右的纤维，在1360℃保温阶段的最后阶段时熔岩就呈流水状，不易成丝。这些措施可以去除结晶水、气泡和泡沫，使玻璃熔体的体积稳定，得到平整、光滑、稳定的液面，有利于玄武岩熔体温度和黏度的稳定性，同时也消除了由于窑炉液面的波动对单丝直径的影响。

2.2.2 熔炉设计

玄武岩在熔炉中熔化的过程中，金属氧化物的形成会破坏熔体的同质性，因此设计一种合理的熔融炉显得尤为重要。玻璃体的性能对燃料的消耗、熔融炉的容积均有影响，熔融设备将分为若干个不同单元。

在设计玄武岩熔融炉的过程中，需顾及玄武岩熔体高结晶能力，由于大量金属氧化物存在而导致的极低吸收能力、低黏度等特性。这也是熔体内会出现大的温度梯度以及黏度梯度（温度变化从1400～1250℃，黏度升高5～8倍）的原因。

玄武岩熔融过程中，由于熔体导热性能很低，结晶化过程温度升高，熔体中1450～1500℃的活跃区厚度不超过熔体表面150mm。玄武岩石块进入熔体后下沉而不漂浮，从熔体底部向上传递的热量贡献甚微。这与玻璃熔体不同，玻璃熔体能够通过炉子顶端的气体燃料燃烧将热量直接传递给熔体，同时熔体底部的热量通过对流向上传导。基于此，玄武岩纤维熔融炉是一个浅的（300mm）熔融池，为了改善熔融过程中的热量传递效率，玄武岩石块需要尽可能广地均匀分布在熔融池中。

在熔融炉设计工作中，燃料气体燃烧时需要形成强烈的扁平火焰，从而产生在炉内各处均匀分布的热气流，基于此，熔融炉内装备了多喷嘴燃烧器。参照玻璃纤维制备经验，为了加快玄武岩熔融过程，采用了混合易燃气体。如图2－3所示，喷嘴被安装在炉子底部的两个横排管上，横排管间距500mm，每根管上安装三个喷嘴，喷嘴之间距离300mm。第一横排管的喷嘴安装在距离熔融池底部200mm的加料窗口附近，喷嘴为直径4mm的难熔钢铁管。出口直径更大，这是因为：一方面短时间能量供应不足会使熔体阻塞出口；另一方面气体燃烧的炭沉淀会造成堵塞。

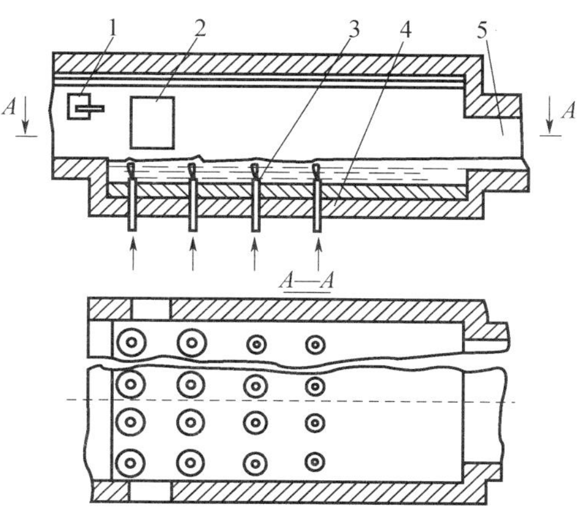

图2-3　玄武岩熔融炉喷嘴概图

1—燃烧器;2—进料窗;3—搅动喷嘴;
4—熔融池;5—熔融区。

玄武岩熔体在搅拌过程中一个重要的特征即未熔化的岩石与液态熔体直接接触,岩石块从进料窗进入之后发生相变,基于此,喷嘴中喷出的可燃气体量应逐级递减,从100%减小到80%~70%。进料窗横排管上的喷嘴加热强度降低将使玄武岩石块在进料窗附近堆积,减缓玄武岩石块向内部移动的速度,熔融效率更高。

喷嘴加热强度的差异化使进料窗附近的未完全熔融玄武岩基于熔体"喷泉"的高度与压力迅速流向熔融区。由于此涡流的存在,炉子底部玄武岩晶体的厚度大大减小,1450℃时其厚度减小至50mm。晶体层的厚度以及残余难熔物的熔融可以通过铰合在熔融池中的带锯齿的550mm高的金属棒控制。

搅拌过程中温度的控制至关重要,在1400~1450℃的高温状态下,熔体中会形成"喷泉"漩涡,在1300℃温度下产生的厚度达300mm的不规则气泡会进入加料通道并飞溅到通道壁上。为了得到高质量的产物,需要在熔体中混入空气使其饱和,搅拌中空气的加入量保持在8~8.5m^3/h的水平。

玄武岩熔体在熔融区之后100~120mm深的出口流出,冷却后其密度固定。1400~1450℃熔体(不会产生气泡)密度与不加空气进行饱和处理的熔体密度略有不同。高温熔融相比于添加空气饱和处理工艺更能提高熔融池容量且熔体的均一性更佳。

熔融池高度的不足会使熔体飞溅到拱顶并降低其使用寿命及耐酸性。随着温度的升高,炉内低黏度熔体可能会从炉子缝隙处流出,为了避免这种情况的发生,熔融炉需用难熔泥与可熔玻璃混合的灰泥涂刷,炉内需安装150~200mm的绝热壁。

在熔融池的设计过程中,玄武岩熔体的每一个独特性能均需加以考虑。首先,其导热性能很低且能够对熔融炉内壁进行侵蚀。其次,在加热熔融的过程中会有热量损失,为避免热量损失,需设计熔融效率更高的熔融炉。图 2 - 4 为一种高效浴式熔融炉结构图。

熔融炉内壁采用氧化锆 - 刚玉(33%(质量分数)氧化锆)电镀涂覆层,底部采用氧化锆 - 刚玉瓷砖铺覆。火焰喷出附近的内壁采用含镁瓷砖。熔融炉内部拱顶采用氧化锆 - 刚玉块制备。拱顶上方的内壁以及拱顶上层采用难熔硅制备。为了最大程度地降低熔融过程中的热量损失,熔融炉外部包覆两层绝热材料:一层轻质绝热陶瓷(厚度 115mm);一层玄武岩超细纤维(厚度 35 ~ 45mm),这两层绝热材料具有较高的绝热效率(外部衬套温度为 90 ~ 110℃)。

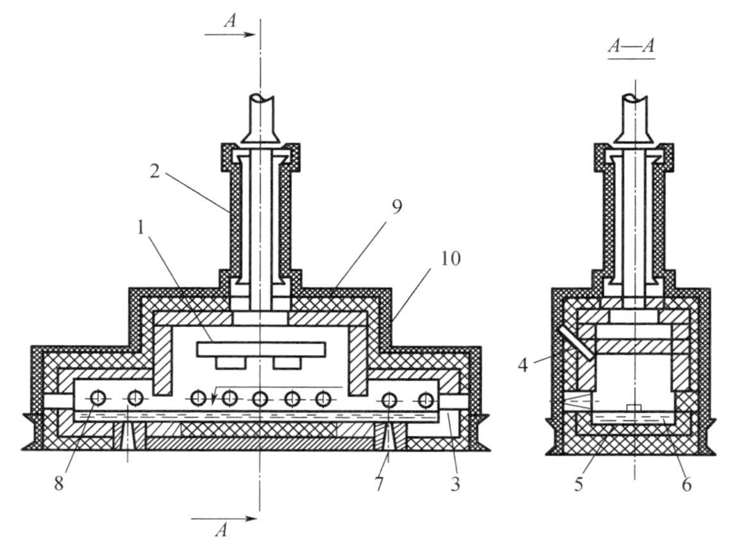

图 2 - 4 玄武岩高效浴式熔融炉结构

1—低拱顶;2—热量回收塔;3—熔体通道;4—加料窗;5—熔融池;6—熔体;7—熔体流动窗口;8—燃烧器;9—轻质绝热层;10—超细玄武岩纤维绝热层。

采用绝热衬套之后,熔融炉内 1450℃ 条件下可以减少 1740 ~ 1850W/m^2 的热量损失,每平方米的熔融出产效率提高 25%。

为了回收利用熔融过程中产生的热量,熔融炉装备了金属回收塔,其包括热辐射回收及对流回收。当热气经过辐射回收区时,其传递的辐射能被吸收,温度降低至 500 ~ 550℃ 之后,热气经过对流塔管,冷却至 150 ~ 180℃。热量回收塔能够保持较高的效率,但是需避免玄武岩微尘的干扰,熔融过程中产生的玄武岩微尘进入热量回收塔会对热量回收产生阻碍。由于回收热气中不含硫化物,因此金属回收塔不必担心被腐蚀。

为了控制熔体温度参数,熔融炉内安装了铂铑合金热电偶温度计,热量回收之后的排出管处安装了铝镍合金热电偶温度计。熔融炉内熔体的高度通过探针实时控制。

熔体对熔融设备侵蚀研究表明,设备中腐蚀最严重的地方是喷火处与半熔融区连接处,而熔融炉底部几乎不受侵蚀。材料耐腐蚀研究表明,在熔融设备中,氧化锆-刚玉、镁-铬砖对玄武岩熔体的侵蚀抵抗力最强。

设备使用6个月之后,含镁的耐腐蚀材料也会遭到较严重的侵蚀,因此需要采用刚玉将其替代。因为玄武岩粉体会黏附在熔融炉内壁以及拱顶下端,熔融设备中的防腐蚀层会沾上薄层玄武岩粉体,最严重的区域是采用含镁瓷砖的熔体流通管道内壁,瓷砖连接处遭到破坏之后,熔体会有渗出,熔融炉外衬套中的局部区域将会遭到腐蚀,这些区域的热量损失将会增加,而形成的玄武岩晶体则会阻止腐蚀的进一步发生。熔体输送管道的底部(铺覆含镁瓷砖)也会沾上薄层玄武岩晶体从而免遭侵蚀。熔体通过瓷砖连接处渗入热绝缘外衬套造成的损失可以忽略不计,因为缝隙会由玄武岩晶体填塞。

熔融炉内壁采用刚玉防腐层的区域比较特殊,其防腐层非常密集(厚度在3~5mm),虽然熔体可通过防腐层的气孔结构渗入,但是不会超过20mm,所以在这一区域的熔体腐蚀情况影响并不严重。拱顶与加料区内壁的腐蚀情况则非常严重。离加料口距离越远的地方腐蚀情况越轻微。拱顶表面会覆盖一层暗棕色像玻璃一样的海绵体,这是防腐层与玄武岩相互作用的结果。在熔融炉内部,瓷砖上有深灰色,这是玄武岩熔体向瓷砖内部渗透的特征。

熔融炉拱顶与内壁上出现玄武岩粉体。在玄武岩石块加入熔融炉的头5~10min,冷料瞬间加热到1400℃高温,急剧受热导致玄武岩石块爆裂并飞溅到拱顶与熔融炉内壁上,其黏附在防腐层之上并与防腐层进行相互作用,熔融后将防腐层上原先的膜以及防腐层上的石英颗粒带走。加料区附近以及拱顶腐蚀情况最严重,而距离加料口越远的地方这种腐蚀越轻微证明了上述假设。为了避免这一情况,玄武岩石块要预先经过加热才能投料,且玄武岩石块的尺寸应尽量小而均匀。因此,合理的投料也能够提高熔融炉的使用寿命。

至于熔融炉底部的防腐材料,不仅可以采用氧化锆-刚玉,而且可以使用普通的防腐材料(菱镁矿、耐热黏土、镁橄榄石等)。防腐层使用得当,熔融炉可以使用4年以上而不冷却维修。多喷嘴燃烧器、搅拌装置、高效绝热材料外衬套、热量回收塔等装置的使用大大提高了熔融炉的熔融产率(可达2560kg/m^2)。在制备纤维的过程中,每一个牵引线的产率可达150~300kg/d。

2.2.3 漏板设计与拉丝工艺

玄武岩熔体经漏板底部的喷嘴喷出后拉丝制备纤维,漏板与喷嘴设计如图2-5所示,喷嘴管控采用铂铑合金制备,漏板上方的空间即为熔体通道,其材质为电镀防腐瓷砖,通道直径为100mm,熔体在通道中的高度应低于50mm,通道底部有5个开口连接喷嘴支线,每个开口之间的距离为1300mm。

为了最大程度地降低热量损失，喷嘴外部全部覆盖两层绝热材料：一层115mm厚的轻质绝热瓷砖；一层30mm厚的超细玄武岩纤维。玄武岩在熔融炉中完全融化需要1450～1500℃的高温，如果熔体通道中的玄武岩熔体在高温状态下直接与底部的喷嘴接触，由于熔融温度较高且Fe^{2+}向Fe^{3+}转变的氧化媒介不足会导致铂铑合金管孔装置损耗严重，寿命降低，因此从经济的角度可以将图2－5中的漏板拉丝工艺进行改进，将熔融通道与漏板中的铂铑合金管孔分离，分离装置如图2－6所示。

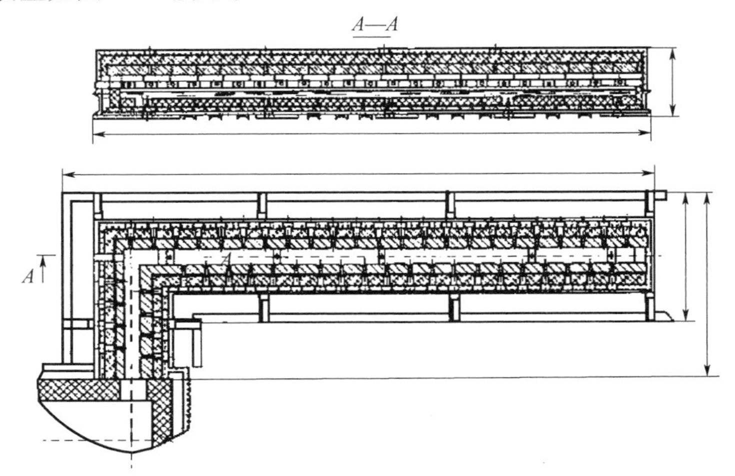

图2－5　漏板拉丝工艺概图

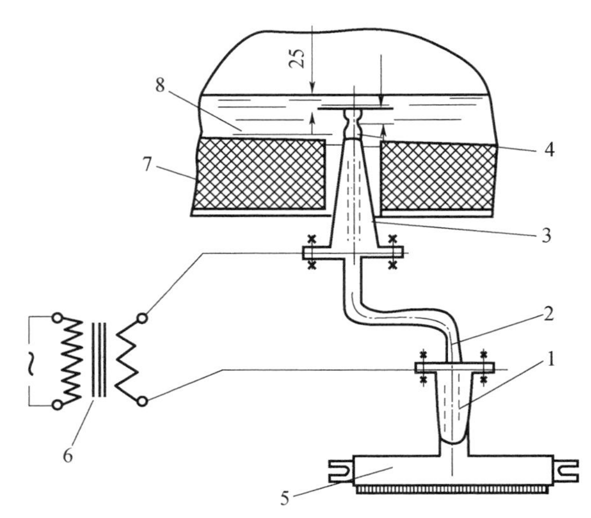

图2－6　熔融通道与漏板底部铂铑合金管孔分离装置概图

1—下端电源；2—输料管；3—上端电源；4—孔口；5—铂铑合金管孔输送端；6—变压器；7—熔融炉底部；8—熔体。

玄武岩熔体在浴式熔融炉中的熔融过程完全与漏板中铂铑合金管孔拉丝装置分离，分离装置的目的是将温度均衡的玄武岩熔体稳定输送至漏板中铂铑合金管孔处拉丝制备初级纤维，此种分离装置又称为连续给料装置，它与热量回收器隔离开，依靠电能将熔融炉中的熔体输送至漏板拉丝管孔处，因此其上端嵌入熔融炉底部，其下端与铂铑合金管孔颈部相连（图2-6）。

在操作过程中，连续给料装置中的温度应维持在1280~1360℃，温度通过焊接在装置内部的热电偶监控。装置中输送管道的直径与铂铑合金管孔数量以及熔体产出有关，以200个或300个管孔数量为例，连续给料装置中输送管道的直径计算方法如下：

为了明确哈根-泊肃叶方程是否适用，需利用雷诺数（Re）来定义连续给料装置中熔体的流动特征：

$$Re = vd/\mu \tag{2-8}$$

式中　v——熔体流动速率（m/s）；

d——铂铑合金管孔直径（m）；

μ——熔体黏度（Pa·s）。

熔体流动速率与熔体黏度又可用如下公式表达：

$$v = 4Q/(\pi d^2 \gamma) \tag{2-9}$$

$$\mu = \eta/\gamma \tag{2-10}$$

式中　Q——固体加料速率（kg/s）；

γ——熔体密度（kg/m^3）；

η——熔体动态黏度（Pa）。

因此，式（2-8）又可以表达为

$$Re = 4Q/\pi d\eta \tag{2-11}$$

在连续给料装置中，管道直径 d 不小于0.01m，η 不小于5Pa，Q 不超过0.006kg/s，则可知连续给料装置中的输送管道 $Re < 0.153$。在连续给料装置中的铂铑合金管孔管道处，其直径不低于0.0016m，η 不小于5Pa，管孔流量接近 2.1×10^{-5}kg/s，管孔处的 $Re < 0.00335$。在给定的雷诺数标准条件下，连续给料装置中熔体输送管道长度（L_1）以及管孔处长度（L_2）分别为 1×10^{-4}m 以及 3.5×10^{-7}m，熔体在这两处的流动均为层流，可以采用哈根-泊肃叶方程，即

$$Q = (\pi d\gamma HD^4)/(128\mu L) \tag{2-12}$$

式中　H——流体静力学压力（Pa）；

L——管孔长度（m）。

连续给料装置中熔体输送管道的直径在熔体输送管道与管孔管道两处达到平衡状态时可以得到计算，即

$$(\pi d\gamma H_c D_c^4)/(128\mu_c L_c) = N \cdot (\pi d\gamma H_\phi D_\phi^4)/(128\mu_\phi L_\phi) \quad (2-13)$$

式中 c——连续给料装置中的熔体输送管道；

ϕ——管孔处管道；

N——管孔的个数。

$$D_c = D_\phi \sqrt[4]{\frac{H_\phi L_\phi \mu_\phi}{H_c L_c \mu_c} N} \quad (2-14)$$

对于有200个管孔的连续给料装置，其熔体输送管道直径 D 为12.4mm，对于有300个管孔的连续给料装置，其熔体输送管道直径 D 为13.7mm，有400个管孔的连续给料装置，其熔体输送管道直径 D 为14.7mm。对于有200个管孔的连续给料装置，其管孔处管道直径为12mm，对于有300个管孔的连续给料装置，其管孔处管道直径为13mm。

管孔输送装置在设计过程中也考虑到了玄武岩熔体的独特性质（如黏度降低等），以便得到独特的解决方案：装置较矮，管孔处管道较长且直径降低，低的热吸收能力，铂铑合金较高的润湿性能等。在设计中，管孔数量（200/300/400）主要取决于管孔处宽度以及管孔的列数，200个管孔有4列，300个管孔有6列，400个管孔有8列。管孔数量越多，所需电力越大。

表2-4给出了管孔连续给料装置的技术特征，从表中数据可知，随着管孔数量的增加，装置的产量稳定增长，此外，燃料、电能等的消耗降低使设备的经济性能得到改善。

表2-4 制备超细玄武岩纤维的管孔连续给料装置技术特征

序号	特征	技术指标（管孔数量/个）		
		200	300	400
1	产量/（kg/d）	180	250	340
2	管孔质量/g	1940	1850	2933
3	总质量/g	3140	3070	4240
4	使用时间（不少于）/d	90	90	90
5	铂铑合金以及钯合金特殊损耗（不少于）/（g/d）	160	130	125

目前，商业上通用的管孔连续给料装置中多采用200个以及300个管孔，因其制备的初级纤维质量较稳定。为了减少铂铑合金以及钯合金的特殊损耗，玄武岩熔体漏板与拉丝装置应尽量简洁。

为了使熔体输送通道中熔体端部产生标准流体静力学并维持熔体温度均匀，在连续给料装置中设计了防火铁-铬嵌入物，这些防火嵌入物具有极高的导热性能。装备上防火嵌入物的套管给料装置的技术特征如表2-5所列。从表中数据可知，将套管装置引入工业生产中会大大提高玄武岩粗/细/超细纤维制备过程中的经济性。

表 2-5 套管给料装置的技术特征

序号	特征	技术指标/(管孔数量/个)	
		200	600
1	产量/(kg/d)	150	450
2	管孔质量/g	1900	3900
3	铂铑合金以及钯合金特殊损耗(不少于)/(g/d)	105.0	80.0

如前所述,玄武岩初级纤维是将熔体经过漏板喷嘴上颌的窄槽在高速燃气流中拉丝制备的。在之后纤维成形过程中,需要用到一个重要的装置——气体燃烧室,将燃气与空气的混合气体燃烧后经过喷嘴喷出形成高温热气流,将初级纤维加热软化后细化为纤维。燃烧室自身是一个内含金属氧化镁涂层的燃烧通道,燃烧室与混合气体输送管道端口处安装了金属板块以防止火焰进入混合气体输送管道。燃烧室前端有喷嘴,喷嘴周围有水冷装置。喷嘴出口处气体的温度为 1600~1650℃,速度为 250~400m/s。

随着燃料的不断消耗,防止火焰进入气体输送管道的金属板块受到损耗而逐渐抵挡不住高温气流,其使用寿命很短暂,大约为 1 个月。因此,研究者设计了一种新的多孔铁板组成的稳定单元,其主要特征为稳定单元的穿孔区混合气流的温度能够得到充分的冷却。

喷嘴处喷出的灼热气流如图 2-7 所示,为了保证初级纤维不被高速炙热气流损坏,其进入喷嘴的角度不能超过 75°~85°。为了保证冷空气的进入不会对高温燃气流造成破坏,喷嘴的倾斜角度不能超过 14°,或者喷嘴在设计时有一个短的上升坡道。

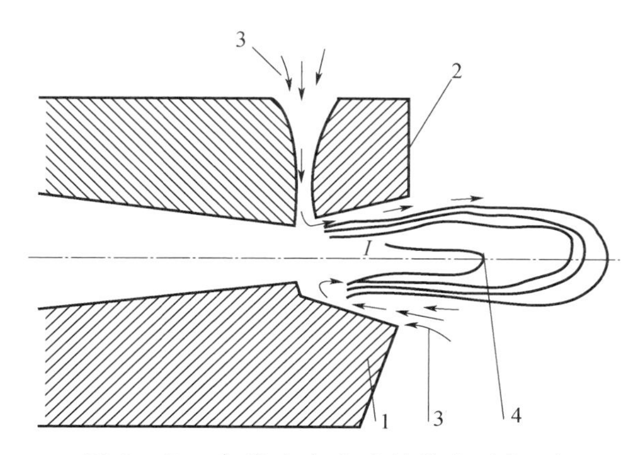

图 2-7 喷嘴处喷出的灼热气流概图

1,2—喷嘴壁;3—被燃气流带入的空气;4—喷出的高速炙热气流。

2.3 玄武岩纤维浸润工艺

在玄武岩纤维拉丝过程中,需要在玄武岩纤维表面涂覆一种以有机物乳状液或溶液为主体的多相结构的专用表面处理剂。这种涂覆物既能有效润滑玄武岩纤维表面,又能将数百根乃至数千根玄武岩单丝集成一束,还能改变玄武岩纤维的表面状态,这样不仅满足了玄武岩纤维原丝后道工序加工性能的要求,而且在玄武岩纤维制备复合材料时促进纤维与被增强的高分子聚合物的结合。这些有机涂覆物统称为玄武岩纤维浸润剂,也叫拉丝浸润剂。玄武岩纤维拉丝与浸润流程如图 2 – 8 所示。

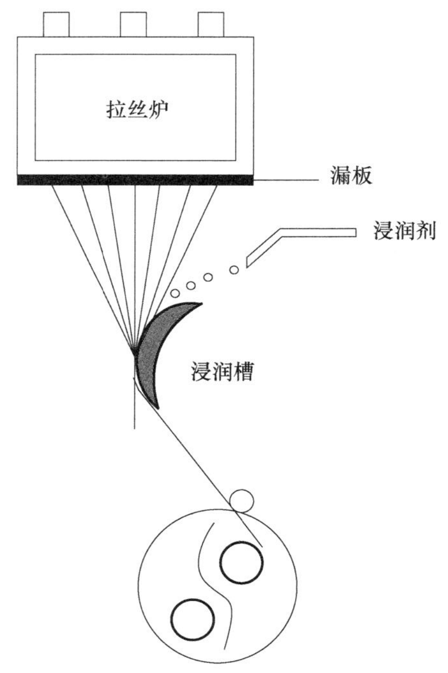

图 2 – 8　玄武岩纤维拉丝与浸润流程简图

2.3.1 浸润剂

浸润剂对玄武岩纤维的生产和应用都是非常重要的,如果在高速拉制直径极细的玄武岩纤维的过程中,不在玄武岩纤维表面涂覆这种具有润滑性、黏结性的物质,不仅会因磨损严重造成断丝、飞丝,致使拉丝作业无法进行,而且数百根乃至数千根表面光滑又分散的、性脆易断的单丝,不易加工成性能优异的产品。

浸润剂能有效地改善玄武岩纤维某些缺陷和表面性质,使玄武岩纤维及其制品获得更加广泛的应用。对于不同种类的玄武岩纤维制品,必须使用专用的浸润剂与之配套，赋予玄武岩纤维制品（无捻粗纱、毡、织物等）各种加工工艺及玄武岩纤维增强材料所必需的技术性能，如穿透性、分散性、切割性、硬挺性、浸透性、短切纱的流动性等。因此浸润剂的发展是玄武岩纤维及其复合材料工业发展的先决条件。

作为生产玄武岩纤维的重要辅助材料，浸润剂的作用主要表现在以下几个方面[4]：

（1）具有集束功能，类似黏合剂使玄武岩纤维聚集在一起，避免应力集中在一根或数根单丝上，以减少散丝或断丝，改善其工艺性能，便于无捻粗纱的退解及玄武岩纤维纱的纺织加工。但是浸润剂会在一定程度上降低树脂对玄武岩纤维的浸透性，因为树脂中的溶剂在溶解集束非常紧密的玄武岩纤维表面成膜剂时，需克服较大的动力学上的阻力。

（2）起到润滑剂的作用，即，保护玄武岩纤维减少玄武岩纤维之间的摩擦，使其所受的损伤尽可能小。

（3）类似偶联剂，在玄武岩纤维用于制备复合材料时改善玄武岩纤维和树脂之间的化学结合，提高复合材料的界面性能。

（4）防止玄武岩纤维表面静电荷的积累。浸润剂中的抗静电剂可降低玄武岩纤维表面电阻并形成导电通道，抗静电作用对无捻粗纱、短切毡、连续原丝毡用玄武岩纤维显得尤其重要。

浸润剂是多种有机物和无机物混合而成的体系，从外观来看可以是溶液、乳液、触变型胶体或者膏体，其主要组成包括黏结成膜剂、润滑剂、抗静电剂、偶联剂等主要成分以及润湿剂、pH 值调节剂、增塑剂、交联剂、消泡剂、颜料等辅助成分。

黏结成膜剂亦可称为集束剂，它是实现单丝集束，并保持原丝完整性的主要组分，它决定了原丝硬挺性或柔软性，以满足不同品种玄武岩纤维制品的工艺要求。黏结成膜剂组分在浸润剂中用量最大，占2%～15%，对浸润剂的性能和作用有重要影响，是浸润剂中最重要的组分。浸润剂配方不同，使用黏结成膜剂的原料也不同，有时往往使用两种以上的黏结成膜剂，以达到浸润剂配方所设定的效果。

润滑剂（也称平滑剂）是指在湿态（拉丝过程中）和干态（原丝退并、纺织加工时）起润滑玄武岩纤维表面，减少磨损作用的物质，在浸润剂组成中其用量一般低于5%。不同种类的浸润剂，其润滑剂的类型和用量有较大的差别。

抗静电剂可以有效地降低玄武岩纤维在加工及使用过程中的静电作用，特别在需短切加工的玄武岩纤维浸润剂中使用。

偶联剂（也称表面处理剂）是通过其本身的两种不同反应性质，把玄武岩纤维和不同种类的高分子聚合物树脂基体结合起来，起到一个桥梁的作用，以实现有机物和无机物之间良好的界面结合,使玄武岩纤维增强材料获得满意的应用效果。偶联剂在浸润剂组成中用量为0.2% ~1.2%。

润湿剂亦称渗透剂,是一种具有表面活性的物质,可以降低浸润剂体系的表面张力,使浸润剂更易润湿玄武岩纤维表面而达到均匀浸透原丝的效果。浸润剂体系一般呈中性或偏酸性,常用有机酸如甲酸、乙酸、柠檬酸、草酸等来调节,要使浸润剂呈碱性,可以使用氨水、有机胺等来调节其pH值。pH值调节剂多数是用于调节浸润剂的稳定性和保证偶联剂的最佳使用效果,一般配方中pH值在4~7之间。增塑剂是为提高成膜剂的柔韧性而加入体系中的物质,增塑剂有时会影响纱线的浸透性,只有在成膜剂或浸润体系提供的性能不能满足需求时才使用。交联剂在加入浸润剂体系之后,在原丝烘干过程中,会与浸润剂中某种成膜剂产生交联反应,从原先的线性分子结构转化为三维网状结构,从而提高膜的硬挺性,但同时也会带来纱线浸透困难及浸润剂稳定性变差的弊病。

根据浸润剂使用的溶剂类型来划分,浸润剂可简单分为溶剂型浸润剂和乳液型浸润剂两类[5]。

溶剂型浸润剂是将有机树脂如聚乙烯醇、乙酸乙烯酯聚合物、丙烯酸的聚合物、聚氨酯、环氧树脂等溶解在丙酮等有机溶剂中配制而成的。这些树脂与基体树脂结构相同或相近,用这种类型浸润剂虽然可以提高树脂的浸润性及起到保护纤维的作用,但在浸润过程中溶剂挥发使树脂残留在导辊上,当后续纤维通过时会造成更大的损伤。另外,从安全、经济、卫生的角度来看,使用大量高度易燃有机溶剂,不仅造成资源浪费,而且污染环境,对人体的安全与卫生都造成很大的威胁,因此目前已很少使用。

乳液型浸润剂是以树脂为主体,配以一定量的乳化剂、少量(或没有)交联剂以及提高界面黏结性的助剂制成的乳液。它一般不易在导辊上残留树脂,又无溶剂污染环境,而且由于含有表面活性剂,可以大大提高纤维表面的被润湿性,同时又可以通过加入助剂达到提高复合材料层间剪切(简称层剪)强度的目的。然而,乳化剂的黏结性差,会影响纤维与基体间的黏结,而且使用大量的表面活性剂会使最终的复合材料存在吸水的问题,影响复合材料的力学性能。因此必须选择合适的乳化剂及乳化剂配比,即在乳液稳定性允许的范围内,使乳化剂的用量最小,达到保护纤维表面及改善界面黏结的目的。

根据玄武岩纤维增强复合材料树脂基体的种类划分,常用基体树脂有热固性树脂(环氧树脂、不饱和聚酯树脂、酚醛树脂、双马来酰亚胺等)和热塑性树脂(聚酰亚胺、聚砜、聚醚酮等),因此浸润剂可分为环氧类浸润剂、不饱和聚酯类浸润剂等与基体树脂相匹配的浸润剂。

玄武岩纤维浸润剂可选择的品种较多,主要是要与树脂基体相匹配。因此对某一特定基体树脂,必须选择合适的浸润剂才能充分发挥出玄武岩纤维增强复合材料的优异性能。玄武岩纤维增强树脂基复合材料的基体分为两大类型:热固性树脂与热塑性树脂。目前以热固性树脂为主,高性能热塑性树脂仍处于开发阶段。热固性树脂有环氧树脂、不饱和聚酯、乙烯酯等。在热固性树脂中,用量最多、应用最广的是环氧树脂,其分子结构中含有两个或两个以上的环氧基团,使其具有很好的黏结性,固化后收缩率比较小(<2%),挥发物逸出少,孔隙率低,而且交联后形成网络结构,化学稳定性高,耐热性和低温性好,与玄武岩纤维复合后,具有高比强度、高比模量等优异性能,可广泛应用于航空航天等高技术领域。

为了便于与基体树脂更好地结合,一般选用与基体树脂结构相同或相似的树脂来制作浸润剂的主体聚合物。玄武岩纤维用作复合材料中的增强材料时,多用环氧树脂作为基体,因此近年来以含有环氧基团为主体的浸润剂的研究较多。

由于溶剂型浸润剂存在许多缺点,目前已经很少使用,国内外的研究多集中于乳液型浸润剂。

乳液型浸润剂是一种水溶性乳液,乳液是一种多相分散体系,其中至少有一种液体以液珠的形式均匀地分散在另一种液体中,液珠直径一般在0.1μm左右,此种体系皆有一个最低的稳定度,这个稳定度可因有表面活性剂或固体粉末的存在而大大增加。为了降低上浆液的表面张力并保持乳液的稳定性,往往向乳液中加入表面活性剂即乳化剂。乳化剂能显著降低分散物系的界面张力,在其微液珠的表面上形成薄膜或双电子层等,来阻止这些微液珠相互凝结,增大乳状液的稳定性。这种帮助乳状液形成的作用称为乳化作用。

在乳液中,常常把以液珠形式存在的物相称为分散相或内相,而把另一相称为连续相或外相。于是乳状液至少分为两种:一种是水包油型(O/W),即油分散在水中的乳状液,该种液体相是由连续水相中分散着球形的油相组成,像牛奶、涂料;另一种是油包水型(W/O),即水分散在油中的乳状液,水相以球形分散在连续的油相中,如人造黄油、原油乳状液。两种体系大都呈白色不透明状,在放置中不稳定都会分层。而研究最多的乳液型环氧类浸润剂就是一种水包油型乳液。

环氧树脂浸润剂的乳化方法主要有乳液聚合法、相反转法。

乳液聚合是指非水溶性单体在乳化剂及机械搅拌作用下,在水中形成乳状液所进行的聚合反应。常规的乳液聚合主要由非水溶性单体、分散介质水、水溶性引发剂和水溶性乳化剂组成。

相反转法也称转相乳化法,是一种制备高聚物水乳液的有效方法,得到的乳液颗粒很细,粒子尺寸分布窄,有很好的长期稳定性。首先将树脂和少量去离子水加热到乳化需要的温度,加入水包油型乳化剂彻底混合,必要时加入一定量的中和剂(增加乳化效果),在恒定、充分的搅拌下慢慢加入水,此时形成不稳定的油包水乳液,确保体系随时都是均匀的。随着更多水的加入,这种油包水乳液黏度明显增加,在转化点达到最大黏度。随后乳液将自动转化成水包油乳液,继续加水稀释,体系黏度会降低。相反转法是一种制备高分子树脂乳液较为有效的方法,几乎可将所有的高分子树脂借助于外加乳化剂的作用并通过物理乳化的方法制得相应的乳液,大大拓宽了其范围。

2.3.2 浸润工艺

浸润工艺的核心是配制符合工艺要求的浸润剂并将浸润剂送入拉丝单丝涂油器。浸润剂的配制工艺包括:

(1) 将黏结成膜剂等浸润剂主要组分按要求稀释配制好,加入配制釜内;

(2) 将偶联剂在预混釜内分散水解,加入配制釜中并开动搅拌;

(3) 将润滑剂、抗静电剂等组分按需求量溶于水中,在预混釜中配制好,加入配制釜;

(4) 在配制釜中加入去离子水至配制量,调节浸润剂的 pH 值至 5 ~7。

浸润剂配制设备及流程如图 2 -9 所示。

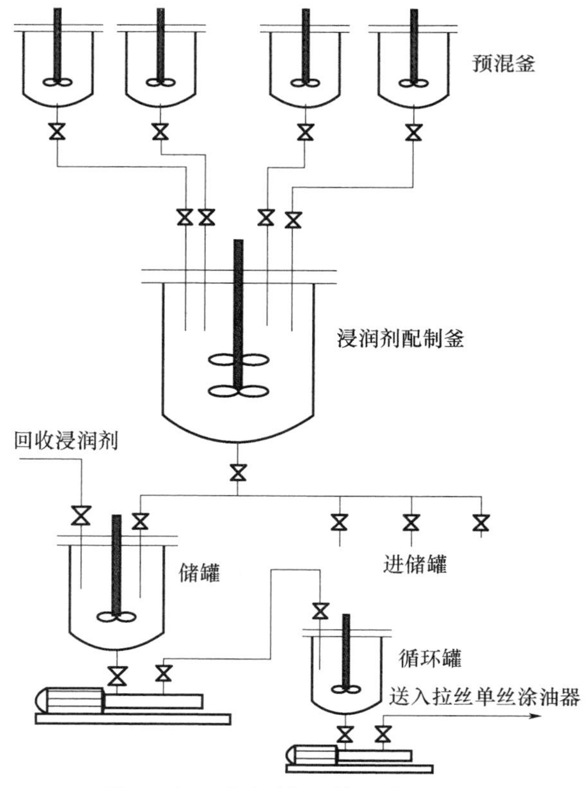

图 2 -9 浸润剂配制设备及流程

2.3.2.1　毛羽量

表2－6与表2－7分别给出了不同浸润剂浓度对未预烘玄武岩纤维以及烘干玄武岩纤维毛羽指数的影响，浸润后玄武岩纤维纱线的毛羽量较未浸润玄武岩纤维纱线减少很多。这主要是由于浸润剂的黏结作用提高了纱线的集束性，使得毛羽贴服于纱线表面，浆料经烘干后纱线表面形成具有柔韧性的、光滑的薄膜，从而阻止了毛羽的形成。从表中还可看出，随着浆料浓度的提高，纱线的毛羽指数变小。这是因为浸润剂的浓度提高后，加强了浸润剂对纤维纱的覆盖率，使得毛羽减少。

表2－6　不同浸润剂浓度对未预烘玄武岩纤维毛羽指数的影响

浆料固含量/%（质量分数）	>1mm 毛羽指数	>2mm 毛羽指数	>3mm 毛羽指数
0	111.3	56.1	46.4
1.6	23.5	17.9	6.7
2.0	17.7	10.8	4.3
2.4	13.7	6.7	2.4
3.0	10.8	6.5	2.3
4.0	9.6	4.2	2.4

表2－7　不同浸润剂浓度对烘干玄武岩纤维毛羽指数的影响

浆料固含量/%（质量分数）	>1mm 毛羽指数	>2mm 毛羽指数	>3mm 毛羽指数
0	111.3	56.1	46.4
1.6	17.2	6.5	2.3
2.0	12.6	4.4	2.2
2.4	10.7	2.6	1.6
3.0	5.6	2.3	1.4
4.0	4.1	3.2	1.4

2.3.2.2　耐水性

将浸润纤维在真空烘箱中100℃烘干2h，密闭冷却后，称量纤维重量，然后置于恒温恒湿箱中，分别称量纤维在恒温恒湿箱中放置不同时间段的重量，以计算纤维吸水率。研究表明，纱线回潮率大体稳定，不同浸润剂浓度浆纱的回潮率都大于裸纱的回潮率，而浸润工艺对纤维回潮率的影响与浸润剂的结构有紧密的关系，如果浸润剂中有容易水解的官能团（如酯基）存在，会导致浆料的吸湿性较强，从而导致浆膜较易吸湿，浆纱的耐水性变差。而浆料的耐水性不稳定还会造成浆纱回潮率随着浆料浓度的变化呈现较大的波动。

2.3.2.3 织造性能(耐磨性)

玄武岩纤维是典型的脆性材料,耐磨性极差,织造性能很不理想,无法直接进行各种织物的织造,从而直接限制了其在纺织结构复合材料领域的应用。采用乳液型环氧浸润剂对玄武岩纤维进行改性处理后,玄武岩纤维的耐磨性能如表2-8所列,耐磨性能平均提高了14.7%。小样试织结果表明,纤维集束性较好,织造中毛羽减少,织造过程较为顺利,浸润剂处理后玄武岩纤维织造性能有了明显的改善。

表2-8 浸润剂处理前后玄武岩纤维的耐磨性能

测试序号	耐磨次数	
	处理前	处理后
1	92	121
2	105	145
3	102	113
4	94	142
5	96	154
6	110	152
7	120	135
平均值	102	137

2.3.2.4 断裂强度

不同浸润剂处理后玄武岩纤维的断裂强度如表2-9所列。未改性浸润剂处理后纤维的断裂强度较裸纤维提高了23.1%,而添加氧化石墨烯改性浸润剂处理后,纤维的断裂强度与未改性浸润剂处理涂层相当;进一步将偶联剂改性的氧化石墨烯添加到浸润剂中,相应纤维断裂强度较裸纤提高30.8%。说明浸润剂中引入偶联剂改性的氧化石墨烯有利于提高玄武岩纤维的断裂强度,主要原因为氧化石墨烯含有大量官能团,如羧基、羟基等,可通过偶联剂与纤维形成化学键合:一方面增加集束性;另一方面增加涂层自身的黏结强度。

表2-9 不同浸润剂处理玄武岩纤维的断裂强度

纤维处理工艺	涂层固含量/%	纤维断裂强度/(N/tex)
裸纤	0	0.26
未改性浸润剂处理	0.73	0.32
氧化石墨烯改性浸润剂处理	0.73	0.32
氧化石墨烯与KH560改性浸润剂处理	0.73	0.34
氧化石墨烯与KH550改性浸润剂处理	0.73	0.34

2.4　合股工艺

合股复合玄武岩纤维根据应用的不同,其合股工艺也不同。典型的合股机结构如图 2－10 所示,其特征为:机械制动,可以实现单头停车;整线装置保证合股线张力均匀;特有的传动方式使得机器可以实现单头停车。在合股机的整线部分,被合股的玄武岩纤维线(或纱线)从放线桶中被拉出,经挡线钩、分线架、夹线板、调线架、弹簧架后被拉至计数器的过线轮,再经由线嘴,最后被合股至线轮上。被合股的玄武岩纤维线所通过的各件除了夹线板为不锈钢,其余均为镀铬件,能保证被合股玄武岩纤维线不起毛,保证线的质量。被合股玄武岩纤维线的张力则由两个重块调节:一个重块保证被合股线的基本张力;另一个重块则可上下移动,能根据合股线的不同要求调出其所需张力,保证合股质量[6]。

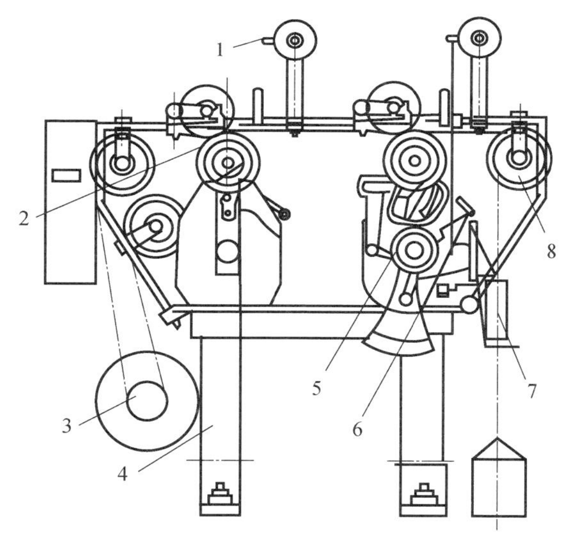

图 2－10　典型的合股机结构简图

1—计数器;2—制动装置;3—电气部分;4—机架;5—绕线装置;6—断满线停车装置;7—整线部分;8—传动部分。

根据生产需要,可以合成如图 2－11 所示的两种玄武岩纤维线锭。在合成如图 2－11(a)所示的线锭时,其原理如图 2－12(a)所示,滑块 B 的滑道 BB′和滑块 C 的滑道 CC′平行,线嘴 A 在水平方向上所通过的轨迹长度为 L,且始终不变,使其合股所成线锭如图 2－11(a)所示的形状。

而在合成如图 2－11(b)中所示线锭时,其合股原理与前者大不相同,合股之初 BB′与 CC′平行,如图 2－12(a)所示,线嘴 A 在水平方向上所通过的轨迹长度为 L,随着绕线量的增加,其运动图变成如图 2－12(b)所示的情况,B_1B_1'与

C_1C_1'异面，线嘴 A 在水平方向上通过的轨迹长度为 L_1，且 $L_1 < L$，使得线束回收。合满后其运动图变成如图 2－12(c)所示的情况，B_2B_2'与 C_2C_2'的异面夹角增大，线嘴 A 在水平方向上所通过的轨迹长度为 L_2，且 $L_2 < L_1 < L$。由于放线过程是均匀的，线束的回收也是均匀的，所以线锭呈如图 2－11(b)所示的形状。

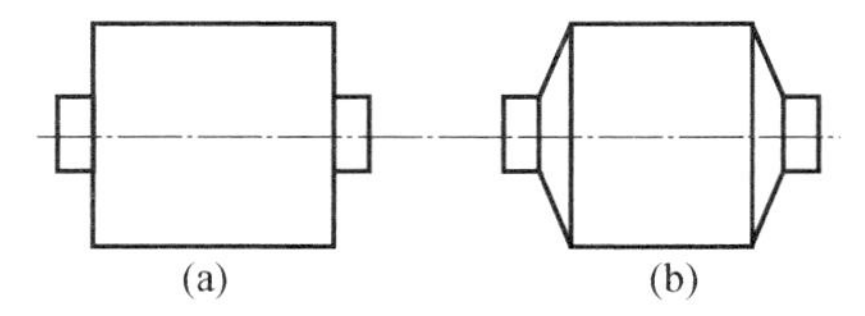

图 2－11　玄武岩纤维线锭形状

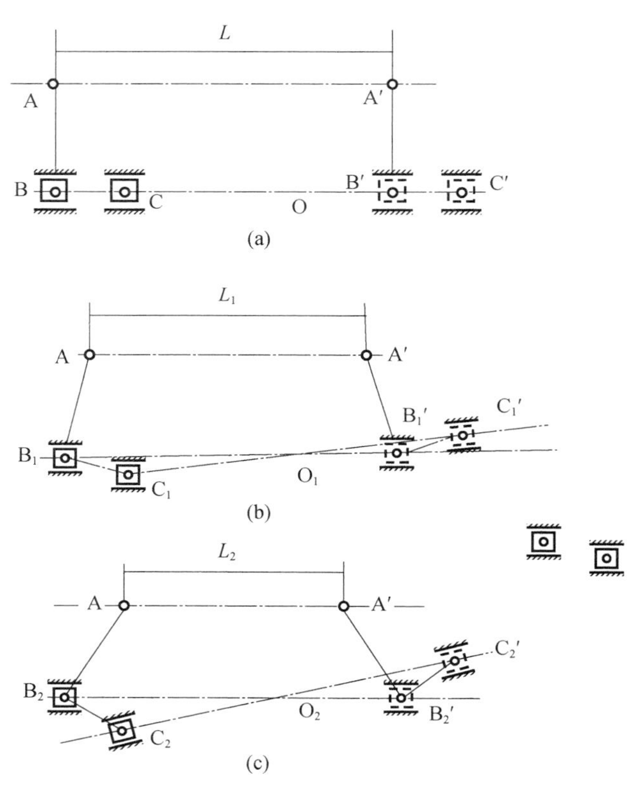

图 2－12　合股原理

2.5　加捻纱制备

纱线是一种纤维集合体，有很多分类方法。从纤维原料和纱线结构两方面，可把纺织纱线分为短纤纱、长丝纱和特殊纱三大类。短纤纱按外形结构可分为单纱和股线；按纤维原料组成可分为纯纺纱和混纺纱；按纱线系统可分为粗疏纱、精纺纱和废纺纱；按纺纱方法可分为环锭纺纱、自由端纺纱（转杯纺、静电纺、涡流纺等）、非自由端纺纱（自捻纺纱、喷气纺纱等）与无捻纱（黏合纱）等。长丝纱分为单丝、复丝和捻丝。特殊纱包括变形纱和各种花式纱、花式线。

长丝纱有五个常用类别：①无捻单丝；②两根或多根单丝并合后的复丝；③两根或多根单丝并合加捻的并捻线；④两根单丝先加捻后再反向捻合在一起的双股线；⑤一根细丝无捻，另一根粗丝加捻，然后再反向捻合在一起的抱合线。其中③④⑤为长丝加捻纱最基本形式。它们加工的基本原理均是由两根或多根无捻（或有捻）单丝（或复丝）做圆周运动并以一定的速度卷绕在筒子上形成的。

在加捻过程中，纱线中的单体按螺旋形式上升，其结构如图2－13所示。一根由若干根单纤维丝并合成的长丝纱，在加捻之前，单纤维丝之间应该是相互平行的，这就是说，如果从未加捻的长丝纱上任意截取两个平行的横截面，那在被截取的这一段长丝纱中，所有的单纤维丝应该是等长的。但加捻以后，由于位于不同层柱处的单纤维丝离轴心的距离不同，它们就会有不同的捻角，捻角越大单纤维丝的变形也越大，处于长丝纱线外缘的单纤维丝就会具有比内层为大的张力。单纤维丝所形成螺旋形是沿丝线圆周分布的，因此每一根有张力的单纤维丝层就都有一个向心的压力，而且这个压力是外层大于内层。在这一力系的作用下，外层单纤维丝向内层迁移，直至某一平衡位置。以后，它又可能作为处于内层的单纤维丝被从外层挤入的其他单纤维丝从内层推出来。张力越不平衡，这种单纤维丝在长丝纱表面和中心之间周期性迁移的现象越显著，因此单纤维丝最终在长丝纱中形成的轨迹应该是一根半径时大时小的螺旋线。不过，因为长丝纱加捻时所有单纤维丝的端部都被握持住，因此，虽然有迁移，但迁移的幅度很小，迁移的频数与所加的捻度有关。

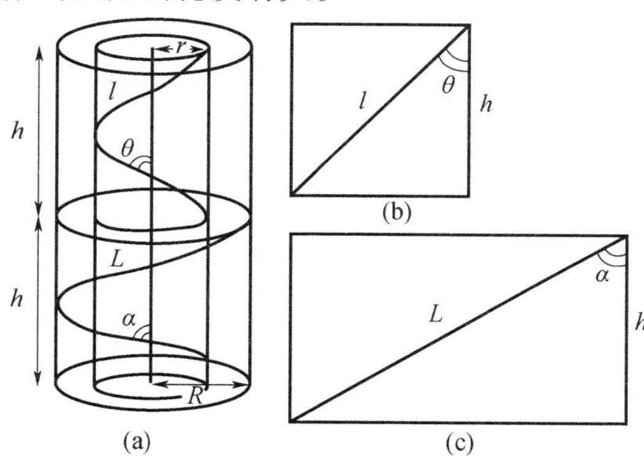

图2－13　加捻纱线理想螺旋结构

（a）理想结构；（b）半径为 r 的正圆柱体展开图；（c）纱线表面的展开图。

若采用短纤纱制备加捻纱，不考虑纱体表面的毛羽特征，其简化结构如图2－14所示，纱线具有Z捻向（加捻后，纱线的捻向从左下角倾向右上角，倾斜方向与 Z 字的中部相一致)。

短纤纱需先在捻接器中解捻,自然状态下,纱线被交叉放置在捻接器加捻腔体中,其一端连接外部剪刀片,另一端摆放在动杠杆的侧夹紧装置上。动杠杆运动同时剪刀片剪断一根纱线端头,夹持装置夹紧另一根纱线端尾。剪断端头受到振荡片底端气流作用,进入振荡片解捻。纱线从振荡片中被慢慢拖出,逐渐进入捻接室。

图 2-14　自然状态短纤纱

解捻后解捻纱结构如图 2-15(a)所示,其结构长短不均,中心部位较长,外围纱线受到振荡作用解体散落。加捻后的加捻纱结构如图 2-15(b)所示,其中心部位具有明显的粗节点,加捻区域的直径要大于原纱直径,纱线依然保持 Z 捻向。

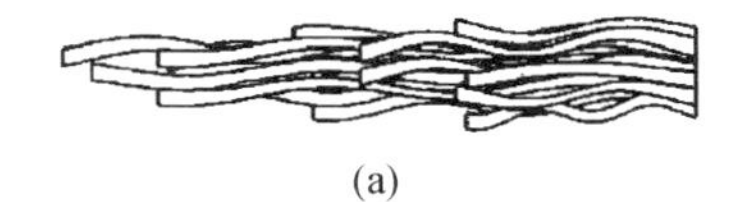

(a)

(b)

图 2-15　解捻纱与加捻纱结构示意图

(a)解捻纱;(b)加捻纱。

捻接腔体三维结构示意图如图2-16右上角所示,加速气流从 Z 轴负方向进入捻接腔体,经过中间两根竖立流道,沿 Z 轴正方向到达顶端3/4 圆状的加捻区域(纱线交叉摆放的位置)。图2-16为涡流在 YZ 平面上的压力分布图($X=2$mm),腔体圆形切面底部压力值最小,气流由高压区向低压区运动,在该区域形成涡流,带动两根解捻纱线绕加捻腔轴中心旋转缠绕。这是纱线加捻成形的动力来源。气流在加捻腔中发展成涡流,涡流促使纱线绕加捻腔轴中心旋转缠绕,形成节点,从而加捻[7]。

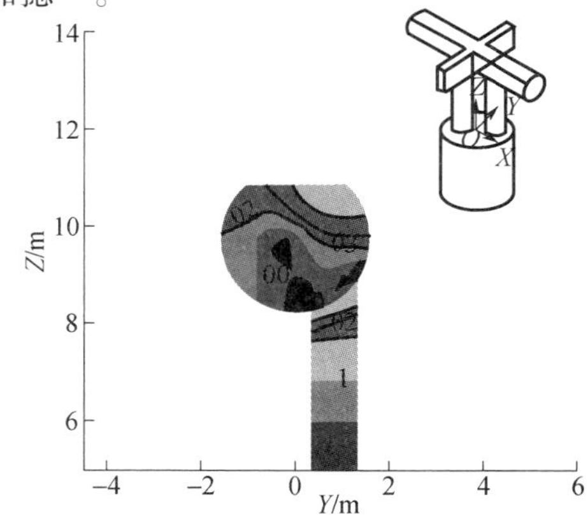

图 2-16　捻接腔体中涡流在 YZ 平面的压力分布

2.6 短切纱制备

近年来，随着玄武岩纤维生产技术的发展以及人们对无捻粗纱的逐渐认识，玄武岩无捻粗纱已在工业、国防等各个领域获得了越来越多的应用，对玄武岩无捻粗纱的质量要求也越来越高。短切原丝是玄武岩纤维生产的一种中间产品，也是加工短切原丝毡和增强塑料模塑料的一种原料，因此对短切生产工艺性能和要求比较严格。玄武岩短切纱的技术要求如下[8]：

（1）集束性好；

（2）短切分散性好；

（3）抗静电性能好；

（4）毛纱少；

（5）浸透速度快。

其中，集束性的好坏直接影响纱的硬挺度、短切分散性和毛纱的多少，要保证短切纱的质量，必须保证有良好的集束性。集束性的好坏与原丝的含油量，纱的烘干温度、烘干时间以及络纱的张力有直接关系。原丝含油量低、丝发散，相应纱的集束性不好，原丝含油量偏高，集束性增加；烘干温度需适宜，烘干过度和烘干不充分都会使纱的集束性差；络纱张力大一些，集束性好，但毛丝增多，要在集束性满足要求的情况下，适当减小络纱张力，以减少毛丝。此外，纱的抗静电性、浸透速度与浸润剂有直接关系。

1. 切割机

玄武岩纤维短切使用切割机，其结构简图如图2-17所示，玄武岩纤维无捻粗纱从纱架引出，分成若干股（图中所示为6股），经导纱辊进入集束箱，通过大小压力辊，到达橡胶辊和刀辊之间，随着刀辊带动牵引，安装在刀辊上的刀片连续转动，将无捻粗纱连续切割为短切纤维。

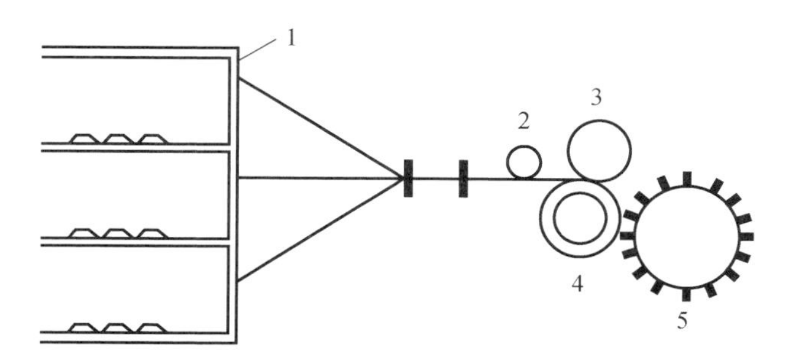

图2-17 玄武岩纤维切割机工作示意图

1—纱架；2—压辊；3—大压辊；4—橡胶辊；5—刀辊。

2. 水分

玄武岩纤维无捻粗纱在短切生产中,水分含量对短切质量和生产是个大问题,为保证短切质量,玄武岩纤维无捻粗纱在短切前必须经过熔烧处理,去除水分,并规定无捻粗纱含水量不得大于0.1%。在短切操作过程中,如果含水量超过0.1%,无捻粗纱切割时,刀辊上刀片不易切断无捻粗纱,使其长短不齐并随着刀辊带动牵引,容易缠绕在刀辊和橡胶辊上。含水量低于0.05%的无捻粗纱易断裂引起硫化现象,在短切操作中易成散丝,满空飞扬。另外,玄武岩纤维无捻粗纱干燥时在操作中易发生静电,影响短切生产,因此在进炉前必须根据无捻粗纱筒子大小、厚薄、多少及季节情况、气候的变化来控制好温度,掌握好时间,焙烘出来无捻粗纱筒子必须符合含水量标准。

3. 浸润剂

玄武岩纤维浸润剂不仅是拉丝的生产关键,而且是短切生产的主要因素。在生产中发现,不同浸润剂配方,切割的短切纤维性能也不同:浸润剂太软,在短切时容易产生毛丝块;浸润剂太硬,短切时则粘在一起成硬丝束。另外,玄武岩纤维浸润剂含量(含油量)高低也对短切原丝影响较大:含油量过低,纤维在短切时散丝多,不均匀;含油量过高,纤维短切时虽然原丝清爽,但黏性大不易散开。

为保证短切质量,无捻粗纱切割时应具有作业性能,要求玄武岩纤维无捻粗纱切割前各单纤维必须捻合很紧,切割后单根原丝能像一把针那样散开。

4. 张力与根数

张力问题对短切生产也是主要问题。在生产中,无捻粗纱传动是靠安装在刀辊上的刀片一边切割一边牵引连续前进,故要求无捻粗纱在传动时张力不能太大(是刀辊牵引力的50%)。但张力太小则使切割出来的短切原丝长短不齐。另外,纱架上各无捻粗纱筒子由于上下距离不同,张力也不均匀,为此在切割前加一个张力架,以调节控制各根无捻粗纱张力,确保短切原丝质量。

在短切生产中,安装在刀辊上的刀片高于刀辊平面,所以在切割时要求每股无捻粗纱有一定厚度和硬度,作为支力点便于刀片切割和牵引。进入切割机每股无捻粗纱如根数太少,无一定厚度和挺硬性,不容易被刀片切断就被牵引缠绕在刀辊和橡胶辊上。但当根数太多时则形成张力和硬性太大,刀片无法切断,容易断刀片。故为保证短切质量,要求进入切割机每股无捻粗纱根数必须根据生产情况精确计算。

5. 静电

在玄武岩纤维短切生产中,静电现象不可忽视。在干燥天气或无捻粗纱烘得太干时,在切割过程中刀辊上切刀空隙和沉降壁上充满短切原丝,另外,纱架上张力辊、集束处和纤维无捻粗纱经过部位都布满茸丝,不得不时常停车清除。

这种静电吸附现象大大降低短切生产效率。发生此种情况主要是玄武岩纤维无捻粗纱和物体(刀辊、集束处)直接摩擦接触产生静电。对于此种现象,除了合理地在浸润剂配方内加入一定数量抗静电剂,也可在切割机上加一根地线,还可采取消极办法,在无捻粗纱经过部位(导纱勾、切刀等)增加温度,或在纱架底下切割处地面周围喷一些水,一般相对湿度保持在 70% ~75% ,静电即消除。

参 考 文 献

[1] 齐风杰,李锦文,李传校,等. 连续玄武岩纤维研究综述[J]. 高科技纤维与应用,2006,31(2):42 -46.

[2] 李平,智欧. 正确认识玄武岩纤维[J]. 玻璃纤维,2008(3):35 -41.

[3] Дубровский В А, Макова М Ф. Стеклокристаллический волокнистый материал из базальта[J]. Проблемы каменного литья АН УССР, 1968,Выпуск2(С):198 -200.

[4] 笪有仙,孙慕瑾. 增强材料的表面处理(三)[J]. 玻璃钢/复合材料,2000(3):42 -49.

[5] 王学兰,曾黎明. 碳纤维上浆剂的研究进展[J]. 碳素技术,2011(2):26 -29.

[6] 李宏程,李文福,于春生,等. GHX -2 ×04 型纤维合股机的研制[J]. 橡胶技术与装备,1999(25):21 -24.

[7] 林庆泽,吴震宇,胡旭东. 空气捻接器纤维加捻机理的仿真与实验研究[J]. 现代纺织技术,2012(1):20 -23.

[8] 王慧. 浅谈无捻短切纱与喷射纱的要求标准[J]. 玻璃纤维,1999 (4):14.

第3章

玄武岩纤维的结构与性能

3.1 基本物理性能

3.1.1 表面形貌

玄武岩纤维经铂铑合金漏板拉丝成型后的外表通常呈圆柱状，且表面光滑，如图3-1(a)所示。玄武岩熔体流出漏板后，在冷却凝固之前，表面张力的作用会使熔体表面积收缩成最小的圆形，凝固时保持此形状，从而使制备的玄武岩连续纤维外表呈光滑的圆柱形。对于玄武岩连续纤维光滑的表面而言，对该纤维的应用是有利有弊的。玄武岩连续纤维作为增强体材料制备复合材料时，其光滑的表面不利于纤维与基体树脂的黏结，因此在复合材料的制作中可能需要对其表面进行必要的处理。例如，通过机械处理、等离子体法、化学处理、γ射线辐射等方法，改变玄武岩纤维表面的形貌和化学状态，增强连续纤维与树脂之间的黏结力，最终提高复合材料的力学性能。而作为过滤材料使用时，光滑的表面有利于液流与气流的通过，是高效的过滤基材[1]。

图3-1显示了直接拉丝成型的玄武岩纤维与含浸润剂玄武岩外形的差异。含浸润剂的玄武岩纤维表面比较粗糙，而不含浸润剂的玄武岩纤维表面相对光

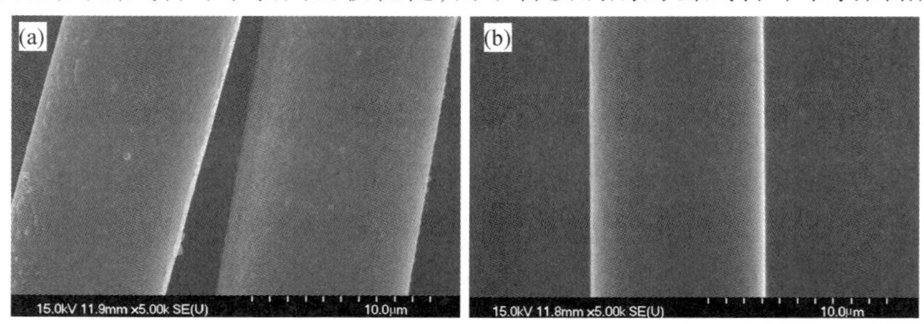

图3-1 玄武岩纤维形貌

(a)裸丝；(b)含浸润剂。

滑。这是因为玄武岩纤维表面涂覆了浸润剂后,会在纤维表面产生吸附和反应,形成一层纳米级厚度的薄层,使得纤维最终表面看上去不太光滑。

3.1.2 密度

玄武岩纤维的密度比大部分有机纤维和无机纤维高,一般在2.6~2.8g/cm^3。纤维中氧化铁的含量较高,使得其密度比玻璃纤维略高。玄武岩纤维密度要比其原料矿石低,这是由于玄武岩纤维保留了高温玄武岩熔融的结构状态,而玄武岩矿石在冷却过程中,分子排列趋向紧密,所以与纤维相比具有较高的密度值。表3-1列出了常用纤维的密度。

表3-1 常用纤维的密度

纤维名称	碳纤维	E玻璃纤维	S玻璃纤维	芳纶纤维	玄武岩纤维
密度/(g/cm^3)	1.4~1.9	2.55~2.62	2.46~2.49	1.44	2.6~2.8

3.2 化学组成与结构

3.2.1 化学组成

玄武岩纤维的化学成分非常复杂,地壳中存在的众多元素都可以在玄武岩纤维成分中找到踪迹。玄武岩纤维中的元素组成直接取决于玄武岩矿石的成分组成。玄武岩矿石主要由SiO_2、Al_2O_3、Fe_xO_y、CaO、TiO_2等多种氧化物组成。然而,玄武岩矿石的成分却是不固定的,地域不同,玄武岩石料的成分是不同的[2]。玄武岩矿石的氧化物含量如表3-2所列。

表3-2 玄武岩矿石主要化学成分

玄武岩组分	SiO_2	Al_2O_3	Fe_xO_y	CaO	MgO	Na_2O+K_2O	TiO_2
质量分数/%	46~52	10~18	8~16	6~13	7~12	2~10	1.5~2

SiO_2是玄武岩纤维中最主要的组成成分,它占据了整个纤维体系质量的1/2左右,在硅酸盐网络结构中所起的是网络形成体的作用。若其在某一玄武岩矿物中的含量大于它的大众平均值,则融制纤维的温度需大大提高,其熔体黏度也会大大提高,这对提高玄武岩纤维的化学稳定性和热稳定性是非常有利的。但含量提高的同时也会增加连续玄武岩纤维的拉丝难度,基本氧化物($SiO_2+Al_2O_3$)含量处于60%~80%范围内时纤维具有较好的强度、热稳定性和化学稳定性。

Al_2O_3在各类硅酸盐矿物中一般均可见到踪迹。Al^{3+}在不同硅酸盐环境中的配位数是变化的,或6或4。当硅酸盐环境中存在碱金属离子Na^+时,Al^{3+}的配位就会随着Na^+量的的变化而发生变化。当氧化钠与氧化铝的摩尔数比大于

1时，铝离子通常存在于铝氧四面体处，可以与硅氧四面体形成统一均匀的网络结构。Al^{3+}还有很强的夺取非桥氧的能力，可使断网结构重新连接起来，增加网络结构的致密度。当氧化钠与氧化铝的摩尔数比小于1时，Al^{3+}多数情况下以网络改变体的形式存在于八面体间隙中，氧化铝的存在通常可提高玄武岩纤维的化学稳定性、力学性能等，但若其含量超过某一浓度，纤维的拉丝成型过程就会变得异常困难。

碱金属氧化物主要包括Na_2O和K_2O，它们在玄武岩纤维中使纤维网络结构松弛甚至断裂，致使最终的纤维一系列性能都受到负面影响，如电性能、热性能、化学稳定性等。但这对玄武岩纤维的制取是非常有利的，因为它们的存在会使玄武岩矿石熔体的黏度显著下降。

玄武岩纤维中主要包括MgO和CaO两种碱土金属氧化物。它们单独与氧化硅存在时是不能形成稳定的玻璃体的，只有在碱性金属氧化物存在的条件下才可以形成玻璃。MgO与CaO作用类似，当(CaO + MgO)的含量较低时会降低熔融物黏度，有利于制备细纤维，CaO的含量增多时，玄武岩纤维具有好的耐久性、化学稳定性和机械强度。当(CaO + MgO)含量大于10% ~12%时，则熔体的黏度增大，脆性增加，不利于形成纤维。它们的存在同时也可能增加熔融物的析晶特性。

TiO_2中的金属钛以Ti^{4+}离子的形式存在。由于该阳离子所带电荷多、半径小，作用力较大，有利于形成复杂巨大的阴离子团，使黏滞活化能变大，从而使熔体的黏度变大，有利于形成长纤维，而且在一定浓度范围内该氧化物还能起到提高材料密度、电阻率、折射率和降低材料热膨胀系数等作用。

存在于玄武岩纤维中铁的氧化物是以Fe_2O_3和FeO两种形式存在的。它们的作用是会影响如熔化温度与拉丝温度、熔融物黏度、纤维化学稳定性、纤维抽丝工艺参数等。氧化铁质量分数过高将导致熔体顶层形成晶壳，延长均化时间，降低黏度，使析晶温度更接近熔点。高铁质量分数还会引起熔体迅速硬化，影响纤维的稳定成型(如纤维直径波动太大)。此外，由于不均匀的熔体在纤维成型区的液压、温度和黏度不稳定，还会影响它通过漏板时流动的均匀性和稳定性[3]。其结果是在拉丝时会产生更多的断头，给纤维质量控制带来一定困难。铁的氧化物间的比值关系式Fe_2O_3/FeO及其绝对质量分数对纤维的热稳定性和强度影响很大。比值$Fe_2O_3/FeO > 5$时，玄武岩纤维具有较高的热稳定性。当总铁含量从15%降至10%左右时，玄武岩纤维的拉伸强度会从原先的1800MPa上升为2600MPa。同时，FeO和Fe_2O_3的存在会使纤维的化学稳定性受到一定影响。由于Fe的氧化物的存在，玄武岩纤维密度略大于常规的纤维，同时玄武岩纤维的颜色也随着铁含量的不同在咖啡色与古铜色之间变化。

玄武岩纤维中还存在少量稀土元素，它们对降低熔体的黏度起到部分促进作用,此外,还可提高玄武岩纤维的使用温度和热稳定性。

3.2.2 微观精细结构

由于玄武岩纤维是一种非晶态结构的物质,所以对其微观结构的研究到目前为止非常有限。大部分的科研工作者对其的研究也都处于一个定性阶段,主要应用一些常规的光谱法对其进行分析,用分子动力学模拟的方法对玄武岩纤维的微观结构进行模拟难度是很大的,因为利用分子动力学方法模拟一个简单物质,体系非常简单的物质可以实现,但是对玄武岩纤维而言,其成分复杂,相互作用力很大。因此,到目前为止对玄武岩纤维微观结构的认识还是处于一个相对模糊的阶段。

3.2.2.1 各元素组成在微观结构中的作用

组成硅酸盐结构的最基本的单元离子是硅、氧、碱金属和碱土金属离子。玄武岩纤维熔体中 R—O(R 指碱金属或碱土金属离子)的键合类型是以离子键合为主,它们的键能比 Si—O 键键能小很多。当玄武岩纤维熔体中引入 R_2O 和 RO 时,Si^{4+} 会把 R—O 上的 O^{2-} 拉向自己的一边,使 Si—O—Si 长链中的 Si—O 键变形或断裂,导致 Si—O 键的键长、键强、键角等一系列键参数都发生变动。这说明引入的 R_2O、RO 金属氧化物起到了破坏 Si—O 键的作用。

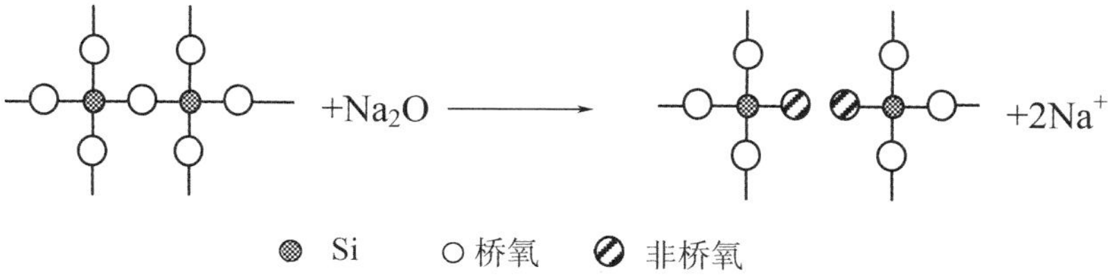

$+Na_2O$ ⟶ $+2Na^+$

Si　桥氧　非桥氧　(3-1)

式(3-1)说明的就是以氧化物 Na_2O 为例,金属氧化物的引入对纤维网络结构的影响。式中与两个 Si^{4+} 相连的氧称为桥氧(O_b),与一个 Si^{4+} 相连的氧称为非桥氧(O_{nb})。在 SiO_2 石英熔体中,O/Si 比为 2∶1 时,[SiO_4]连接整体呈现架状的形式。当引入 Na_2O 时,由于 Na_2O 提供了“游离”氧,O/Si 比与原来相比升高,结果桥氧部分断裂转变成为非桥氧。随着 Na_2O 的引入量增高,O/Si 比可由原来 2∶1 逐步升高至最高的 4∶1,此时[SiO_4]的连接方式可从架状、层状、带状、链状、环状逐步过渡到桥氧全部断裂的形式即形成孤立的[SiO_4]岛状结构,此时[SiO_4]连接程度达到最低的状态。

在硅酸盐结构中,每个氧最多被两个[SiO_4]四面体所共有。[SiO_4]四面体只能是互相独立地在结构中存在或通过共顶点相互连接,而不可能以共棱或共面的方式相连,否则结构不够稳定。—Si—O—Si—的结合键不是一条直线而是折线,在氧上的这个键角一般接近 145°。玄武岩纤维中—Si—O—键角分布在 120°~180°的范围内,中心在 145°。这个键角变化范围很大,使得

$[SiO_4]$四面体无规则网络结构没有很好的对称性，而且这个无规则网络不是均匀一致的，在密度和结构上都会有起伏，这也是玄武岩纤维性能不很稳定的原因之一。

在玄武岩连续纤维微观结构中，构成网络结构基本单元的是符合上述条件的四配位的SiO_2氧化物，它又称为网络形成体。不满足上述条件的Na_2O、K_2O、CaO等氧化物，它们无法独自形成网络构成非晶态物质，只能以网络改变体的形式参与到网络结构中来。而拥有变配位数(4或6)的TiO_2、Al_2O_3、Fe_2O_3等氧化物在一定情况下满足上述条件时，会进入网络成为网络形成体，不满足上述条件时，成为网络外体，这类氧化物称为网络中间体。硅酸盐的基本单元是$[SiO_4]$四面体，硅氧之间的平均距离为0.16nm左右，比硅氧离子半径之和(0.174nm)要小，说明硅氧之间不是纯离子键结合的，所以一般认为离子键成分和共价键成分各占1/2的比例。

玄武岩纤维微观结构方面，不同的Ca/Al比对Si和Al键接方式会产生重要影响。玄武岩纤维的骨架结构中主要是—Si—O—Si—、—Si—O—Al—结构，因+3价的Al^{3+}取代+4价的Si^{4+}，从而缺少一个电荷，故Ca^{2+}或Mg^{2+}插入以平衡电荷但不参与网络的形成。Na^+和K^+离子半径大，所带电荷少，插入网络中形成的畸变能也最大，所以作为考虑平衡电荷作用的离子，它们是其次考虑的对象，它们的存在对玄武岩纤维的性能会造成很大影响，因此Ca^{2+}、Mg^{2+}又称为网络修饰剂。网络修饰剂会对结构产生一定影响，如它们的存在会产生非桥氧，NBO的存在会降低熔点，也会降低黏度。原则上，两个Al^{3+}代替两个Si^{4+}，一个Ca^{2+}或Mg^{2+}就需插入以平衡电荷，因此许多研究都考虑Ca^{2+}与Al^{3+}的比值。针对玄武岩纤维可以把Mg^{2+}考虑进去，所得到的结果为$(Mg+Ca)/Al=0.8838$，大于0.5，因此部分的Al^{3+}可能会成为网络改变体，用其自身的电荷平衡网络电荷的缺失，因为其半径更小(Al^{3+}半径是0.51，Mg^{2+}半径是0.66，Ca^{2+}半径是0.99)，所带电荷更多。根据所测得纤维的成分含量，可以确定Al元素在网络中起到了双重的作用，既是网络形成体又是网络改变体。Al_2O_3在玄武岩纤维显微精细结构中所起到的作用为网络中间体这一结论已得到有关学者的证实。

纤维中氧化物R_2O或RO的存在，会破坏Si—O—Si键，即硅氧网络断裂，而硅氧网络的结合程度则取决于桥氧离子的百分数。只要A_2O及AO(A指网络变性离子)的加入量使氧硅比O/Si仍然小于2.5，那么Si—O网络仍然是可以保持的，因为所有$[SiO_4]$四面体至少有三个顶角还是与其他四面体相连的。当加入量超过这个值而达到$O/Si=2.5\sim3.0$，即组分在$A_2O\cdot2SiO_2$到$A_2O\cdot SiO_2$之间时，在网络中将会出现链状或环状结构。表3-3显示的为玄武岩纤维中各个化学元素在网络结构中所起的作用和相应的配位数的关系。

表3-3 玄武岩纤维成分与氧结合时的配位数及在网络结构中的作用

成分	Al	Si	Ti	Fe^{2+}	Fe^{3+}	Ca	Mg	Na	K	稀土
化合价	3	4	4	2	3	2	2	1	1	3
配位数	4/6	4	4/6	6	4/6	8	6	12	12	8/12
作用	中间体	形成体	中间体	改变体	中间体	改变体	改变体	改变体	改变体	改变体

3.2.2.2 纤维精细结构分析

图3-2为玄武岩矿石和玄武岩纤维的X射线衍射(XRD)图谱。由图3-2(b)可见,玄武岩连续纤维的X射线衍射谱图中没有明显的衍射峰,仅在20°~30°之间有一个明显的馒头峰,这是玻璃态物质的典型特征,说明玄武岩连续纤维本体结构呈非晶态。但是玄武岩纤维在拉丝过程中,由于其导热性能较差,因此可能会造成部分区域的少量结晶。但是玄武岩纤维在未经转化之前的玄武岩矿石其本体结构呈晶态,见图3-2(a)。分析其组成发现其成分非常复杂,包括有钠长石、钙长石、透辉岩、橄榄岩、辉石等硅酸盐晶体结构。玄武岩矿石成分对析晶有直接影响,是玄武岩纤维析晶的内因。从相平衡观点出发,玄武岩矿石成分越复杂,在熔体冷却到析晶上限温度时,各组分相互碰撞排列成一定晶格的概率越小,也就越不容易析晶。玄武岩矿石结构是影响析晶的另一个重要因素。以玻璃为例,硅酸盐玻璃中,网络的连接程度越大,即网络外体含量越少,也就越不容易析晶;反之,则玻璃越容易析晶。桥氧数 $Si/O>0.5$ 时,玻璃很难结晶。随着 Si/O 比值的减小,玻璃变得容易结晶。当 $Si/O<0.333$ 后,玻璃极易结晶,必须采取特殊工艺才能形成玻璃[4]。

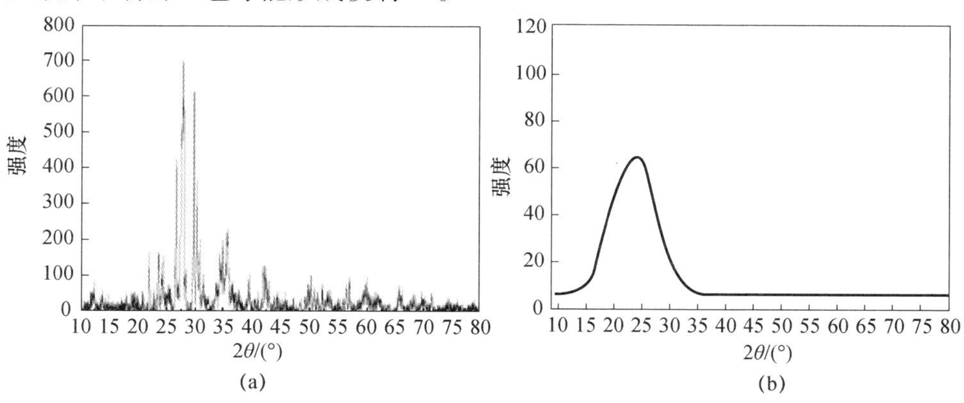

图3-2 玄武岩的X射线衍射图谱

(a)矿石;(b)纤维。

由玄武岩纤维的X射线衍射图谱,通过相应的计算机软件可标示出玄武岩纤维一些微小的特征峰,它们的峰位和所对应的晶粒大小/原子间距见表3-4。

表 3-4 玄武岩纤维结构参数

$2\theta/(°)$	26.7	36.4	58.5	78.3
原子间距 $r_{测量}$/nm	0.419	0.31	0.196	0.153

表中各特征峰位分析如下：

（1）78.3°位置所对应的“晶粒尺寸”大小为0.153nm，这个数值十分接近于Si—O四面体和八面体中心距0.162nm及它们顶点之间的距离0.177nm的几何平均数0.173nm，因此推断可能有金属离子进入了八面体或四面体的间隙中，从而导致临近部分的Si—O四面体或Si—O八面体产生晶格畸变—压缩变小。

（2）58.5°位置所对应的“晶粒尺寸”大小为0.196nm，这个数值略大于Si—O四面体和八面体中心距0.162nm及它们顶点之间的距离0.177nm的几何平均数0.173nm，这很大程度上可能是由于部分金属离子进入了四面体或八面体间隙中，导致部分四面体或八面体产生膨胀——整个体积增大。

（3）36.4°所对应的“晶粒尺寸”大小为0.31nm，这一数值非常接近于以共顶方式连接的Si—O四面体中Si原子与Si原子之间的距离，这可以部分佐证在玄武岩纤维微观结构中部分Si—O四面体正是以共顶连接方式连接的。

（4）26.7°所对应的“晶粒尺寸”大小为0.419nm，这个数值略大于以共顶连接方式连接的Si—O八面体的中心距离，可以推断是变形后的八面体中心间距。这可能暗示近邻八面体之间除了可能是按照共顶方式连接，还可能暗示出Ca^{2+}、K^{+}、Na^{+}等大于八面体空隙的大金属半径离子可能会进入八面体间隙中。

图3-3为玄武岩纤维的拉曼光谱图。从拉曼光谱图分析可以得出玄武岩纤维精细微观结构内部存在着以层状$[Si_2O_5]^{2-}$结构单元为主、链状$[Si_2O_6]^{4-}$结构单元和岛状$[SiO_4]^{4-}$结构单元为辅，以及存在于网络结构中的硅铝替代单元等。图中各位置特征峰产生的可能原因如下[5]：

（1）1023 cm^{-1}位置的吸收峰可能是由非桥氧数为1的Si—O或Al—O结构单元的不对称伸缩振动造成的，这一结构单元的存在形式主要为$[Si_2O_5]^{2-}$。

（2）931cm^{-1}位置的特征吸收峰可能是由非桥氧数为2的Si—O或Al—O结构单元的不对称伸缩振动造成的。

（3）Si—O或Al—O结构单元的弯曲振动被认为是引起780cm^{-1}附近产生吸收峰的主要原因；这一结构单元的存在形式主要为$[SiO_4]^{4-}$。

（4）一般认为Si—O或Al—O结构单元的键角改变是造成700cm^{-1}位置附近谱峰的主要原因。

（5）处于500cm^{-1}以下位置的特征峰多数是由金属氧化物的振动所引起的，其中也包含了与Si—O或Al—O结构单元振动的耦合。

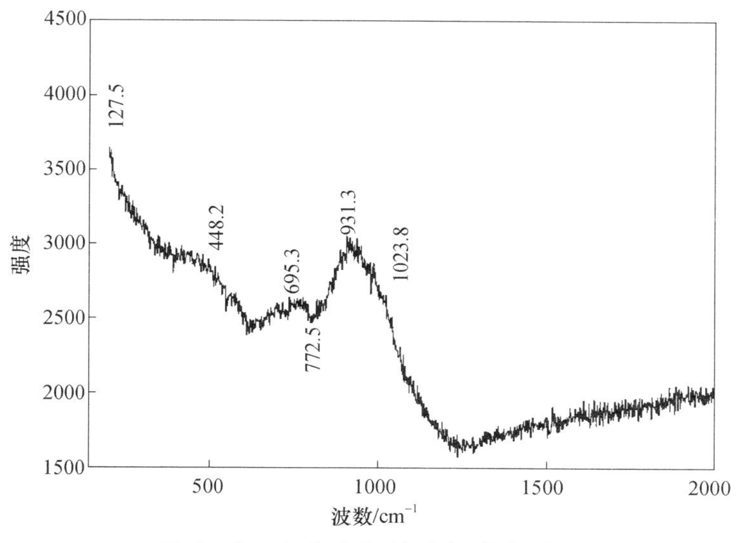

图3-3 玄武岩纤维的拉曼光谱图

可以用下面几个参数描述硅酸盐网络的特征。

R:每个网络形成离子所占有的氧离子的平均数,例如对于SiO_2来说$R=2$;对于摩尔分数为12%Na_2O、10%CaO和78%SiO_2的钠钙硅酸盐玻璃来说$R=(12+10+78\times2)/78=2.28$。

Z:每个网络形成离子的配位多面体中配位的氧离子数,例如对于SiO_2来说,$Z=4$。

X:每个网络形成离子的配位多面体中的"非桥氧"离子数。

Y:每个网络形成离子的配位多面体中的"氧桥"离子数。

则R、Z、X和Y有如下关系:

$$Z=X+Y \tag{3-2}$$

$$R=X+1/2Y \tag{3-3}$$

玄武岩纤维中,$(R_2O+RO/Al_2O_3)>1$,Al^{3+}算作网络形成体。Ti^{4+}算作网络改性体(含量很低)。网络形成体Si,Al的配位数$Z=4$,只有进入硅酸盐网络中的元素才会增加硅酸盐熔体的黏度,由此可见,玄武岩纤维中Fe元素含量的提高会提高其熔体的黏度,黏度的降低可以由网络改性物导致网络的破坏来解释。由此可见,部分Fe元素在纤维熔体中是属于网络形成体体系中的一员,而且主要是3价的,2价Fe元素由于配位数与其他的网络形成体不同,所以在网络结构中出现的概率比较低。

玄武岩纤维可以写成以下比例的化学式(54%SiO_2、9%Al_2O_3、7%FeO、7%Fe_2O_3、9%CaO、7%MgO、3%Na_2O、1%K_2O、3%TiO_2),氧与网络形成体比例为

$$R=(54\times2+9\times3+7+21+9+7+3+1+3\times2)/(54+9\times2+7)=2.39 \quad (3-4)$$

其中部分参与网络结构的 Fe^{3+} 的量大概为 7%。

$$X=2R-4=4.78-4=0.79, Y=8-2R=8-4.78=3.21 \quad (3-5)$$

这样,在一个玄武岩纤维中平均每个硅氧四面体上大概有 3.21 个桥氧数,0.79 个非桥氧数。

此外,也可以看出,由于 $R<2.5$,因此玄武岩纤维中网络微观结构保持得比较好,应主要以层状结构单元为主,链状结构单元和岛状结构单元为辅。

鉴于硅氧四面体中间隙尺寸显著小于硅氧八面体中间隙尺寸,而且通常情况下高价金属离子的半径尺寸显著小于低价金属离子的半径尺寸,因此可以猜测 Si^{4+}、Al^{3+} 等离子可能会主要存在于四面体空隙内,而 Mg^{2+}、Fe^{2+}、Fe^{3+}、Ti^{4+} 则位于八面体间隙中。其中部分 Fe^{3+} 可能会进入四面体间隙中(由其配位数决定)。玄武岩纤维显微微观结构中的 Ca^{2+}、K^{+}、Na^{+} 等大尺寸金属阳离子,它们的体积要明显大于八面体空隙的体积,因此它们可能存在于各微观结构单元堆垛所产生的比较大的间隙内。此外,层与层之间应主要以非桥氧形式的离子键互相链接。

3.3 表面状态与性能

3.3.1 表面状态

固体和液体一样都有表面,因而也具有表面能。在一般情况下,固体的表面通常是处于热力学非平衡状态,它趋于热力学平衡态的速度是极其缓慢的。正是由于这种动力学上的原因,固体才能被加工成各种形状,而且在可以设想的时间间隔内,一般不容易观测到其自身发生的明显变化。此外,固体表面相与其他相内部的组成和结构有所不同,同时还存在各种类型的缺陷和弹性变形等,这些都将对固体表面的性质产生很大的影响。

晶体中每个质点周围存在一个力场。由于晶体内部质点排列是有序和周期重复的,故每个质点力场是对称的。但在固体表面,质点排列的周期重复性中断,使处于表面边界上的质点力场对称性破坏,表现出剩余键力,这就是固体表面力。固体表面力是导致固体表面吸引气体分子、液体分子(如润湿或从溶液中吸附)或固体质点(如黏附)的原因。

玄武岩纤维表面也同样存在着表面力场,其作用与晶体类似,而且由于纤维与同组成的晶体相比具有更大的内能,表面力场往往更为明显,因此在玄武岩纤维表层的阳离子配位原子的缺失,使得其具有比其他晶态离子更大的表面能。

降低其表面能最直接的方法就是吸附存在于大气中的水分子。玄武岩纤维表面的断键大都是以$[SiO]^-$或$[AlO]^-$的形式存在,所以吸附的过程会导致水分子的极化,H^+朝向玄武岩纤维表面,而OH^-则背向玄武岩纤维表面。最终纤维表面显负电性[6]。

在复合材料中,玄武岩纤维表面的吸附水影响了纤维表面与树脂基体的黏结力,所以通常会对纤维表面进行改性,以改变纤维的表面状态。

3.3.2　表面能

玄武岩纤维与玻璃纤维的表面能见表3-5。从表中可以看出,与玻璃纤维相比,玄武岩纤维的表面能(σ_s)更大,而且其中的极性组分(σ_s^p)占据了整个表面能的很大一部分比例。这也从另外一方面说明玄武岩纤维表面极性很强,这非常有利于玄武岩纤维与树脂基体形成有效结合制备出高性能复合材料。玻璃纤维则相反,表面色散成分占了大多数,与玄武岩纤维相比其表面活性要弱一点。

表3-5　玄武岩纤维与玻璃纤维的表面能

纤维	表面能/(mN/m)			
	σ_s	σ_s^d	σ_s^p	$\frac{\sigma_s^p}{\sigma_s}$
玄武岩连续纤维	58.75	15.47	43.28	73.7%
E玻璃纤维	40.01	37.28	2.73	6.8%

对于纤维增强复合材料而言,纤维与基体树脂间较弱的界面黏结强度一直是限制复合材料性能进一步提高的主要因素。按照极性相似原理,表面性能活性较大的玄武岩连续纤维与传统的玻璃纤维及碳纤维等传统的增强材料相比,其与树脂中极性较大的树脂之间的结合力较大,界面处的黏结强度相对较大。由此可见,玄武岩连续纤维是一种有着巨大发展潜力的增强体材料。但是,这些无机增强材料与树脂之间的表面极性是存在一定差异的。按照极性相似原则,这个差异会使它们的相容性不好,导致增强材料在树脂基体中分散不佳,基体不易浸润增强材料的表面,造成复合过程中基体材料难以完全排除增强剂表面已经吸附的气体,导致制成的复合材料空隙率高、性能差。因此可以说明,纤维的表面性能对其增强树脂复合材料的各种性能,特别是力学性能是有着直接关系的。

3.4　力学性能

纤维的力学性能一般包括有拉伸强度、弹性模量、断裂伸长率等指标。从表

3－6 中可以看出，玄武岩连续纤维的拉伸强度低于碳纤维，但比其他纤维高。玄武岩连续纤维的断裂伸长率比碳纤维、芳纶纤维的稍大，与 S 玻璃纤维相当，这反而给制造过程造成困难。因此在加工过程中需采取一定手段避免。玄武岩纤维的弹性模量高于玻璃纤维，却又比碳纤维等普通高性能纤维低。许多玄武岩纤维的研究结果表明，虽然其力学指标参数往往不尽相同，但基本趋势是保持一致的[7]。因此表 3－6 中显示的为纤维各个参数的变动范围，而不是一个确定的值。

表 3－6　各种纤维的性能对比

类别	拉伸强度 /MPa	弹性模量/ GPa	应用温度 /℃	断裂伸长率 /%	价格 /(美元/kg)
玄武岩纤维	2000～4840	80～100	－260～700	2～3	2～2.5
E 玻璃纤维	3100～3800	70～75	－50～300	3～4	1.0～1.1
S 玻璃纤维	4020～4450	83～86	－50～300	2～3	1.3～1.5
碳纤维	3000～6500	230～600	－50～600	1～2	20～30.0
芳纶纤维	3000～3800	70～140	－50～250	3～4	20～25.0

玄武岩纤维的断裂伸长率较小，所以它也是属于脆性材料体系中的一种。在玄武岩纤维内部和表面存在各类缺陷，其数量和种类往往直接决定该材料的最终抗拉强度。鉴于玄武岩纤维的缺陷是随机分布的，其拉伸强度也具有随机不确定性、分散性很大的特点。现阶段各学者对纤维强度的分布规律研究采用的规律模型主要有以下几种：高斯分布规律、正态分布规律、指数分布规律、威布尔（Weibull）分布规律等。其中以“弱环理论”为基础的威布尔分布规律认为断裂破坏始于纤维最弱的横截面处，换言之，就是在同样条件下断裂破坏最先始于有重大缺陷的横截面处。存在缺陷概率越大的横截面，在此处断裂的可能性就越大[8]。因此，采用威布尔分布规律对玄武岩纤维单丝强度进行评估是比较合理的。

威布尔理论的成立必须符合以下三个基本条件：

（1）脆性材料的受力必须是在单向的和恒定大小条件下；

（2）脆性材料内部的各个缺陷之间没有任何关联，断裂破坏首先发生在最薄弱的位置；

（3）基于格里菲斯（Griffith）断裂理论基础之上有下式成立：

$$\delta_t = (2E\gamma/\pi C)^{1/2} \tag{3-6}$$

式中　δ_t——断裂强度；

E——弹性模量；

γ——表面能。

威布尔从“弱环理论”串联模型推导演绎出了被人们广泛接受的适用于脆

性材料强度分布的威布尔分布模型,其概率函数为

$$F(\sigma_f) = 1 - e - (\sigma_f/\eta)^{\beta} \tag{3-7}$$

式中 $F(\sigma_f)$——纤维材料在拉伸应力不大于 σ_f 的条件下断裂破坏的概率;

β——缺陷的形状参数;

η——缺陷的位置参数。

对方程两边取对数运算,得

$$\ln\ln\{1/[1 - F(\sigma_f)]\} = \beta\ln\sigma_f - \beta\ln\eta \tag{3-8}$$

对式(3-8)作图,$\ln\sigma_f$ 作为因变量,$\ln\ln\{1/[1-F(\sigma_f)]\}$ 作为应变量。作图完成后对曲线进行线性拟合,如果线性拟合曲线的线性相关参数大于0.9,则初步认定该纤维的单丝强度基本符合威布尔分布规律。此外,根据拟合直线的斜率和截距可以分别求得形状参数 β 值和位置参数 η 值。若线性拟合曲线的线性相关参数小于0.9,则通常情况认为该纤维材料强度不符合威布尔分布规律。$F(\sigma_f)$ 可由下式计算:

$$F(\sigma_f) = n/(N_0 + 1) \tag{3-9}$$

式中 N_0——所测丝束总量;

n——强度低于 σ_f 的丝束数量。

分别对玄武岩纤维和玻璃纤维按照式(3-8)作图,后对图中的有效数据点进行线性拟合,结果如图3-4所示。设拟合的直线方程形式如下:

$$y = Ax + B \tag{3-10}$$

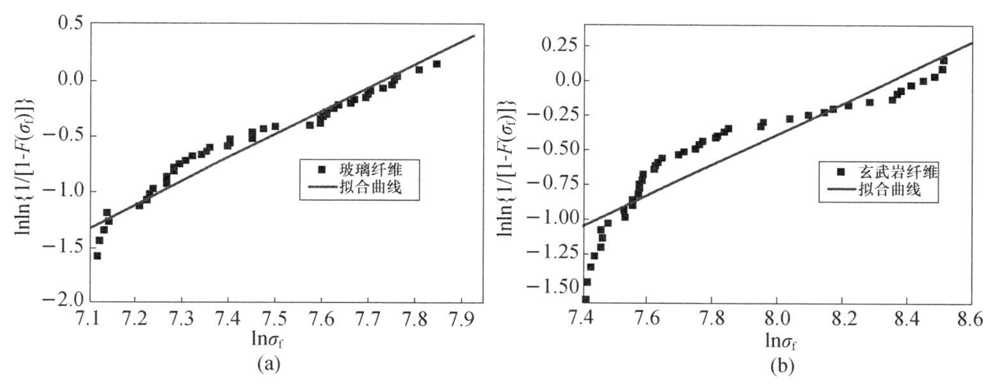

图3-4 玄武岩纤维和玻璃纤维单丝强度拟合曲线

(a)玻璃纤维;(b)玄武岩纤维。

计算出的线性相关直线的参数 A、B 和线性相关系数 R 以及形状参数 β 值和位置参数 η 值见表3-7。

表 3-7 玄武岩纤维和玻璃纤维单丝强度威布尔分布线性拟合参数

种类	A	B	R	实测强度/GPa	离散系数	β	η/MPa
玻璃纤维	2.06419	-15.96448	0.96441	1.73	22	2.06419	2208
玄武岩纤维	1.1072	-9.23151	0.91304	2.62	40	1.1072	4440

当用威布尔分布模型对单束强度数据进行分析时,可由拟合直线的参数计算威布尔分布模型的方程参数:

$$\begin{cases}\beta = A\\ \eta = B\end{cases} \tag{3-11}$$

威布尔分布模型中,形状参数 β 代表了缺陷在材料内部分布的均匀性,其值越大说明缺陷在材料内部分布越均匀,具体体现在单丝纤维强度上就是其强度值分散系数较小。位置参数 η 则表示单丝强度统计值的大小。从式(3-11)可以看出,η 等于方程左边部分为0时的纤维单丝的强度值,即可以推演出:

$$\ln\ln\{1/[1-F(\sigma_{\mathrm{f}})]\}=0 \tag{3-12}$$

$$F(\sigma_{\mathrm{f}})=1-\mathrm{e}^{-1}=0.6321 \tag{3-13}$$

所以,η 表示破坏概率为63.21%的纤维丝束的断裂强度值。

从拟合结果来看,玻璃纤维强度低于玄武岩纤维,但是玻璃纤维结构的均匀性优于玄武岩纤维,因为玻璃纤维强度的分散性小于玄武岩纤维强度的分散性,而且拟合的强度结果明显大于所测得的纤维的强度。此外,从线性相关系数上来看,玻璃纤维的0.964明显大于玄武岩纤维的0.913,这说明玻璃纤维比玄武岩纤维更符合威布尔分布,且性能更加的稳定。

玄武岩纤维具有较高的断裂比强度,不同直径的玄武岩纤维的断裂比强度不同,结果见表3-8。

表 3-8 不同直径玄武岩纤维的断裂比强度

单丝直径/μm	5	6	8	9	11
单位断裂比强度/(kg/mm^2)	215	210	208	214	205

3.5 热性能

3.5.1 热稳定性

玄武岩纤维的最低工作温度为-260℃,最高工作温度为700℃以上,与其他纤维相比,它能承受的工作温度范围是最大的[9]。玄武岩纤维在400℃下工作时，其断裂强度能够保持85%；在600℃下工作时，其断后强度仍能保持80%的原始强度。如果预先在780～820℃下进行处理，还能在860℃下工作而不会出现收缩，而即使耐温性优良的矿棉此时也只能保持50%～60%的强度，玻璃棉则完全破坏[10]。

玄武岩纤维与E玻璃纤维和S－2玻璃纤维的高温断裂强度的比较如图3－5所示。三种纤维的断裂强度都随着温度的提高呈现先增加后降低的趋势，其中玄武岩连续纤维的强度变化最为明显，当温度达到200℃时纤维强度达到最高值，然后开始下降。但是在300℃加热2h后，玄武岩连续纤维的强度能够保持85%以上。空气气氛中600℃加热2h后，玄武岩连续纤维保持良好的外观形态（图3－6），而且具有一定的力学强度。这说明玄武岩连续纤维有优良的耐温特性，与碳纤维相比其耐热氧化性能突出，可以作为耐高温材料使用。玄武岩连续纤维的耐高温性，再加上它的耐酸耐碱等特性，使玄武岩连续纤维非常适合于制备高温腐蚀性气体和烟层过滤、腐蚀性液体过滤的优质材料[11]。

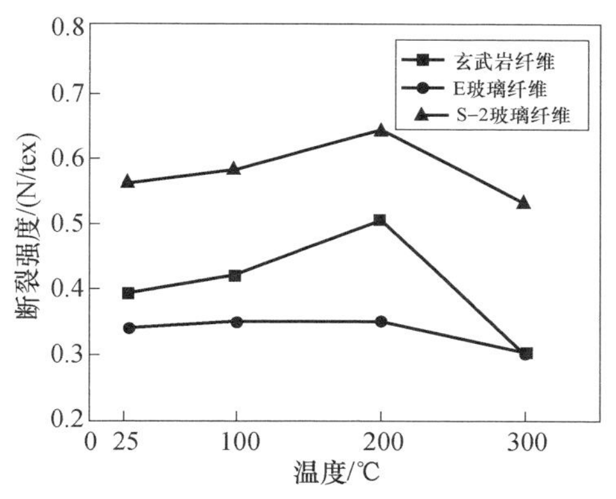

图3－5 纤维断裂强度随热处理温度变化曲线图

图3－6 玄武岩连续纤维600℃加热2h后的形貌

图3－7为玄武岩连续纤维的示差扫描量热法(DSC)曲线。可以看出,在加热过程中,100℃时出现吸热峰,这主要是由于纤维上吸附的水等小分子脱出所至。温度继续升高,有微弱的放热现象产生,分析其原因可能是纤维部分成分发生反应,结构发生变化,纤维本体中已有的结构缺陷得到一定的完善,由此也导致纤维力学强度的提高。纤维的本体是非晶的,但是高温处理后纤维会发生部分结晶,这将导致纤维变脆,而且强度降低。当温度达到1300℃时,纤维完全熔融。因此在较高的作用温度下,纤维力学性能逐渐降低。

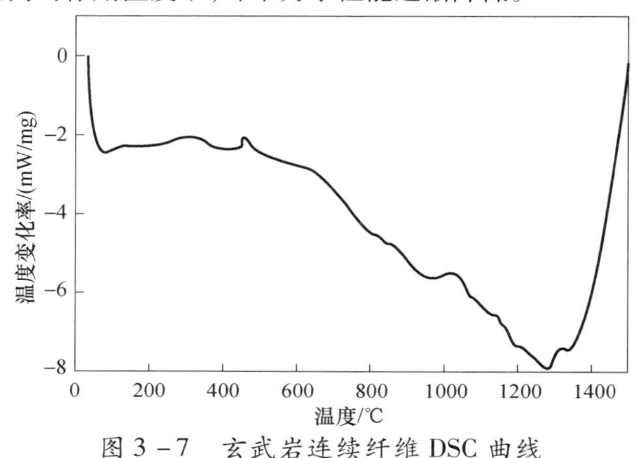

图3－7　玄武岩连续纤维DSC曲线

3.5.2　绝热性能

玄武岩纤维是一种绝热材料,具有极低的导热系数。表3－9为超细玄武岩纤维制造的保温材料的导热系数。在低温环境中,玄武岩纤维可用作高效隔热保温材料。用直径1～3μm的超细玄武岩纤维制造隔热保温材料在－196℃条件下的导热系数为0.03W/(m·K),而且在该条件液氮介质中浸泡后纤维强度无降低现象。因此,在冶金工厂中的液态氧生产部门长期使用玄武岩纤维制造的隔热保温材料[12]。

表3－9　直径1～3μm超细玄武岩纤维制品的导热系数

材料密度/(kg/m^3)	20	30	60	80	100	120	140
导热系数/(kW/(m·K))	0.047	0.040	0.040	0.040	0.042	0.044	0.048

3.6　耐腐蚀性能

对矿物纤维而言,化学耐久性的优劣程度往往直接决定了其使用价值。纤维化学耐久性与许多因素有关,包括矿物纤维的成分、直径等。与E玻璃纤维相比,玄武岩连续纤维含有较多的Na_2O、K_2O、MgO和TiO_2成分,这些氧化物的引入对提高纤维的防水性和耐腐蚀性有重要作用。

酸度系数(M_K)和pH值是衡量纤维化学耐久性的重要指标之一。M_K代表了纤维成分中占主要成分的酸性氧化物同占主要成分的碱性氧化物的质量比,即

$$M_K = (W_{SiO_2} + W_{Al_2O_3})/(W_{CaO} + W_{MgO}) \quad (3-14)$$

该值越大,纤维的化学耐久性能越好,相应地可服役的温度范围越宽。一般矿物纤维的酸度系数应控制在一定范围内,M_K值过高虽然会使纤维的化学耐久性增加,但是另一方面会导致纤维制备难度大大增加,所制得的纤维直径下限受限,力学性能也会显著下降。

pH值 $= -0.062W_{SiO_2} - 0.120W_{Al_2O_3} + 0.232W_{CaO} + 0.120W_{MgO} + 0.144W_{Fe_2O_3} + 0.207W_{Na_2O}$,pH值越高,其抗水性越差。一般而言,pH值在低于4时,纤维稳定性是最好的,$4<pH<5$次之,$5<pH<6$是中等稳定的,$6<pH<7$是不太稳定,$pH>7$是最不稳定的。通过以前所述的成分计算可得,玄武岩连续纤维的酸度系数为4.86,pH=0.34。E玻璃纤维的酸度系数为2.97,pH=0.43。由此可见,玄武岩连续纤维的耐化学腐蚀性能较玻璃纤维的耐化学腐蚀性能更佳。

3.6.1 耐酸腐蚀性

经酸浸泡后,玄武岩纤维和玻璃纤维的失重率及强度保持率分别如图3-8和图3-9所示。玄武岩纤维经酸浸泡后,失重率保持在3%。其强度随腐蚀时间的延长呈下降趋势,随着反应的进一步进行,强度反而呈现一定的上升趋势。而玻璃纤维在经过一天的酸浸泡后,其失重率基本达到了最大值37%,这说明与玄武岩纤维相比,玻璃纤维是非常不耐酸腐蚀的。

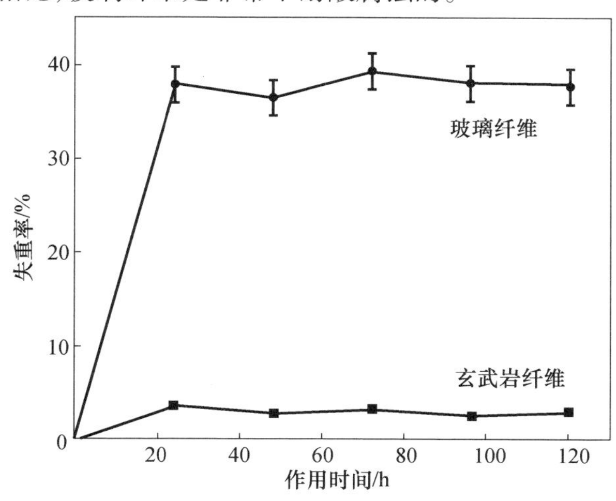

图3-8 酸浸泡处理纤维失重率图

图 3－10 所示为玄武岩纤维经酸处理后其横截面的扫描电镜(SEM)图片。从图中可以看出玄武岩纤维经酸腐蚀后,在其表面形成一层腐蚀层,而且随着时间的延长,腐蚀层的厚度逐渐增加。

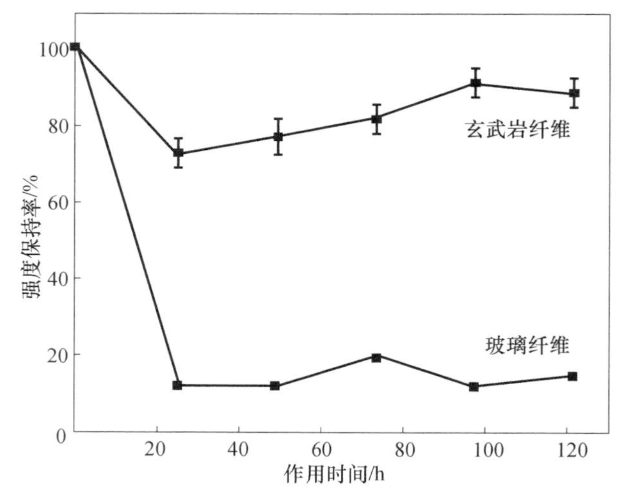

图 3－9　酸浸泡处理纤维强度保持率

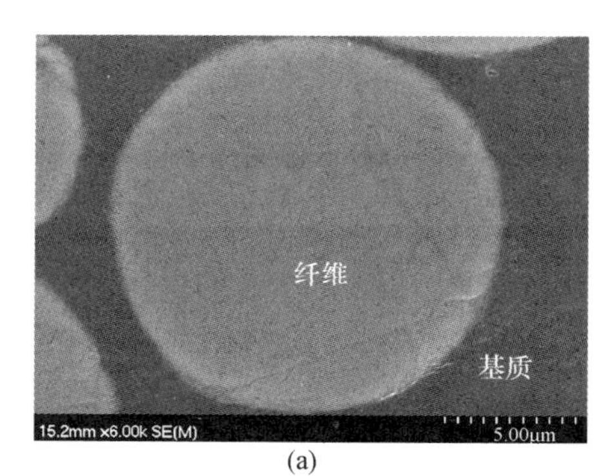

(a)

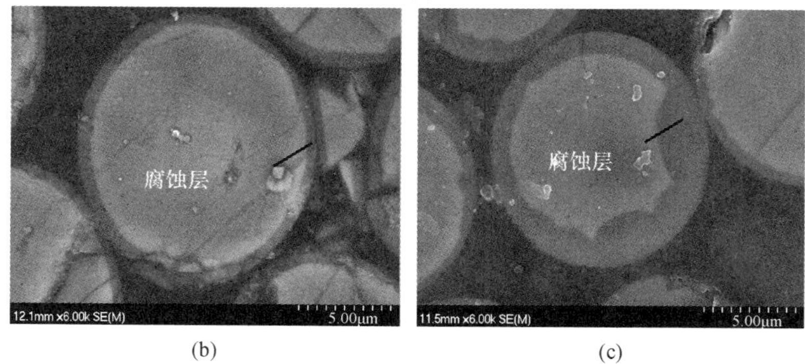

(b)　　(c)

图 3－10　酸处理后玄武岩纤维截面的 SEM 图片

(a)原始纤维;(b)处理 1h;(c)处理 3h。

表3－10所列为玄武岩纤维在酸处理过程中其表面和中心成分的变化情况。从表中可以看出，玄武岩纤维在酸处理过程中，其碱金属氧化物和碱土金属氧化物的含量随着处理时间延长不断地从纤维内部浸出，最后腐蚀层中的主要元素基本上以Si、O、Ti为主，其余的元素基本都进入了酸溶液中。处理的时间越长，腐蚀层中的Si、O、Ti含量越高，腐蚀层的结构变得越完整和致密，生成了类似高硅氧纤维的结构组织。而且剩余的成分都是耐酸腐蚀的，它们的存在部分阻挡了反应的进一步发生。这也就同时解释了为什么在随后的反应过程中反应速度变慢，且纤维强度不再继续下降，反而有部分上升的现象。

表3－10 玄武岩纤维经过酸处理后其表层和中心成分变化

处理时间 \ 成分 \ 元素		O	Si	Na	Mg	Al	K	Ca	Ti	Fe
1h	腐蚀层	38.9	32.9	1.7	2.2	7.7	1.1	4.9	2.5	8.1
	中心层	36.4	29.8	1.65	3.3	9.4	1.5	5.6	2.4	9.9
3h	腐蚀层	35.4	52.5	0.2	0.7	3.4	0.4	1.9	2.2	3.3
	中心层	32.1	31.7	1.8	3.3	9.7	1.6	6.1	2.6	11.1

3.6.2 耐碱腐蚀性

就耐碱性能而言，玄武岩纤维的耐碱性能略差于玻璃纤维。玄武岩纤维和玻璃纤维经碱浸泡后的失重率及强度保持率分别如图3－11和图3－12所示。从玄武岩纤维在碱中的浸泡实验可以看出，虽然失重率只有0.5%左右，但是强度保持率还是很快下降至接近20%，而且可以看出强度的丧失是在很快的时间内发生的，第一天内强度下降了60%，第二天内强度只下降了不到5%，在随后的4天内强度值共下降了不到20%。玻璃纤维在经过5天的腐蚀反应后，其强度还保持在50%；而玄武岩纤维在经过5天的腐蚀反应后，强度则下降至30%左右。

图3－13所示为玄武岩纤维在不同碱浓度条件下的反应。从图3－13可以看出，玄武岩纤维在0.5mol/L的碱浓度环境腐蚀情况下和2mol/L的碱浓度相比其失重率减少了50%以上，而在0.1mol/L的碱浓度下的玄武岩纤维失重率则更小，3h处理失重率维持在25%左右。从图3－14中可以看出，经过0.1mol/L的碱液处理3h后，玄武岩纤维的强度下降30%左右，在经过0.5mol/L碱溶液腐蚀后，玄武岩纤维强度保持率下降到了10%左右，而经过2mol/L碱溶液处理后，玄武岩纤维最终完全丧失了强度。由此可见，玄武岩纤维的强度保持率和失重率无必然的联系。在0.1mol/L的腐蚀条件下，虽然失重率低，但是强度还是丧失了70%左右。因此可以推断玄武岩纤维的耐碱腐蚀性能与碱浓度的关系

不是很密切,很大程度上取决于玄武岩纤维在碱溶液中的腐蚀机理,即与玄武岩纤维在碱性溶液中的破坏形式有很大的关联。

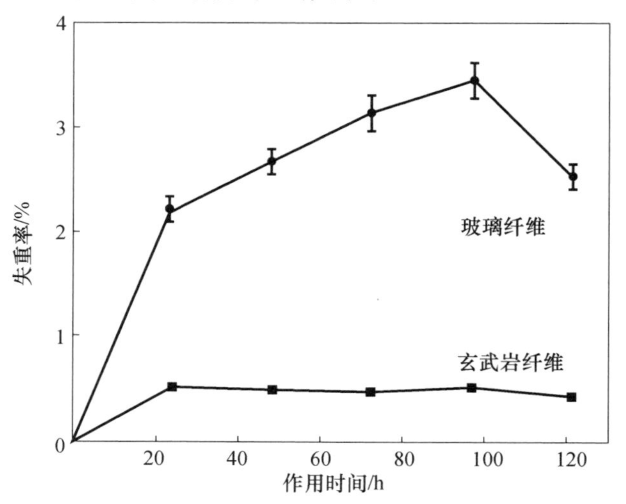

图 3－11 碱浸泡处理纤维失重率

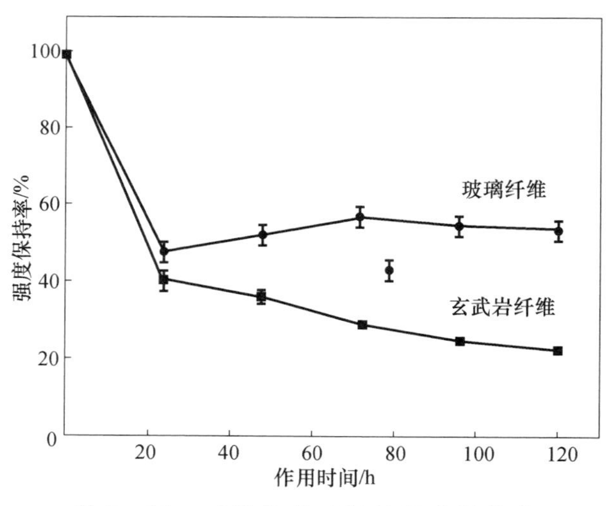

图 3－12 碱浸泡处理纤维强度保持率

图 3－15 所示为玄武岩纤维和玻璃纤维经碱腐蚀后其表面形貌图。从图中可以看出,玄武岩纤维和玻璃纤维在碱中均受到了严重的侵蚀,在其表面生成了一层脆性壳状物质。玻璃纤维的耐碱性能稍优于玄武岩纤维,主要是因为玻璃纤维中网络形成体成分含量高于玄武岩纤维。玻璃纤维中网络形成体成分包括 SiO_2、Al_2O_3 和 B_2O_3,其加和含量远高于玄武岩纤维中网络形成体 SiO_2、Al_2O_3 的含量。而碱侵蚀过程中破坏的是网络形成体成分。

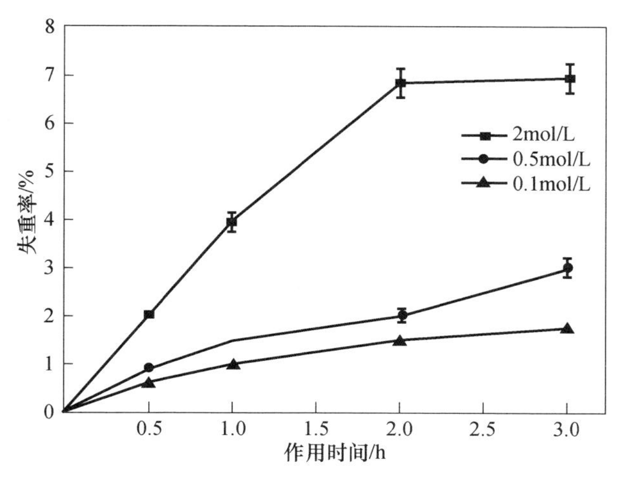

图3-13 不同浓度碱浸泡处理玄武岩纤维失重率

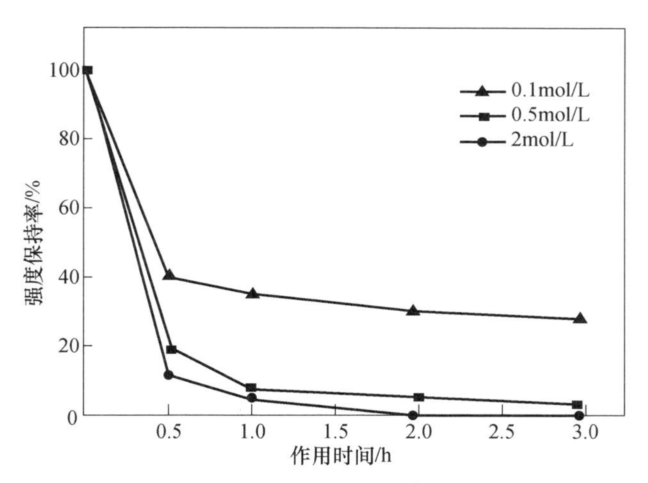

图3-14 不同浓度碱浸泡处理玄武岩纤维强度保持率

除此之外还有另外一个原因,那就是Ca元素的影响,研究显示向NaOH中添加$CaCl_2$可以有效地降低碱对玻璃纤维的侵蚀。那是因为在碱侵蚀过程中,玻璃纤维表面形成了一层—Si—Ca—薄膜结构,这层物质可以有效地阻挡碱溶液继续对纤维机体的侵蚀[13]。而玻璃纤维中Ca元素的含量明显高于玄武岩纤维,在碱侵蚀过程中更易形成保护层而免受侵蚀,所以玻璃纤维的耐碱性能稍微优于玄武岩纤维。

玄武岩纤维在强碱NaOH和弱碱$Ca(OH)_2$中的腐蚀机理并不一样,这可以用图3-16所示过程解释。

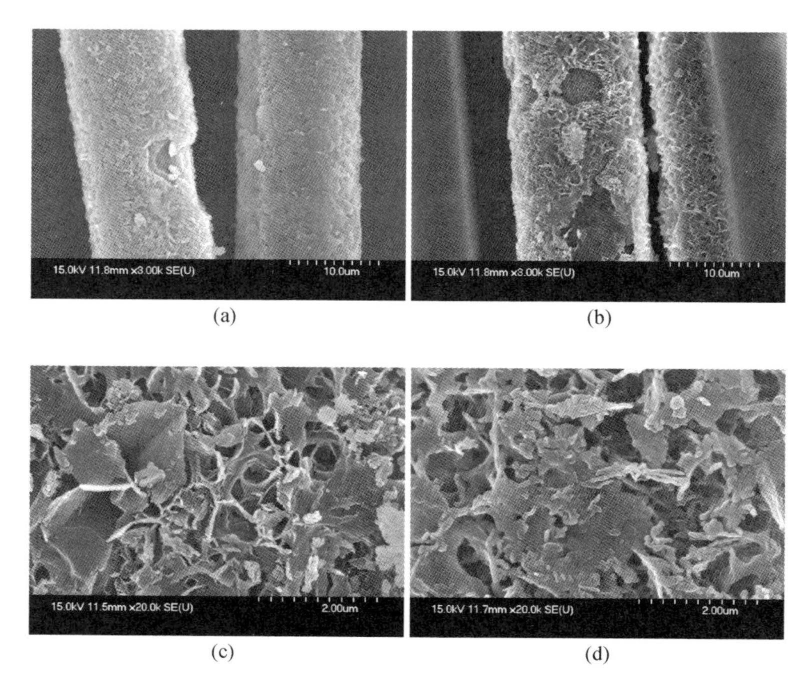

图 3-15　玄武岩纤维和玻璃纤维经碱腐蚀后表面形貌

(a)玻璃纤维高温强碱处理;(b)玄武岩纤维高温强碱处理;
(c)玻璃纤维表面生成物;(d)玄武岩纤维表面生成物。

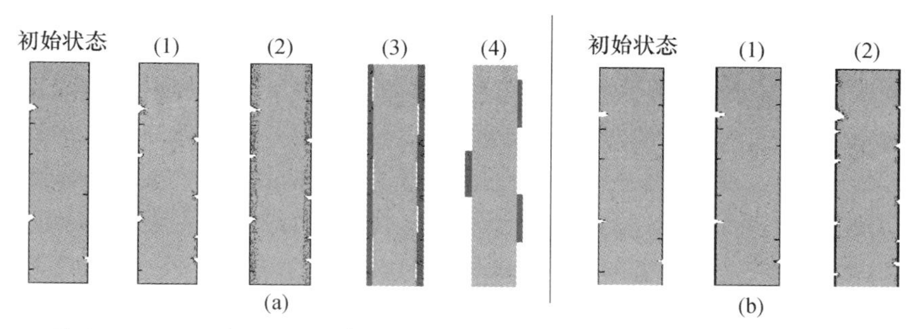

图 3-16　玄武岩纤维在 NaOH 和 $Ca(OH)_2$ 中的腐蚀机理示意图

(a)NaOH;(b)$Ca(OH)_2$。

玄武岩纤维在强碱 NaOH 中被侵蚀的过程步骤如下[14]:

(1) 首先玄武岩纤维表面的缺陷处受到侵蚀,小裂纹变成大裂纹,小孔洞变成大孔洞等。

(2) 在步骤(1)的基础上继续侵蚀,在纤维表面形成一个腐蚀壳层。

(3) 随着腐蚀的进一步进行,壳层进一步变厚而且变得更加致密,阻碍了反应的进一步进行。随着水分子不断进入壳体加上纤维基体中碱性硅酸盐的部分水解作用,壳体膨胀最终导致其与纤维基体剥离。

(4) 壳体在溶胀作用下与基体分离剥落,纤维腐蚀进入下一个循环。

玄武岩纤维在弱碱 $Ca(OH)_2$ 中的侵蚀过程步骤如下:

(1) 首先玄武岩纤维在 $Ca(OH)_2$ 作用下,表层生成一层难溶的—Ca—Si—层,保护了纤维不受腐蚀,腐蚀只是发生在裂纹或孔洞等缺陷处。

(2) 随后的过程中,在缺陷处腐蚀进一步加剧,形成各个形状不同的微型孔,而且难溶的—Ca—Si—层还是在不断生成,导致最终腐蚀过程减慢,甚至停止。

表3-11所列为玄武岩纤维和玻璃纤维在经 NaOH 腐蚀 1h 后腐蚀层的化学成分组成。从表中可以看出,腐蚀层中玄武岩纤维网络成形体 SiO_2 和 Al_2O_3 的含量急剧下降,其他成分的含量则相对上升。而玻璃纤维的腐蚀层中,同样网络形成体 SiO_2 和 Al_2O_3 急剧下降,其余成分含量则相对上升。

表3-11 玄武岩纤维经碱处理后其表层和中心成分变化

元素		O	Si	Na	Mg	Al	K	Ca	Ti	Fe
玄武岩纤维	腐蚀层	31.0	9.4	—	8.0	2.1	—	22.4	5.7	21.4
	中心层	43.6	25.2	2.2	2.8	8.8	1.4	5.6	2.3	8.1
E玻璃纤维	腐蚀层	43.6	8.2	—	6.8	1.4	—	38.6	0.1	1.3
	中心层	47.8	25.8	0.6	2.0	8.6	0.5	13.9	0.4	0.4

3.7 电磁性能

玄武岩纤维的体积电阻率大于 $10^{12}\Omega \cdot m$,比E玻璃纤维高一个数量级,说明其电绝缘性能较好。然而在制造过程中,玄武岩连续纤维容易积累静电,增加了其在机织和针织生产工艺过程中的技术难度。玄武岩中含有质量分数不到0.2%的导电氧化物,经过用专门浸润剂处理的玄武岩纤维的介质损失角正切比玻璃纤维低50%,可用其制造高压电绝缘材料、天线整流罩以及雷达无线电装置等。专门浸润剂处理的玄武岩纤维还可用于制造新型耐热介电材料。

另外,玄武岩纤维是一种良好的微波吸收材料,尤其是在得到磁性材料的表面改性后,它的吸波性会得到较大幅度的改善。

3.8 阻燃性能

玄武岩连续纤维具有优良的阻燃性能，是一种阻燃材料，其燃烧性能可达到GB 8624 A级。表3－12列出了玄武岩连续纤维的阻燃性能。图3－17所示为燃烧性能实验前后的试样，从图中可以看出，经燃烧测试后，玄武岩纤维保持了完整的原始形貌。因此，玄武岩纤维可以用于阻燃隔热面料、防火卷帘、热防护服、汽车内饰等。

表3－12　玄武岩连续纤维的阻燃性能

序号	检验项目	检验方法	技术指标	检验结果	结论
1	炉内温升/℃	GB/T 5464—1999	≤50	11	合格
2	持续燃烧时间/s	GB/T 5464—1999	≤20	0	合格
3	质量损失率/%	GB/T 5464—1999	≤50.0	0.5	合格

图3－17　玄武岩连续纤维燃烧性能测试

3.9 隔音性能

玄武岩连续纤维有着优良的隔音性，其吸音系数大于玻璃纤维等其他纤维。表3－13列出了玄武岩连续纤维毡在不同音频下的吸音系数。由表可见，玄武岩连续纤维是一种较好的隔音材料，并且随着频率增加，其吸音系数增加。玄武岩纤维可制成声绝缘复合材料应用于航空、船舶、机械制造、建筑行业中。如果每年需求量在10万t以上的汽车隔音与隔热纤维材料均采用玄武岩连续纤维，加上它正被日本作为最佳材料用于汽车消音器，则玄武岩连续纤维在这方面也具有极大的市场。

玄武岩连续纤维的吸湿性极低，吸湿能力有0.2%～0.3%，而且吸湿能力不随时间变化，因此玄武岩连续纤维制作的隔音材料在航空、船舶等需要低湿性材料的领域有着广阔的应用前景[15]。

表3－13　玄武岩连续纤维毡的吸音系数

频率/Hz	125	250	500	1k	2k	4k
吸音系数/%	0.12	0.15	0.24	0.40	0.73	0.85

参考文献

[1] 崔毅华. 玄武岩连续纤维的基本特性[J]. 纺织学报, 2005 (5): 120－121.

[2] Militky J, Kovacic V, Mechan I. Ultimate. Properties of basalt filaments[J]. Textile Research Journal, 1996, 66 (4): 225－229.

[3] 叶鼎铨. 制造连续玄武岩纤维的新途径[J]. 高科技纤维与应用, 2008(3): 45－46.

[4] Mertz D R, Chajes M J, Gillesp J W, et al. Application of fiber reinforced polymer composites to the highway infrastructure[R]. NCHRP Report 503, Washington, DC, 2003.

[5] 王广建. 玄武岩纤维复合过滤材料的研究[D]. 天津:河北工业大学,2004.

[6] 李伟. 无碱玻璃纤维增强纺织型浸润剂的研制与应用研究[D]. 济南:山东大学,2006.

[7] Militky J, Kovacic V, Bajzik V. Mechanical properties of basalt filaments[J]. Fibres &Textile in Eastern Europe, 2007, 15 (5－6): 49－53.

[8] 宋鹏飞,王秋美. 玄武岩纤维强度的统计分析[J]. 青岛大学学报(工程技术版), 2008 (1): 9－12.

[9] Torop L V, Vasyuk G G, Kornyush V L, et al. New cloth from basalt fibres[J]. Fibre Chemistry, 1995, 27 (1): 67－68.

[10] 胡显奇,申屠年. 连续玄武岩纤维在军工及民用领域的应用[J]. 高科技纤维与应用,2005,7－13.

[11] 许淑惠,彭国勋,党新安. 玄武岩纤维的产业化开发[J]. 建筑材料学报,2005,8(3):261－267.

[12] 谢尔盖. 玄武岩纤维的特性及其在中国的应用前景[J]. 玻璃纤维,2005 (5): 44－48.

[13] Tomozawa M, Oka Y, Wahl J M. Glass Surface Cracks Caused by Alkaline Solution Containing an Alkaline－Earth Element[J]. Journal of American Ceramic Society, 1981, 64: C－32－C－33.

[14] Gao S L, Mader E. Aging of alkali－resistant glass and basalt fibers in alkaline solutions Evaluation of the failure stress by Weibull distribution[J]. Journal of Non－Crystalline Solids, 2009, 355: 2588－2595.

[15] 石钱华. 国外连续玄武岩纤维的发展及其应用[J]. 玻璃纤维,2003(4):28－29.

第4章

玄武岩纤维的表面处理技术

4.1 表面处理技术

大多数纤维表面比较光滑，比表面积小，表面能较低，呈现出憎液性，因此难以与树脂基体间形成牢固的化学和物理结合，从而影响复合材料整体性能的发挥。为了改善纤维与树脂基体间的界面结合性能，通常需要对纤维表面进行适当的表面处理。常用的纤维表面处理方法有偶联剂改性、电化学改性、等离子体处理、高能辐照处理、气相氧化、聚合物涂层及表面化学接枝等。根据纤维特点不同，采用的表面处理方法有所不同，目前对玄武岩纤维表面处理研究较多的方法有涂层处理、偶联剂改性、酸化处理及等离子体处理等。

4.1.1 涂层处理法

一般纤维在成型之后均需要经过一定的表面处理，即在纤维表面涂覆一定量的化学涂层以满足纤维在后续加工过程中的特殊需求[1]。玄武岩纤维也不例外，工业上称这类涂层改性为乳液涂层改性，即在玄武岩纤维拉丝过程中，涂覆一种以有机乳液为主体的多相结构的表面专用涂层处理剂。乳液涂层对玄武岩纤维的生产和应用都非常重要。如果在高速拉丝制取玄武岩纤维过程中，不在纤维表面涂覆这种表面处理剂类的物质，玄武岩纤维会因严重磨损造成毛丝、断丝，导致拉丝作业无法进行，后续加工成型产品的质量变得更加不可靠。玄武岩纤维表面缺陷如裂纹、孔洞、杂质等的存在，使其实际的强度远小于其理论强度，而且玄武岩纤维的强度很大程度上取决于其表面的缺陷状况。乳液涂层可以有效改善玄武岩纤维表面的某些缺陷并可以部分改变纤维表面性质，使玄武岩纤维及其制品在更广泛的领域得到推广与应用[2,3]。

除此之外，进行涂层处理还有以下作用：一是由于涂层溶液一般黏度较低，更容易对纤维表面进行浸润，比直接采用树脂具有更好的浸润效果；二是涂层具有良好的结构可设计性，通过在涂层中引入特定的官能团，可以进一步改善纤维与树脂的界面黏结性能。涂层改性对纤维性能没有明显的损伤，从而受到越来越多的重视。

4.1.1.1 乳液型涂层

1. 通用乳液型涂层组成配方

乳液涂层是由多个组分所组成的混合型乳液，一般包括成膜剂、润滑剂、抗静电剂以及偶联剂等，其中成膜剂主要在纤维表面形成树脂膜结构：一方面保护纤维免受外力损伤；别一方面对纤维束起集束作用，使单纤维形成整体协同作用。此外，还可以改善纤维表面的化学状态，提供与其他材料复合的界面。润滑剂主要起润滑作用，主要是在纤维生产过程中赋予纤维爽滑性，减少因摩擦而造成的损伤，但润滑剂往往会影响成膜剂的黏结性能。因此，乳液涂层中各组分的匹配非常重要。在配制乳液涂层时，要求每一种组分都有一定的比例，不同组分在乳液涂层中的用量对乳液涂层的性能和作用有重要的影响，配方不同，往往应用的原料种类也不同，因此在配制乳液涂层的过程中，要遵循一定的比例，并且严格控制先后顺序。表4－1和表4－2分别为常用的环氧型乳液和聚氨酯型乳液涂层的组成配方。

表4－1 环氧型乳液涂层的组成配方

浸润剂组分	主要成分	用量/%
主成膜剂	环氧E51	5.0
辅成膜剂	二乙醇胺与双酚A环氧加成物	1.0
润滑剂1	脂肪酰胺乙酸盐	0.5
润滑剂2	硬脂酸聚氧乙烯酯	0.3
阳离子抗静电剂	季铵盐	0.1
偶联剂1	氨基官能团硅烷	0.2
偶联剂2	甲基丙烯酰氧基官能团硅烷	0.4

表4－2 聚氨酯型乳液涂层组成配方

浸润剂组分	主要成分	用量/%
主成膜剂1	聚丁二醇基聚氨酯	5.0
辅成膜剂	脂肪酰胺乙酸盐	2.0
润滑剂	脂肪族氧化烯类	0.4
润滑剂	脂肪族氧化烯类	0.2
润滑剂	酰胺类	0.6
偶联剂	氨基官能团硅烷	0.5

2. 通用乳液涂层的配制过程

配制乳液涂层主要分为以下几个步骤：

（1）偶联剂的水解。在乳液涂层的组成中偶联剂的用量为0.2%～1.2%，一般偶联剂本身带有两个或多个不同官能团，不同的官能团与其需要偶联的物质进行化学反应，形成化学键，将具有不同性质的物质连接起来，偶联剂本身起到桥梁的作用。玄武岩纤维为硅酸盐系无机纤维，纤维本体组成中含有大量的Si元素，势必使其表面存在一定量的硅羟基结构。鉴于玄武岩纤维的表面化学组成特性，结合通用偶联剂品种分析，一般选用有机硅烷类偶联剂进行乳液涂层的配制。有机硅烷类偶联剂在使用之前要对其进行水解。具体过程是先将偶联剂逐滴滴入经酸调节的pH值为3～4的30倍去离子水中，搅拌3h，直至无明显油状物存在，水解完后的pH值为5～6。另外，某些特殊的偶联剂，在使用之前要先进行预水解，将适量的冰乙酸与去离子水均匀混合，缓慢加到装有偶联剂的带搅拌装置的容器中，搅拌至少4h，直至没有油状物存在。预水解结束以后，准备好去离子水，在搅拌下加入适量的冰乙酸，充分搅匀后，配成浓度为0.07%的乙酸水溶液，然后将预水解的偶联剂溶液缓慢加入调制好的酸水溶液中，继续搅拌30min。

（2）成膜剂的稀释。成膜剂在乳液涂层的组成中含量最大，占2%～15%。成膜剂均为浓度较高的乳液，在配制乳液涂层之前以4倍去离子水对其进行稀释，使其有较好的分散性。

（3）润滑剂的配制。润滑剂在乳液涂层组成中，含量一般为0～5%。润滑剂分为很多种类，实验中采用的乳液状的润滑剂与温水融合较好，因此二者在配制乳液涂层时，先用50～60℃的水对其进行搅拌稀释。而实验中也有膏体状的润滑剂，在配制时，需要用80℃以上的热水对其进行溶化稀释，并冷却至室温。

（4）乳液涂层的配制。各成分准备好之后，开始配制乳液涂层。先将稀释好的成膜剂倒入容器中，然后依次加入润滑剂、抗静电剂等助剂，最后加入水解好的偶联剂。混合充分以后在中速搅拌下混合约1h，即可得到乳液涂层。

随着玄武岩纤维的应用越来越广泛，在不同的应用领域里，对玄武岩纤维的力学性能的要求也不尽相同，因此就要有针对性地开发特种乳液涂层来实现玄武岩纤维在不同领域的应用。

3. 乳液涂层涂覆工艺

采用乳液涂层对玄武岩纤维进行表面处理的方法有转移法、浸渍法和喷涂法等，其中浸渍法是最为常用的方法。乳液涂层配制好之后，对纤维进行涂覆，纤维在乳液涂层中浸润。简单的涂覆工艺如图4－1所示[4]。

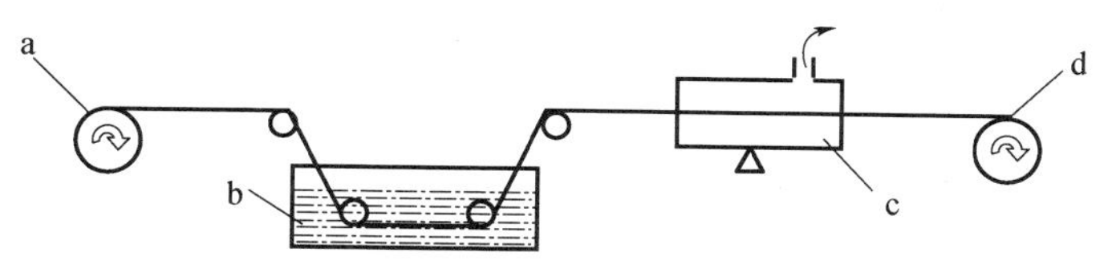

图4-1 玄武岩连续纤维浸渍工艺
a—原丝筒;b—浆料槽;c—干燥器;d—成丝筒。

对玄武岩纤维进行表面处理的乳液涂层一般需要具备以下性能:

(1) 乳液的粒径要小,最好在0.3μm左右或者更小,且一般不应超过0.5μm。粒径过大易造成乳液稳定性差,易沉降等。

(2) 上浆均匀,能在玄武岩纤维单丝表面形成一层薄薄的皮膜,具有较好的集束性和耐磨性。

(3) 与基体树脂具有较好的润湿性和浸润性。

(4) 吸水性小,不应大于0.1%。

(5) 附着量一般在0.4%~1%,一般不超过1.2%,超过1.2%时,纤维丝比较僵硬,不利于开纤扩幅,造成树脂基体难以对纤维形成有效浸润。

4.1.1.2 纳米改性涂层

1. 纳米改性涂层的配制

在乳液涂层内添加一种无机粒子,使得乳液涂层在对纤维进行表面涂覆时在纤维表面留有无机纳米粒子,这样会使纤维表面的粗糙度增加,有利于纤维与树脂基体的相互作用,从而提高复合材料的界面性能。

目前研究较多的纳米改性涂层为纳米SiO_2改性乳液涂层[5],SiO_2粒子的合成采用了溶胶-凝胶方法中其中的一种Stöber方法合成,Stöber方法是最常用的合成纳米粒子的方法之一。合成工艺具体如下:首先把蒸馏水、正硅酸乙酯(TEOS)、乙醇按照4:1:15的质量比混合均匀放置于一个玻璃容器中,在55℃下搅拌4h,期间加一定量的氨水使反应溶液的pH值始终保持在9.0左右。最终制得SiO_2先驱体溶液。具体的反应可用如下反应式表明:

$$Si(C_2H_5O)_4 + 2H_2O \longrightarrow SiO_2 + 4C_2H_5OH \qquad (4-1)$$

即正硅酸乙酯在氨催化下首先发生多步水解生成原硅酸$Si(OH)_4$,原硅酸$Si(OH)_4$进一步缩合生成可溶性缩合物。

所制备的SiO_2粒子粒径大小、团聚及分散性等取决于反应条件、干燥条件、煅烧温度和杂质等多方面因素的影响。在制备和后处理的过程中,很容易发生粒子团聚,形成“二次”粒子。产生团聚的原因主要包括以下四方面:

(1) 由于纳米粒子的尺寸很小,所以存在于它们之间的化学键力包括氢键、分子间力、静电引力等会促使它们聚合。

(2) 由于量子隧道效应的影响,纳米粒子之间存在电荷的转移和耦合作用,这将促使纳米粒子相互作用甚至发生化学作用促使其团聚。

(3) 纳米粒子极易吸附介质周边的物质,如杂质分子、气体分子等,使得其表面性能发生明显改变导致团聚的发生。

(4) 纳米颗粒生长过程中引发团聚,而保持纳米粒子的分散状态是保持其性能的关键所在。

纳米 SiO_2 表面存在着大量的各种各样的羟基基团,呈极性,亲水性强,在应用过程中很难分散在有机溶剂中,使得颗粒的纳米效应很难发挥出来。因此,对 SiO_2 进行表面改性,提高 SiO_2 与乳液中有机成膜剂的相容性以及在乳液涂层中的分散性是十分必要的。采用硅烷偶联剂对纳米 SiO_2 进行表面改性,是提高 SiO_2 分散性的有效手段。图 4-2 为硅烷偶联剂 KH550 改性前后纳米 SiO_2 表面形貌图。改性前,SiO_2 粒子间存在明显的黏结现象,团聚比较严重;经过 KH550 改性后,粒子的分散性有明显的改善。此外,由于 KH550 具有氨基官能团,可与环氧树脂中环氧基发生反应,可提升纳米 SiO_2 与环氧树脂的相容性,从而提高纳米改性乳液涂层的稳定性。

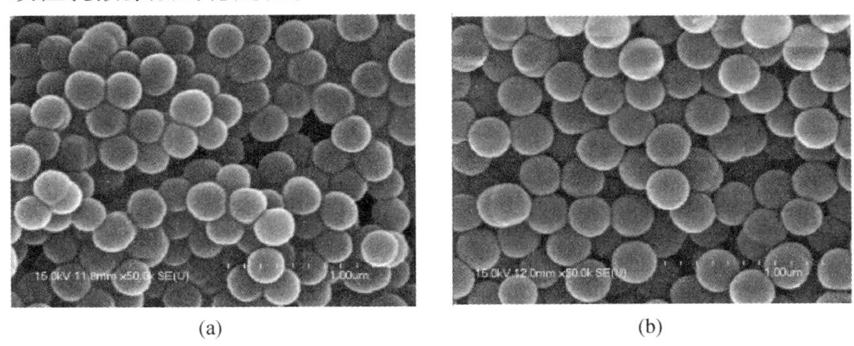

(a) (b)

图 4-2 KH550 改性处理前后 SiO_2 粒子的表面形貌图

(a)改性前;(b)KH550 改性后。

改性浸润剂的制备只是在原先浸润剂乳液的基础之上,通过添加偶联剂改性过的纳米 SiO_2 粒子,使之与浸润剂体系发生一定的化学反应并稳定存在于浸润剂体系中,形成均匀稳定的纳米改性浸润剂。制备过程中使用的设备是高速搅拌器,转速 3000r/min 以上,时间 1h 以上,最终使得 SiO_2 粒子均匀地分散到乳液涂层体系中。

SiO_2 的尺寸效应使得其表面活性极强,表面存在不饱和的残键及不同键合状态的羟基,与树脂中的氧键合镶嵌在树脂中,提高了分子键的作用力,故使树脂材料在强度、硬度、抗冲击性能方面都能得以提高,因此是改性乳液涂层的首选。按照配制正常乳液涂层的顺序进行配制,最后加入经改性的 SiO_2 纳米粒子,再在高速搅拌器下以 500r/min 的转速对其进行搅拌,使得经偶联剂改性的纳米粒子的另一端与乳液涂层的有机基团连接，使粒子在乳液涂层中混合均匀、充分，得到稳定的SiO_2改性乳液涂层。

经不同粒径SiO_2改性乳液涂层处理后玄武岩纤维的表面形貌见图4－3。从图中可以看出玄武岩纤维原丝表面很光滑，而经添加SiO_2粒子的涂层处理后，玄武岩纤维的表面变得凹凸不平，涂层中的凸起除了部分为杂质物质所导致，其余大部分为SiO_2粒子。此外还可以看出，含大粒径SiO_2粒子的涂层粗糙度明显高于含有小粒径SiO_2粒子涂层的粗糙度。主要是因为小粒径涂层中粒子大多数是嵌于涂层中，而大粒径涂层中粒子大多数是悬挂于涂层表面。

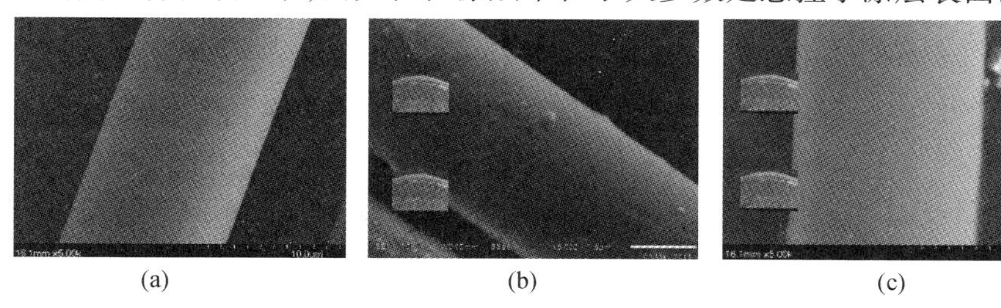

(a) (b) (c)

图4－3 不同粒径SiO_2乳液涂层处理后玄武岩纤维表面形貌

(a)玄武岩纤维原丝；(b)小粒径SiO_2涂层；(c)大粒径SiO_2涂层。

2. 改性后乳液涂层的稳定性

衡量乳液涂层的稳定性一般有三个指标：一是乳液涂层是否发生了沉淀和分层现象，该现象往往是由于乳液中不同相物质的密度差别造成的；二是乳液涂层是否发生了絮凝沉淀，换言之，就是在乳液的放置过程中整个体系中各分散相是否在分子力的作用下聚集长大并最终沉淀；三是在放置过程中乳液是否发生了破乳现象，即分散相中小液滴是否聚集成团，长成为大液滴并最终导致两相分离分层现象的发生[6]。因此，要判断乳液的稳定性，首先最直观的方法是观察乳液状态。

通过向浸润剂中添加不同含量的纳米SiO_2粒子，放置72h后观察，发现在SiO_2含量低于0.5%的范围内整个浸润剂乳液体系能长期保持稳定状态，未见有沉降、絮凝、分层等现象发生。而含量大于0.5%则发现改性的浸润剂杯底有少量凝固状沉淀，且沉淀不均匀。因此，随着浸润剂中改性纳米粒子添加量的增加，由于纳米SiO_2粒子密度比较大，长期放置可能会产生沉积现象。而纳米粒子添加量在0.5%以下时，粒子可以在乳液中以较为稳定的状态长时间存在。

对乳液涂层表面张力的分析也可以看出经改性的乳液涂层是否稳定。如果加入纳米粒子后，乳液涂层中的组分与纳米粒子产生交联或者聚结使得乳液涂层破乳，那么乳液的表面张力会发生很大的变化，因此，对乳液涂层改性前后进行表面张力的测定，图4－4中分别为未经添加任何粒子的乳液涂层和添加了经偶联剂改性的SiO_2纳米粒子的乳液涂层。经测试后得出，纳米粒子改性前后两种乳液涂层的表面张力分别为48.98mN/m、49.46mN/m。可以看出，两者的表面张力相差不大，也就是说，加入纳米粒子对乳液涂层并未产生破坏性的影响，总体上来说，乳液涂层还是很稳定的。

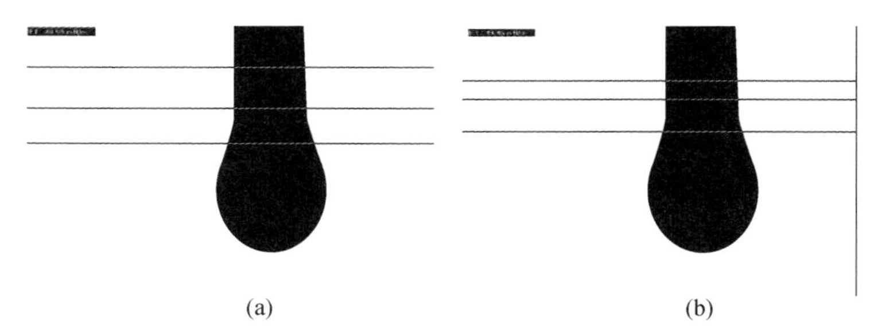

(a)　　　　　　　　　　(b)

图4-4　改性前后浸润剂表面张力的比较

(a)未改性乳液涂层；(b)SiO_2改性乳液涂层。

4.1.1.3　改性涂层性能评价方法

1. 改性涂层表面张力分析

乳液涂层由多种不同组分配制而成，采用不同类型的助剂，使得乳液涂层的一些物理性质得到变化，从而处理纤维后使纤维的表面物理性质有变化。在众多物理性质中，乳液涂层的表面张力是不容小觑的因素。乳液涂层表面张力会影响纤维的表面能，进而影响纤维的润湿性能。对不同配方的乳液涂层用悬滴法进行表面张力的测定。几种乳液涂层的表面张力平均数值分别为57.64mN/m、55.85mN/m、42.20mN/m、42.94mN/m。而玄武岩纤维裸丝的表面能为58.75mN/m，这几种乳液涂层的表面张力均小于玄武岩纤维原丝的表面能，从热力学角度来看，几种液体都是可以对纤维进行浸润的。由理论可知，表面张力越小，纤维表面的浸润角越小，乳液涂层对纤维的浸润越好，这样，乳液涂层在纤维表面形成的膜就越致密，为制备高性能复合材料提供了充分条件。

2. 改性涂层黏结强度分析

浸润剂对纤维进行涂覆之后，在纤维表面形成一层膜，这层膜可以对纤维起到集束的作用，同时也可以与树脂基体进行复合，因此这层膜是有一定黏度的。对不同配方的乳液涂层进行膜黏度的测试来表征乳液涂层对纤维的集束效果的好坏。将各乳液涂层以原有有效成分按相应比例配制，制得黏稠状液体，将液体均匀涂覆在统一经向的两层薄棉布之间，涂覆面积占样品布面积的3/4，放置烘箱中以100℃干燥3h，冷却后在传感器为10N的拉伸机上测试膜的黏结强度。

3. 改性涂层含量的测定

(1) 烧蚀法。该方法适合对未采用无机粒子进行改性的乳液涂层在玄武岩纤维上的含量进行测试。具体操作步骤如下：①将试样皿放入温度为(625±20)℃的马弗炉中，恒定试样皿质量，试样皿在干燥器内冷却至室温，称其质量

m_0，精确至0.1mg，重复加热、冷却、称量，直至质量恒定；②将处理后的玄武岩纤维试样5g左右放在试样皿上，将盛有试样的试样皿放入温度为(105±5)℃的烘箱内，加热至少30min后，将试样连同试样皿一起从烘箱内取出，放在干燥器内冷却至室温，称取其总质量 m_1，精确至0.1mg，重复加热、冷却、称量，直至质量恒定；③将干燥后的试样连同试样皿放入马弗炉内，炉温控制在(625±20)℃，开启炉门，使试样燃烧5min，然后关闭炉门再加热30min。将试样连同试样皿从马弗炉中移入干燥器内，冷却至室温，称取灼烧过的试样和试样皿的质量 m_2，精确至0.1mg。重复加热、冷却、称量，直至质量恒定。乳液涂层含量可通过下式计算：

$$C=(m_1-m_2-m_0)/(m_1-m_0) \tag{4-2}$$

式中 C——处理后玄武岩纤维的乳液涂层含量(%)；

m_0——试样皿的质量(g)；

m_1——干燥试样加试样皿的质量(g)；

m_2——灼烧后试样加试样皿的质量(g)。

(2) 抽提法。采用丁酮抽提法对处理后的玄武岩纤维乳液涂层含量步骤如下：①称取处理后的玄武岩纤维5g左右，精确至0.1mg，装入索氏抽提器内，并在附属的烧瓶内加入200mL丁酮，然后放在水浴中，使抽提液轻微沸腾，加入1h；②冷却后，将试样用300mL左右的丁酮洗涤，然后在(110±2)℃的真空干燥箱内干燥1h；③干燥后的试样在干燥器中冷却，称量质量，并按下式计算：

$$C=(m-m_0)/m \tag{4-3}$$

式中 C——处理后玄武岩纤维的乳液涂层含量(%)；

m——抽提前的试样质量(g)；

m_0——抽提后的试样质量(g)。

4.1.2 化学处理法

4.1.2.1 偶联剂改性

界面理论中的化学键理论认为，要实现纤维与基体两种材料的有效结合，两相表面应具有发生化学反应的活性官能团，通过活性官能团的化学反应，形成化学键，从而实现界面的有效结合。而多数无机纤维和有机树脂高分子化合物之间不能直接形成化学键，需以偶联剂为媒介实现化学链接。偶联剂一端具有的活性官能团可与增强材料表面发生一定的化学键合作用，另一端必须具有可与基体树脂发生反应的活性官能团，从而在两相之间起到“桥梁”的作用，将两种材料的界面以化学键的形式牢固地结合在一起，使之成为一个紧密结合的整体，从而有效地提高复合材料的黏结性能，并对电性能和力学性能起到一定的改善作用。

目前，采用偶联剂处理玻璃纤维表面以改善复合材料的界面性能已得到广泛的应用，由于玄武岩纤维部分成分与玻璃纤维类似，因此采用偶联剂对玄武岩纤维进行表面处理也有大量的研究[7-10]。偶联剂的品种较多，主要有有机硅化合物、络合物及钛酸酯等，目前已商品化的偶联剂已有近200种。

目前应用最为广泛的偶联剂为硅烷偶联剂，其一般的结构式为 R_nSiX_{4-n}。硅烷偶联剂使用时一般要用乙醇和水配制成0.5%~2%的稀溶液，也可单独用水溶解，但要先配成0.1%的乙酸水溶液，以改善溶解性和促进水解。硅烷偶联剂水解后不稳定，会自行缩聚产生沉淀而失效，因此配制好的偶联剂应在12h内使用，放置过久将会失去应有的效果。与玻璃纤维类似，偶联剂处理玄武岩纤维的过程中，其主要反应可分为四步：

第一步是玄武岩纤维表面吸水，生成羟基；同时，硅烷偶联剂经水解生成硅醇。

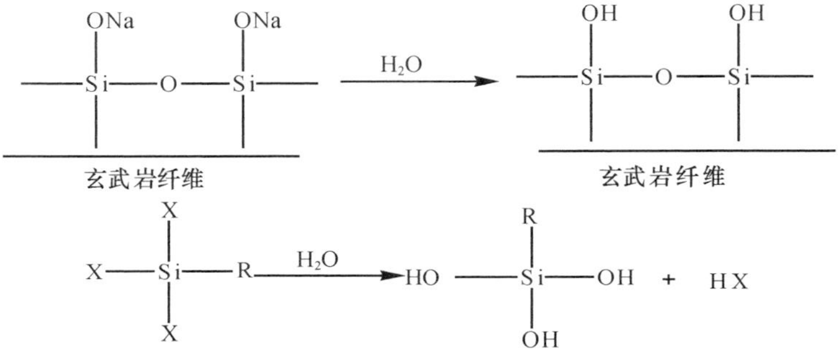

第二步是水解的硅醇与玄武岩纤维表面的羟基生成氢键，同时硅醇分子间生成氢键作用。

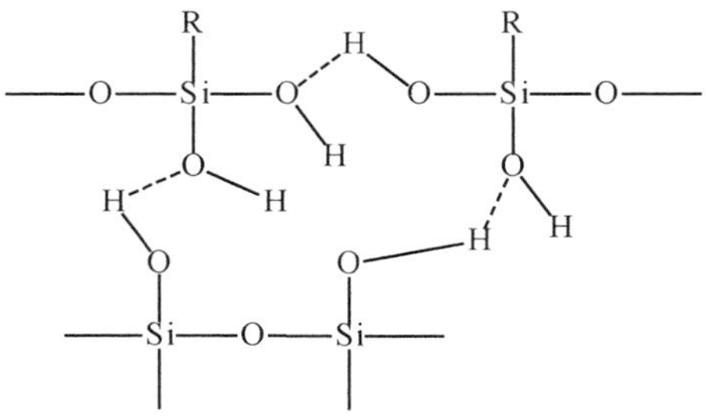

第三步是低温干燥，硅醇之间进行醚化反应。

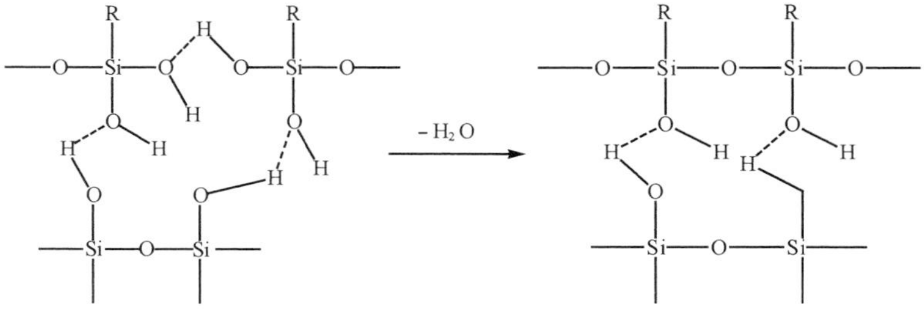

第四步是高温干燥，硅醇与玄武岩纤维表面进行醚化反应。

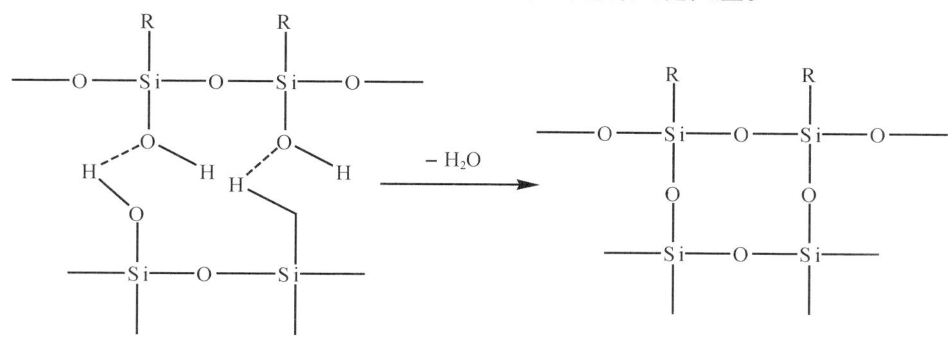

经过上述反应后，硅烷偶联剂就与玄武岩纤维表面结合起来，这是理想中的单分子反应机制。而在实际处理过程中，硅烷偶联剂由于表面吸附、水解不理想等原因，常以多分子形式与玄武岩纤维表面结合。硅烷偶联剂的 X 基团只影响水解阶段，R 基团则存在于处理后的玄武岩纤维表面，影响与树脂基体的反应活性，对树脂基体与玄武岩纤维的界面结合性能有重要影响。表 4－3 为几种常用的偶联剂结构及其适用性，偶联剂结构不同，其对应的官能团有所不同，导致与树脂的匹配性有所不同。

表 4－3　几种常用的偶联剂结构及其适用性

类型	牌号		化学名称	结构式	使用树脂类型	
	国内	国外			热固性	热塑性
有机络合物	沃兰	Volan	甲基丙烯酸氯化铬盐	CH_3, C, CH_2 (C=CH_2); C—O—$CrCl_2$ 环：O—Cr(Cl_2)—OH—$CrCl_2$←O=C	酚醛、聚酯、环氧	PE、PMMA
硅烷偶联剂	KH550	A－1100 3100W	γ－氨基丙基三乙氧基硅烷	$H_2N(CH_2)_3Si(OC_2H_5)_3$	环氧、酚醛、三聚氰胺	PA、PC、PVC、PE、PP
	KH560	A－187 Z6040	γ－(2,3－环氧丙氧基)丙基三甲氧基硅烷	$H_2C—CH(—O—)—CH_2O(CH_2)_3Si(OCH_3)_3$	环氧、聚酯、酚醛	PA、PP、PC
	KH570	A174 Z6030	γ－甲基丙烯酸丙酯基三甲氧基硅烷	$H_2C=C(CH_3)—C(=O)—O(CH_2)_3Si(OCH_3)_3$	聚酯、环氧	PE、PP、PS、PMMA
	AF－CA－319		对二甲氨基苯基三甲氧基硅烷	$N(H_3C)_2—C_6H_4—Si(OCH_3)_3$	聚酰亚胺、聚苯并咪唑	

采用硅烷偶联剂对玄武岩纤维进行表面处理后,可显著改善玄武岩纤维复合材料的力学性能。表4-4为玄武岩纤维表面经不同浓度的偶联剂KH560处理后的PA复合材料力学性能,可见,随着所用偶联剂浓度提高,复合材料的拉伸、弯曲强度均有明显的提高。偶联剂用量是影响最终处理效果的关键因素之一。已有研究结果表明,真正能够起到偶联作用的是微量的偶联剂单层分子,因此过多地使用偶联剂不仅毫无必要,而且可能是有害的。对于每种偶联剂的最佳用量,一般需要通过实验进行确定。

表4-4　不同偶联剂浓度处理的玄武岩纤维/PA复合材料力学性能

偶联剂浓度/%	0.5	1	2	4
拉伸强度/MPa	108.4±0.1	113.2±1.3	119.0±0.5	120.0±1.1
拉伸模量/MPa	7337±70	7564±228	7673±141	7789±210
弯曲强度/MPa	155.2±1.2	162.7±0.5	167.6±0.2	170.8±1.4
弯曲模量/MPa	5685±7	5936±35	5996±21	6065±15

除了偶联剂用量,影响偶联剂处理效果的因素还很多,包括处理方法、烘焙温度、烘焙时间和偶联剂溶液的配制等。因此采用偶联剂处理玄武岩的过程中,需要严格控制处理工艺。

4.1.2.2　酸碱刻蚀处理

酸碱刻蚀是使纤维浸润在酸碱溶液中,对纤维进行表面刻蚀的一种处理方法。酸碱刻蚀的研究目的可分为两个部分:一是由于在纤维增强复合材料制品使用过程中,在不同的环境条件下,可能会受到酸、碱或盐的腐蚀,酸碱刻蚀的研究为复合材料产品的使用奠定了一定的理论基础;二是酸碱刻蚀作为对纤维表面进行改性处理的一种方法,如果纤维表面含有可以被酸或碱刻蚀的成分,如玄武岩纤维,其表面是由不同的金属氧化物(CaO、MgO、Fe_2O_3)构成的,酸刻蚀处理使纤维表面产生沟槽或者凹陷,从而增加纤维的比表面积,使纤维与树脂或者偶联剂进行复合或者接枝反应时,更容易渗入到纤维表面的沟槽和凹陷中,与纤维表面结合,纤维表面的沟槽和凹陷可以起到锚固的作用,不但使纤维表面活性基团含量增加,同时提高纤维与树脂或偶联剂的浸润性,从而使复合材料的界面性能得到提高。

由于酸碱刻蚀对纤维本征强度有明显的影响,因此采用酸碱刻蚀处理纤维时,需要严格控制相关工艺参数。图4-5为玄武岩纤维单丝强度随盐酸刻蚀时间的变化曲线,可以看出,随着刻蚀时间的延长,玄武岩纤维单丝强度大幅降低。

经过不同酸刻蚀处理玄武岩纤维复合材料层间剪切强度(ILSS)如表4-5所列。未经酸刻蚀处理的玄武岩纤维/环氧树脂复合材料的剪切强度为13.24MPa,经过酸刻蚀改性处理后,复合材料的层间剪切强度均有较大幅度的提高,最大提高了29.05%。剪切强度随着盐酸浓度的升高而逐渐降低,在盐酸浓度为 2mol/L 时达到最大值，17. 75MPa。随着刻蚀时间的延长而出现先减小后增大的趋势，但在刻蚀时间为 2h 和 6h 时表现的剪切强度相差不大，分别为 16. 47MPa 和 17. 75MPa，但两组中，增强纤维与树脂基体的结合方式应有所不同。在 2h 时，H^+ 与纤维表面的附着物进行反应，对纤维表面起到了一定的"清洗"作用，此时，纤维与基体进行结合时，较为光滑纤维表面去掉了如浸润剂等附着物的"障碍"，更容易与树脂黏合；而当刻蚀时间为 6h 时，纤维表面随着时间的延长，H^+ 长时间的刻蚀作用，使纤维表面出现凹槽，从而增大了纤维与树脂结合的比表面积，进而体现出良好的剪切强度。

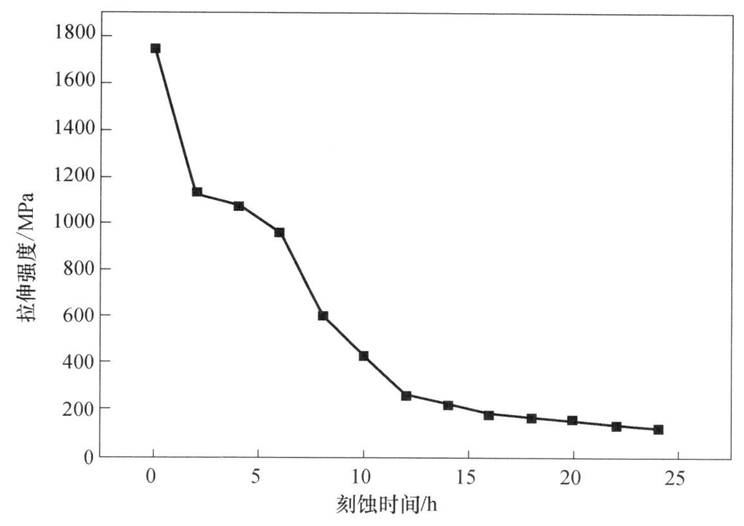

图 4 -5　玄武岩纤维单丝拉伸强度随刻蚀时间的变化曲线

表 4 -5　盐酸刻蚀时间对玄武岩纤维/环氧复合材料 ILSS 的影响

编号	盐酸浓度/(mol/L)	刻蚀时间/h	刻蚀温度/℃	ILSS/MPa
0	0	0	20	13. 24
1	2	2	20	16. 47
2	2	4	40	17. 05
3	2	6	60	17. 75
4	4	2	40	17. 34
5	4	4	60	15. 34
6	4	6	20	15. 27
7	6	2	60	15. 44
8	6	4	20	15. 53
9	6	6	40	16. 83

随着刻蚀温度的升高,剪切强度则呈现出先增大后减小的趋势。在刻蚀温度为40℃时,剪切强度取得最大值17.34MPa。温度由20℃升到40℃的阶段,对纤维表面的作用,由上述中的清洗和刻蚀作用同时进行,从而使纤维与树脂之间的剪切强度增大。而当温度再次升高到60℃的阶段,H^+对纤维的刻蚀作用进一步加剧,使得纤维本身的强度降低,导致剪切强度下降。

4.1.3 其他改性技术

4.1.3.1 等离子体处理

等离子体处理是指利用等离子体与玄武岩纤维表面相互作用,在纤维表面上形成新的官能团,改变材料的链结构,改善黏结性、表面电学性能、光学性能以及生物相容性等,从而达到表面改性的目的[11-13]。对表面的作用有刻蚀、断键、形成自由基及活性种与自由基复合从而引入新的官能团或形成交联结构。在等离子体处理过程中,随着放电条件的不同,往往以某种作用为主,几种作用并存。等离子体处理的优点是效果显著、工艺简单、无污染,可通过改变不同的处理条件获得不同的表面性能,应用范围广泛。更为重要的是,处理效果只局限于纤维表面,而不影响纤维的本体性能。其缺点是处理效果随时间衰退,影响处理效果因素的多样性使其重复性和可靠性较差。

等离子体表面处理方法大致可以分为间歇法和连续法两类。间歇法的优点是操作简单,容易保持真空。但是不足之处是生产效率低,不能面向大规模生产。而连续法从常压到真空需要高技术和能源。低温等离子体反应条件的基本参数是等离子体气体的种类、压力、供给速度、停留时间、放电频率和放电功率、放电方式、基板温度、处理时间等。参数的选择对改性效果有重要的影响。

图4-6为等离子体不同处理时间后玄武岩纤维的表面形貌,由图可见,随着处理时间的延长,玄武岩纤维表面粗糙度明显增加。

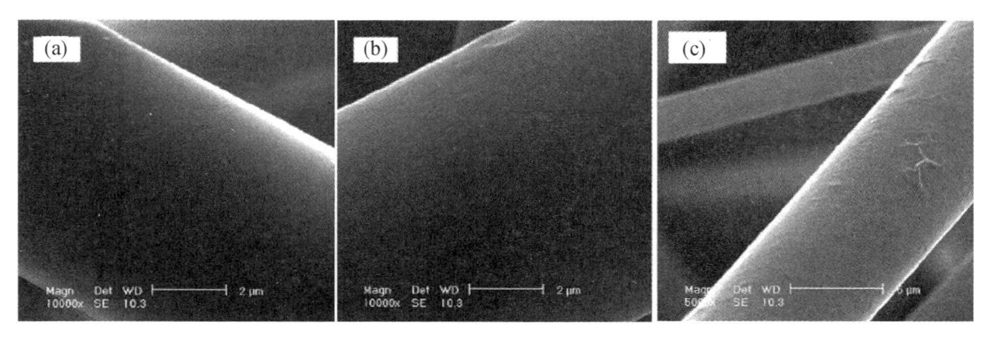

图4-6 等离子体不同处理时间的玄武岩纤维表面形貌

(a)1min;(b)3min;(c)10min。

4.1.3.2 超声波改性

超声波改性的实质是物理强迫浸润机制,改善纤维与树脂基体的浸润性,从而提高纤维与树脂间的界面结合性能。超声波主要通过以下方面发挥作用:一是通过超声波的空化作用去除纤维表面吸附的气泡;二是超声波的声流以及激波的作用,去除了纤维表面吸附的杂质及污物,因为减少了界面区的薄弱点,相对增大了黏结界面;三是空化、声流及激波对纤维表面具有一定的刻蚀作用,增加了纤维表面粗糙度,从而使纤维与树脂基体的机械铰合作用增强;四是空化作用产生的瞬时高温、高压将树脂打入纤维表面的空隙中,改变了纤维表面性能,在纤维表面引入极性官能团,增加了纤维与树脂间的化学键合作用,从而提高了复合材料的界面性能。目前采用超声波改性玄武岩纤维的研究报道较少,有待研究进一步深入。

4.2 表面处理效果评价

4.2.1 表面处理效果评价方法

玄武岩纤维经表面处理后,其表面形态、表面结构和表面化学组成都可能发生变化,根据评价目的不同,可采用多种检测方法进行评价分析。根据测试对象不同,可大致分为两类:一是直接评价改性前后玄武岩纤维的表面官能团、比表面积、表面形貌及微结构的变化;二是将改性前后玄武岩纤维制备成复合材料,通过复合材料的宏观力学性能进行评价。

4.2.1.1 浸润性与表面张力

在玄武岩纤维复合材料的制备过程中,纤维与基体的复合要经过接触、浸润和固化等过程才能完成。通过物质表层的分子状态与其内部有所不同,表层分子的能量比内部分子的能量高。纤维与基体接触时,将首先吸附能降低其表面能的物质从而形成界面,也就是液态的基体沿纤维表面向周围流动铺展,两者之间的接触面不断扩大并相互附着浸润。浸润性好,纤维与基体之间就可能形成紧密的界面结合。纤维表面能是反映物体表面特性的指标之一,对于制备复合材料用纤维而言,其决定着纤维与基体树脂的浸润性和复合材料的界面黏结性能的优劣。玄武岩连续纤维作为先进复合材料用高性能纤维,其表面能的表征与分析对其复合材料的开发是十分必要的,也是评价纤维表面处理效果的一个重要参数。从热力学角度而言,在纤维与基体的复合过程中,为了使增强纤维与基体之间具有较好的浸润性,基体的表面张力必须小于纤维表面能。

纤维表面能的测定依据 OWRK 理论,具体表述为:为得到固体的表面能及其极性、色散分量,Kaelble 提出,如果固体与液体之间同时存在着色散和极性力

的相互作用,则固-液界面张力应为

$$r_{SL}=r_S+R_L-2(r_S^D r_L^D)^{\frac{1}{2}}-2(r_S^P r_L^P)^{\frac{1}{2}} \tag{4-4}$$

式中:r_S、r_S^D、r_S^P 表示纤维单丝总表面能、色散分量和极性分量;r_L、r_L^D、r_L^P 表示测试液体表面张力、色散分量及极性分量,且满足

将上述方程与杨氏方程结合得

$$r_L(1+\cos\theta)=2(r_S^D r_L^D)^{\frac{1}{2}}+2(r_S^P r_L^P)^{\frac{1}{2}} \tag{4-5}$$

通过测定两种液体(已知 r_L、r_L^D、r_L^P)在固体表面的接触角,应用上述方程即可计算纤维表面能及色散、极性分量。

目前测试纤维与液体接触角采用较多的为表面/界面张力仪(图4-7)。具体测试步骤包括:①首先将未上涂层、表面干净的玄武岩连续纤维置于105℃的烘箱中3h,取出后放于干燥器中冷却,待用;②在光学显微镜下,测量纤维的直径;③剪取2cm长的四根纤维,将其垂直并且对称地粘在样品架上,准备进行测量,取前进角为测试的接触角。为了保证试验数据的可靠性,重复测试10个以上有效数据取平均值。

图4-7　表面/界面张力仪

采用动态毛细管测试方法对纤维与树脂间的浸润特性进行分析,依据动态毛细芯吸原理,采用表面/界面张力仪测试纤维与环氧树脂沿纤维轴向方向的浸润质量随时间的变化曲线,测试原理如图4-8所示。测试时保证纤维在容器内的体积分数一致,同时纤维前端露出容器的纤维长度相同。图4-8为纤维浸润吸附性能测试示意图。

图4-9为经过不同配方乳液涂层处理后的玄武岩纤维浸润曲线图,可以看出,相同时间下,不同乳液涂层对纤维处理后,纤维对树脂的吸附质量有所不同。配方中各组分物质所含的官能团、极性等对纤维的吸附量有较大影响,配方中所含的极性基团较多,与环氧树脂的相容性好,则吸附量相对较大。

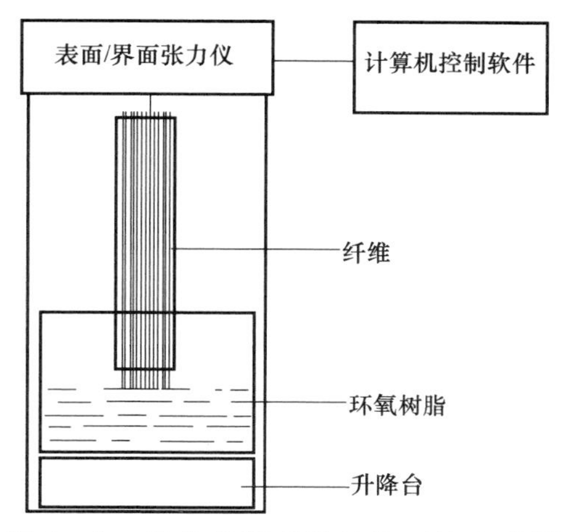

图4-8　纤维浸润吸附性能测试示意图

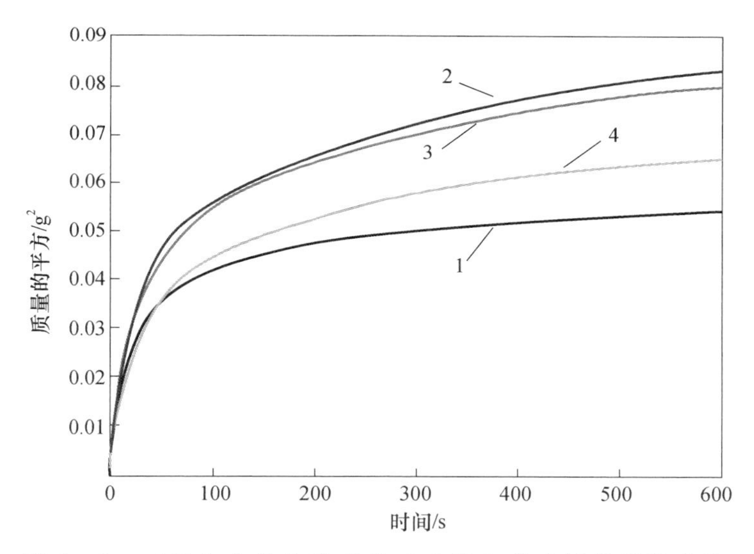

图4-9　不同配方乳液涂层处理后的玄武岩纤维浸润曲线

1—聚丁二醇;2,3—聚醚和聚酯型的混合物;4—聚丙二醇。

4.2.1.2　显微镜观察

采用显微镜可对纤维表面、复合材料断面等的形貌和结构进行观察。常用的显微镜包括扫描电子显微镜、透射电子显微镜和光学显微镜。利用扫描电镜对复合材料断面形貌进行观察,可以对复合材料的界面性能进行表征。当纤维与树脂具有较好的界面结合时,一般在断面上可以观察到有部分基体树脂黏附在纤维表面上;如果纤维与树脂基体的界面结合性能较差,则可以观察到纤维从基体中拔出,在基体中留下孔洞。图4-10为涂层处理前后的玄武岩纤维/环氧树脂复合材料断口形貌照片。由图可以看出,未改性玄武岩纤维复合材料断口存在纤维大量拔出现象,且被拔出纤维表面光滑,没有树脂黏结,纤维与树脂间的界面结合较差。经涂层处理后,玄武岩纤维复合材料的纤维拔出数量较少,且纤维表面存在一定的树脂黏结现象,纤维与树脂的界面结合有明显的改善。

图4-10　涂层处理前后的玄武岩纤维复合材料断口形貌SEM照片

(a)玄武岩原丝;(b)涂层处理玄武岩纤维。

4.2.1.3　原子力显微镜

原子力显微镜(Atomic Force Microscope,AFM)利用微悬臂感受放大悬臂上尖细探针与受测样品原子之间的作用力,从而达到检测的目的。该显微镜具有原子级的分辨率。由于原子力显微镜既可以观察导体,也可以观察非导体,从而弥补了扫描隧道显微镜的不足。采用原子力显微镜可以清晰地观察出纤维表面处理前后形貌的变化。图4-11为SiO_2含量不同的改性涂层处理玄武岩纤维AFM照片。从图中可看出,随着SiO_2含量的增加,涂层的表面粗糙度明显增加。

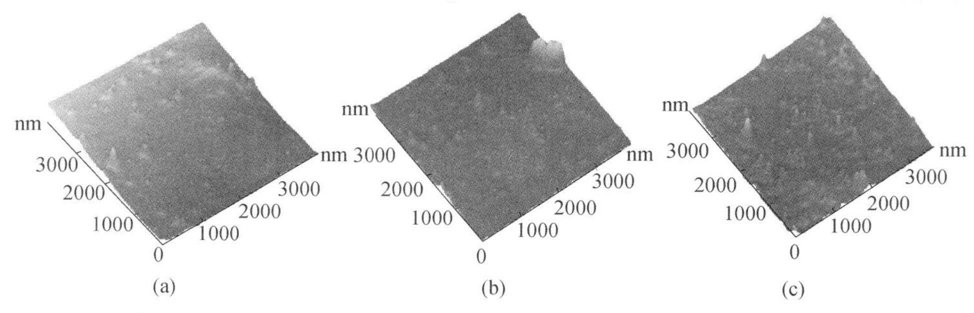

图4-11　不同SiO_2含量改性涂层处理玄武岩纤维AFM照片

(a)2.5% SiO_2;(b)5% SiO_2;(c)7.5% SiO_2。

4.2.1.4　红外光谱与拉曼光谱法

红外光谱法和拉曼光谱法统称为分子振动光谱法,其中红外光谱是由于在分子振动时引起偶极矩的变化而产生的吸收现象,对分子的极性官能团或化学键比较敏感,根据红外光谱中吸收峰的位置和形状可以推断未知物质的结构;而拉曼光谱是因分子极化率的变化而产生的散射现象,对分子的非极性官能团或化学键敏感,通过激光拉曼光谱,可以研究材料表面或界面性质。

通过对红外光谱数据进行分析,可以了解物质在增强纤维表面发生的是物理吸附还是化学反应。采用红外光谱分析技术对 SiO_2 和 SiO_2 改性乳液涂层进行化学结构分析,所得谱图如图 4-12 所示。对无机粒子曲线分析发现:—Si—O—Si—特征峰 $1030 \sim 1130cm^{-1}$、$471cm^{-1}$;—Si—OH 特征峰 $3427cm^{-1}$、$962cm^{-1}$、$809cm^{-1}$。这证明该无机粒子具有 SiO_2 的结构特征,说明正硅酸乙酯通过水解、缩合反应生成了 SiO_2 无机粒子。分析 SiO_2 改性乳液涂层曲线可见,除了存在 SiO_2 的特征峰,还具有苯环的特征峰 $1500cm^{-1}$、$1580cm^{-1}$ 和 $1600cm^{-1}$、—CH_3、—CH_2、—CH、C—O—C 的多重吸收峰 $2850 \sim 3060cm^{-1}$ 和 $1260 \sim 1460cm^{-1}$,这些均为环氧树脂结构所具有的特征峰。此外,在 $1180cm^{-1}$ 和 $908cm^{-1}$ 处还出现了—Si—O—C—的吸收峰。SiO_2 改性乳液涂层测试样品在进行红外测试前已经过丙酮彻底抽提,除掉未参与反应的环氧树脂,所以图中出现的有关环氧树脂的吸收峰、SiO_2 的特征峰以及—Si—O—C—的吸收峰说明环氧树脂与 SiO_2 无机粒子间是以化学键结合的。

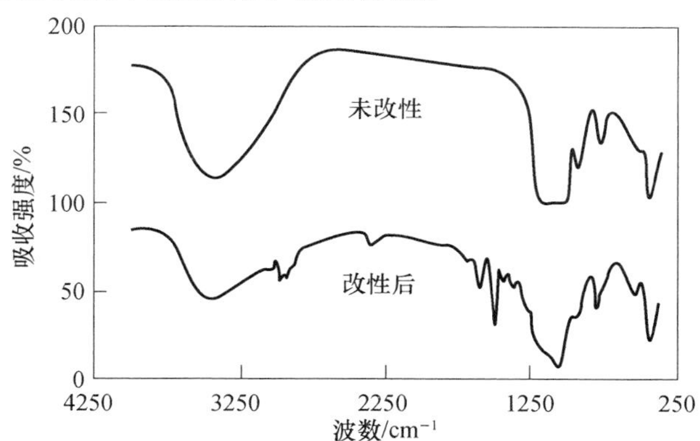

图 4-12　SiO_2 和 SiO_2 改性乳液涂层红外光谱分析

与红外光谱相比,拉曼散射光谱主要具有下述优点:

(1) 拉曼光谱的生成是一个散射过程,因而任何大小、形状、透明程度不一的样品,只要能被激光照射到,就可以直接用于测量。由于激光束直径小、可聚焦,极微量的样品也都可以测量。

(2) 水由于极性很强,其红外吸收非常强烈。但水的拉曼散射却极微弱,因为水溶液样品可直接进行测量,这对生物大分子的研究非常有利。此外,玻璃的拉曼散射也较弱,所以玻璃可以用作窗口材料,液体、固体粉末样品均可放于玻璃毛细管中检测。

(3) 对于聚合物来说,拉曼光谱可得到更丰富的谱带,S—S、C—C、C ═ C、N ═ N 等化学键在拉曼光谱中的信号都很强烈。

4.2.1.5 X 射线光电子能谱

X 射线光电子能谱是分析增强纤维表面元素组成、表面官能团的有效方法。其基本原理是采用 X 射线照射样品,使样品中原子或分子的电子受激而发射出来,测量这些电子的能量分布,从而获得所需要的元素和结构方面的信息;通过测定内层电子能级谱的化学位移,还可以确定材料中原子结合状态和电子的分布状态。通常 X 射线电子能谱的取样深度在 10nm 以内,也可以通过调节入射角度来测定外层表面和亚表面结构中原子结合状态的过渡情况,这对于分析增强纤维表面处理过程中表面官能团演化规律、确定改性机理非常重要。

4.2.1.6 界面黏结强度的测定

1. 层间剪切强度的测定

层间剪切是最常用的表征复合材料界面强度的宏观实验方法,其优点是样品制备及测试过程中都简单易行。层间剪切强度测试可按国家建材标准 JC/T 773—2010 进行制样和测试,标准试样尺寸如表 4-6 所列。测试的每组试样不应少于 5 个,采用电子万能试验机测试的加载速度为(1 ±0.2)mm/min。按下式计算层间剪切强度:

$$\tau_M = \frac{3}{4}\frac{F}{bh} \tag{4-6}$$

式中 τ——层间剪切强度(MPa);

F——破坏载荷或最大载荷(N);

b——试样宽度(mm);

h——试样厚度(mm)。

表 4-6 标准试样尺寸

厚度 h/mm	长度 l/mm	宽度 b/mm
2 ±0.2	20 ±1	10 ±0.2

2. 界面剪切强度的测定

界面剪切强度一般采用单丝拔出法,该方法是 20 世纪 60 年代初提出的,至今一直在改进和完善中。单纤维包埋在基体中,固化后将单纤维从基体中拔出,记录拔出时所需的拉力,即可得到界面剪切强度。为了使单纤维从基体中拔出而不至于发生纤维断裂,必须使纤维埋入基体的长度变小,这给样品的制作带来困难。可行的样品制备方法有:将单纤维夹持在框架中,然后使其周围的薄树脂层漂浮在水银上固化;或在纤维表面滴上树脂微珠,然后固化,可得到较小的埋置长度。该方法的实验模型一般假定界面上的切应力为均匀分布,因此只能计算出界面处的平均剪切强度。图 4-13 为单丝拔出法测试复合材料界面剪切强度(IFSS)示意图。

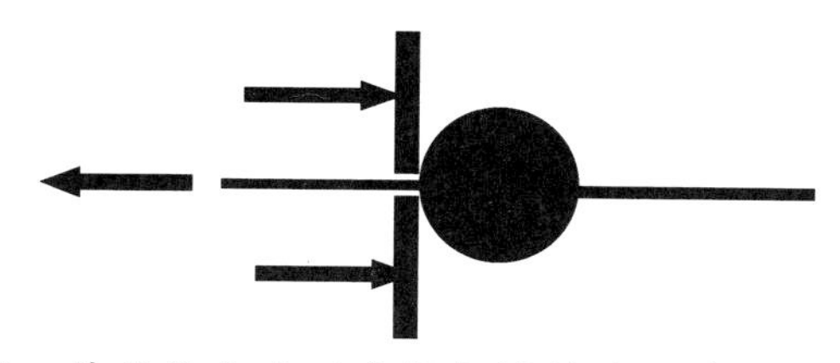

图4-13 单丝拔出法测试复合材料界面剪切强度示意图

采用日本东荣株式会社制造的复合材料界面评价装置对两种碳纤维与环氧树脂的界面剪切强度进行测试。具体过程是将未固化的树脂附着在纤维上,在加热固化过程中,由于表面张力作用,树脂会形成圆形的小球。测试时用刀头将树脂微球夹紧,并给纤维施加载荷,通过测定纤维从树脂中拔脱时所承受的载荷F、纤维的直径d、树脂小球的直径$2r$,计算复合材料界面剪切强度,即

$$\tau_{\mathrm{IFSS}} = \frac{F}{\pi \cdot d \cdot 2r} \tag{4-7}$$

4.2.2 涂层表面处理效果

4.2.2.1 涂层改性后玄武岩纤维性能

1. 涂层处理后玄武岩纤维表面性能

1)涂层处理后玄武岩纤维表面能的变化

纤维表面能的测试与表征,是分析纤维与树脂基体界面匹配的重要手段。表4-7为通过表面/界面张力仪测试的玄武岩纤维原丝及通过乳液涂层处理的玄武岩纤维表面能与极性分量和色散分量[14]。从表4-7中可以看出,乳液涂层处理后的纤维表面能有一定程度的提高,并且其极性成分可以达到70%~80%。由此可以看出,经乳液涂层处理过的纤维,其表面的极性成分很大,表面比较活泼,易于与极性液体相融合,但在实际使用中,不仅要考虑纤维表面极性分量,而且要综合分析纤维与树脂极性比例的匹配性,这样才能使基体与纤维间具有更好的复合效果。

表4-7 不同配方乳液涂层处理的玄武岩纤维表面能及组成

处理配方	纤维表面能/(mN/m)	色散/(mN/m)	极性分量/(mN/m)	极性分量含量/%
纤维原丝	58.75	43.28	15.47	73.7
乳液涂层处理	67.4	54.35	13.05	80.6

2)涂层处理后玄武岩纤维表面形貌

玄武岩纤维经过纳米SiO_2改性乳液涂层处理后,其表面形貌的SEM如图

4－14所示。玄武岩纤维原丝有着平滑的表面，而且没有裂纹孔洞等明显缺陷，这点从图中可以看出。纯环氧乳液涂层处理的玄武岩纤维表面形貌与未改性的玄武岩纤维表面差别不是很大。玄武岩纤维经不同浓度（0.1%、0.3%和0.5%）纳米 SiO_2 粒子的浸润剂改性后其表面形貌均较为粗糙，且随着纳米 SiO_2 含量的增加，粗糙程度加大。因此，纳米 SiO_2 对纤维表面粗糙度的提高起了非常积极的作用，这对纤维与树脂之间的有效黏结是非常有利的。

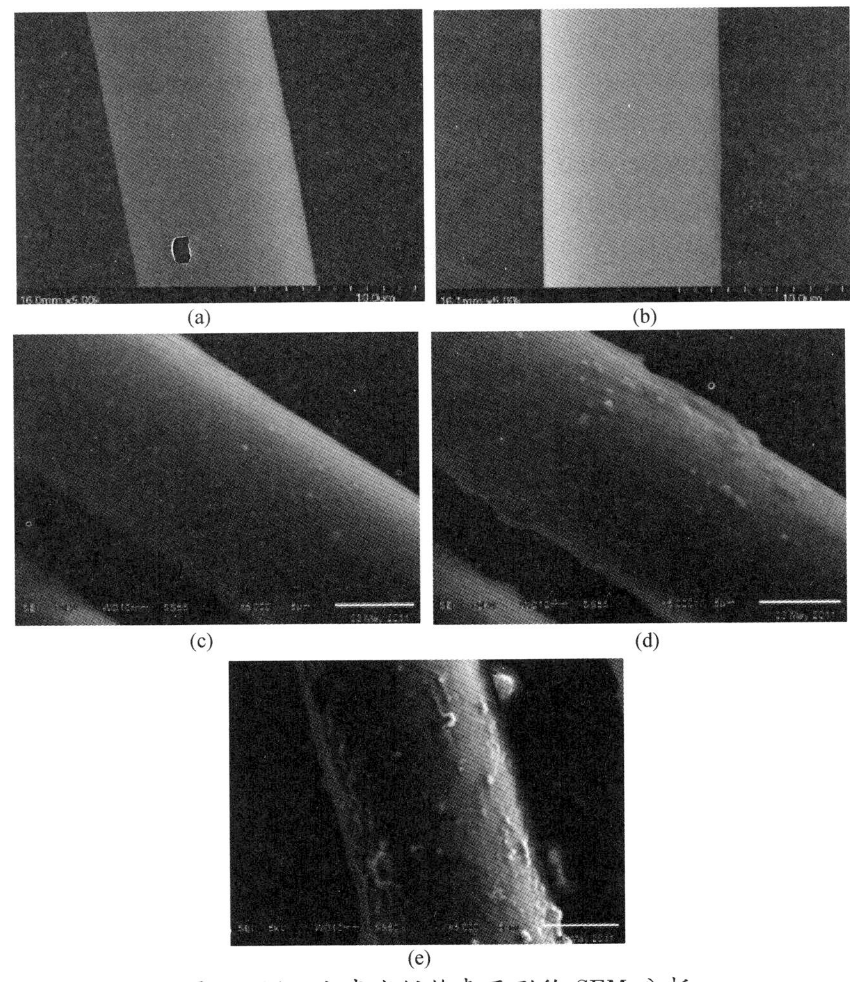

图4－14　玄武岩纤维表面形貌SEM分析

（a）未处理；（b）未改性涂层；（c）0.1% SiO_2 涂层；（d）0.3% SiO_2 涂层；（e）0.5% SiO_2 涂层。

利用AFM对改性后纤维表面粗糙度进行测试，可进一步明晰 SiO_2 含量与纤维表面粗糙度的关系。涂层处理前后玄武岩纤维AFM照片和表面粗糙度与 SiO_2 浓度的关系如图4－15和图4－16所示。从图中可看出，纤维经改性后其表面粗糙度与未改性相比明显大了许多。从平均粗糙度上来看,纤维表面粗糙度与 SiO_2浓度无直接明显的关系,但从最大粗糙度角度看,纤维表面粗糙度与 SiO_2浓度基本成线性正比关系。由此可以说明,纤维表面粗糙度应与多种因素有关,包括 SiO_2颗粒自身的团聚因素、在浸润剂中的分散情况、浓度因素以及上浆工艺等。

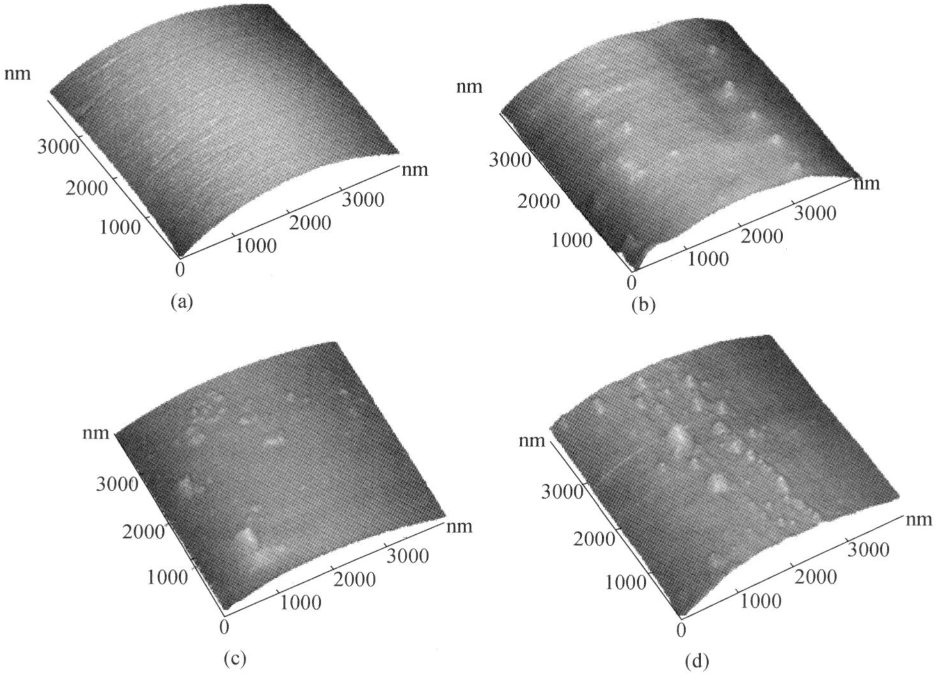

图 4-15 涂层改性后玄武岩纤维表面 AFM 照片

(a)未处理;(b)0.1% SiO_2;(c)0.3% SiO_2;(d)0.5% SiO_2。

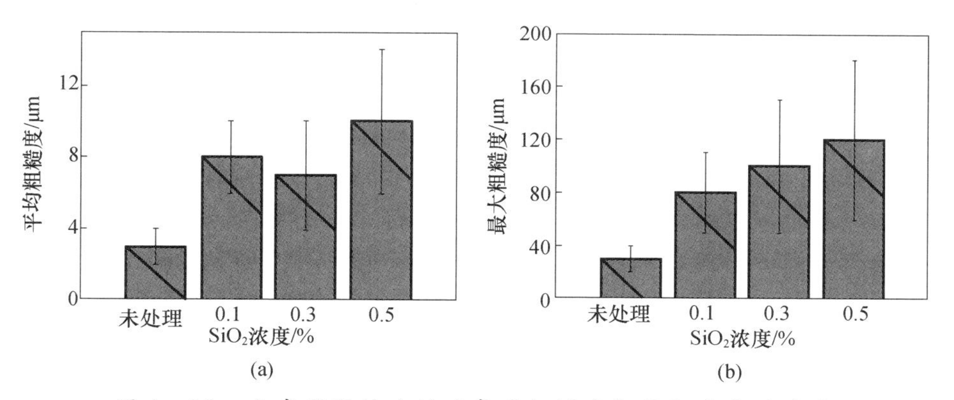

图 4-16 玄武岩纤维改性后表面粗糙度与 SiO_2浓度的关系

(a)平均粗糙度;(b)最大粗糙度。

玄武岩纤维在经过表面纳米复合涂层改性后，其表面新增加了纳米 SiO_2 粒子，有效地提高了纤维的表面粗糙度。这对提高玄武岩纤维增强复合材料的界面性能是非常有意义的。

2. 涂层处理后玄武岩纤维力学性能

1）玄武岩纤维断裂强力

通过涂覆工艺，采用乳液涂层对玄武岩纤维进行表面处理。将浸过乳液涂层的玄武岩纤维放到烘箱中，在 105℃ 下烘干 4h，取出后按照国标 GB/T 7690.3—2001 进行束丝断裂强度测试。图 4－17 为采用四种不同配方乳液涂层处理的玄武岩纤维和玄武岩原丝的断裂强度。从图中可以看出，四种配方下的乳液涂层对纤维的处理都使纤维的断裂强力提高，说明乳液涂层对于纤维的集束性有一定程度上的改善。其中配方 2 对纤维的断裂强力提高最大，这是因为配方 2 中的阳离子抗静电剂会中和玄武岩纤维表面的阴离子，提高纤维的集束能力，同时，配方 2 乳液涂层的一种润滑剂也是阳离子盐，也会优先与纤维表面的离子反应，更进一步提高纤维的集束能力。因此，在对纤维拉伸性能要求较高的应用领域，如绳索、网布等，可以采用此类乳液涂层对纤维进行处理，以达到理想的效果。

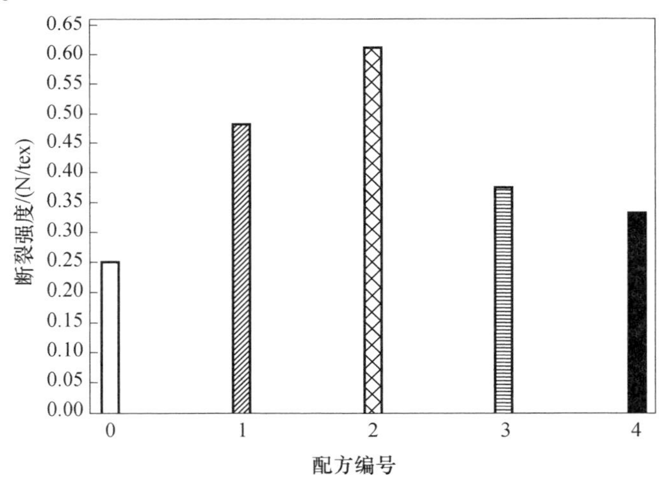

图 4－17　玄武岩原丝及四种不同配方乳液涂层处理的纤维断裂强度

表 4－8 为经纳米 SiO_2 改性乳液涂层处理后的玄武岩纤维断裂强力。从表中可以看出，经过涂层改性后玄武岩纤维的断裂强力发生了巨大变化，其变化趋势是首先随着涂层中粒子含量的增加而增大，当涂层中粒子浓度超过某一临界值时，纤维的断裂强力又显著降低。特别是当浸润剂中含 0.3% 改性纳米 SiO_2 粒子时，玄武岩纤维的断裂强力达到了最大值，相比未改性的玄武岩纤维的断裂强力提升了 11% ~15%。

表4-8 乳液涂层改性玄武岩纤维断裂强力

SiO₂含量/% 断裂强力/N SiO₂粒径/nm	0	0.1	0.3	0.5
340	36	39.4	40	35
156		38	41.3	41

纤维性能的提高可归结为以下几个因素。首先是因为玄武岩纤维的主要构成是以—Si—O—Si—为主的三维网络,而且在纤维表面有一定量的硅羟基存在。通过纳米 SiO_2/环氧复合涂层对玄武岩连续纤维进行表面改性后,在纤维表面新引入了无机纳米 SiO_2粒子。经过改性处理后,SiO_2粒子的分散性明显变好,这不但非常有利于在浸润剂溶液中形成分散稳定的溶液,还有利于在纤维表面形成均匀的含有该粒子的涂覆层,而且玄武岩纤维表面的硅羟基可以与引进的粒子形成新的—Si—O—Si—键。这首先提高了玄武岩纤维的集束性能;其次提高了纤维表面硅氧网络结构致密度,完善了纤维表面网络结构的完整性;最后玄武岩纤维表面的缺陷得到进一步修复。因此玄武岩纤维的抗载荷能力得到了强化,最直接的力学性能参数即玄武岩纤维的断裂强度大大提高。此外,当改性浆料中 SiO_2粒子浓度较低时,其对玄武岩纤维性能的改善有限,而当 SiO_2粒子浓度过高时,纳米粒子的团聚一定程度上又影响了纤维的改性效果,因此往浸润剂中添加的 SiO_2粒子浓度既要合适,又需保持其良好的分散性,这样才能达到最终的改性效果。

因此通过往浸润剂中添加纳米粒子对玄武岩纤维进行表面改性确实为一种切实可行的方法。从表4-8还可以看出,小粒径的 SiO_2改性浸润剂对玄武岩纤维的表面缺陷修复效果好于大粒径的 SiO_2改性浸润剂。这可能是因为小粒径的 SiO_2粒子在乳液涂层中具有更好的分散性,在对玄武岩纤维进行表面处理后,涂覆更加均匀,从而使得纤维具有更好的集束效果。

2）玄武岩纤维复丝拉伸强度

将经过乳液涂层处理的玄武岩纤维按照国标 GB/T 3362—2005 制备纤维复丝拉伸试样,进行纤维束丝拉伸强度测试,测试结果如图4-18所示。从图中可以看出,四种配方对纤维的复丝拉伸强度的提高均有明显的效果,但提高幅度有所不同。纤维经配方3处理后,其复丝拉伸性能最为优异,配方4的复丝拉伸强度也明显提高,这可能是因为配方3和配方4中均加入了一种酯类的润滑剂,此类润滑剂在主成膜剂与辅成膜剂开环反应形成乳液涂层膜时起到促进的作用,使得膜结构比较完整,黏结强度也较大,这类处理过的纤维与树脂和丙酮的混合物进行复合时,与树脂的黏结性更好,树脂也容易包覆纤维,纤维更易集结成复合材料束,从而大大地提高了复丝的拉伸强度。因此在对纤维复丝拉伸强度有要求的场合,可以考虑选择此类乳液涂层。

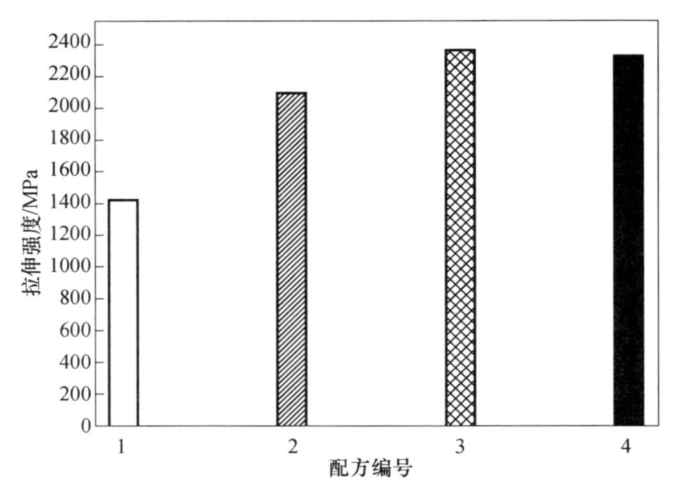

图 4－18　四种不同配方涂层处理的玄武岩纤维束丝拉伸强度

3）玄武岩纤维化学稳定性能

玄武岩纤维的耐碱性能要差于其耐酸性能，为了检测涂层对玄武岩纤维化学稳定性的改进效果，特别针对玄武岩纤维的耐碱性能进行了测试。腐蚀条件为将改性前后的玄武岩纤维放入含量为 5% 的 NaOH 溶液中，在水浴 40℃条件下浸泡 24h，测试结果见表 4－9。从表中可以看出，改性后的玄武岩纤维经强碱腐蚀后，其强度明显大于未经改性的玄武岩纤维碱腐蚀后的强度。此外还可以看出，小粒径涂层改性后，玄武岩纤维的耐碱性能明显大于大粒径涂层改性后的玄武岩纤维的耐碱性能改性效果。随着涂层中 SiO_2 浓度的增加，改性后玄武岩纤维的耐碱性能逐步提升，其抗碱腐蚀能力最高同比提高了 35%。

表 4－9　改性后玄武岩纤维的断裂强力

SiO_2 含量/% 断裂强力/N SiO_2 粒径/nm	0	0.1	0.3	0.5
340	26	26	27	28
156		29	31	35

图 4－19 反映的是改性前后玄武岩纤维经碱腐蚀后的表面形貌。从图可以看出，未经改性的玄武岩纤维经碱腐蚀后，其基体受到了严重的腐蚀，表面生成了一层白色片状反应产物。而经过表面涂层改性的玄武岩纤维经过碱腐蚀后其基体基本没受到损伤，外表面在涂层的基础上生成了一层反应物保护膜，保护了纤维基体不受碱的进一步侵蚀。究其原因是由于涂层首先在一定程度上阻碍了

水分子向纤维表面扩散，而且其中 SiO_2 纳米粒子的存在使得水分子向纤维表面扩散的困难程度加大，扩散渠道更加曲折。其次涂层中 SiO_2 颗粒在 OH^- 随水分子到达纤维表面的过程中对 OH^- 起到了阻碍吸收的作用，即 SiO_2 颗粒与进入涂层中的 OH^- 发生了化学反应，生成的产物聚集在涂层中又生成了一层新的保护层，使得纤维基体免受 OH^- 的进一步侵蚀，纤维基体的强度下降速度得到显著的控制。涂层 SiO_2 粒子的含量越高，抗碱腐蚀能力也越强。

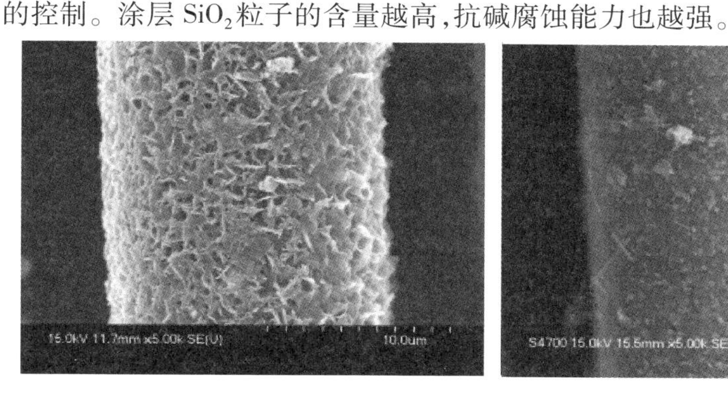

(a)

(b)

图 4－19　碱腐蚀后玄武岩纤维表面 SEM 照片

(a)未涂层改性；(b)0.3% SiO_2 涂层改性。

4.2.2.2　涂层处理后玄武岩纤维复合材料界面性能

表4－10为乳液涂层改性玄武岩纤维复合材料层间剪切强度，可以看出改性后玄武岩纤维增强复合材料的层间剪切强度发生了明显的变化，变化趋势为先增大后减小。这与涂层中 SiO_2 粒子的含量和团聚状况有直接的关联。当 SiO_2 含量为0.3%时达到最大值，提高幅度为20%左右。这主要是因为玄武岩纤维在经过表面改性后，表面引入了大量 SiO_2 粒子，使得其表面粗糙度大大增加。在制作复合材料过程中，纤维与树脂基体界面之间不但接触面积会有所增大，而且会形成强有力的机械铰合作用，这些作用有效提高了纤维与树脂的结合力，在一定程度上改善了复合材料的界面性能。此外，由于在 SiO_2 改性过程中其表面引入了氨基基团，复合材料形成过程中它会与树脂发生化学反应，这也部分提高了复合材料的界面性能。

从表4－10中可以看出，含大粒径 SiO_2 涂层改性的玄武岩纤维增强复合材料的层间剪切强度明显高于含小粒径 SiO_2 涂层改性的玄武岩纤维增强复合材料的层间剪切强度。这可能是由于含大粒径 SiO_2 涂层的玄武岩纤维表面的粗糙度明显大于含小粒径 SiO_2 涂层的玄武岩纤维的表面粗糙度。因此在形成复合材料过程中，表面含大粒径 SiO_2 的玄武岩纤维可以与树脂之间形成更有效的铰合作用，从而提高了玄武岩纤维增强复合材料的界面性能。

表 4-10 乳液涂层改性玄武岩纤维复合材料层间剪切强度 (MPa)

SiO_2含量/% SiO_2粒径/nm	0	0.1	0.3	0.5
340	48	50	58	55
156		49.4	51.3	52

为了进一步检测改性后玄武岩纤维对复合材料的增强效果，对其复合材料的断口形貌进行了观察，见图 4-20。可以看出，未经改性的玄武岩纤维增强复合材料的界面中，被拔出断面的玄武岩纤维的长度最长，这说明该复合材料的界面性能很差，结合力较小。而纤维经涂层处理后，其复合材料界面性能有所改善。玄武岩纤维经改性浸润剂处理后，其界面性能较佳，尤其是添加偶联剂改性过后的 SiO_2粒子的复合材料。玄武岩纤维增强复合材料的断口基本平齐，这说明纤维与树脂的结合最为牢固，其界面结合力也应该最大。综合以上可以推断，要使复合材料有良好的界面性能，浸润剂中纳米粒子的分散程度起着相当大的作用，另外，涂层中纳米粒子最好能够半悬挂其表面，这样才能更为有效地提高复合材料的界面强度，达到最终的改性效果。

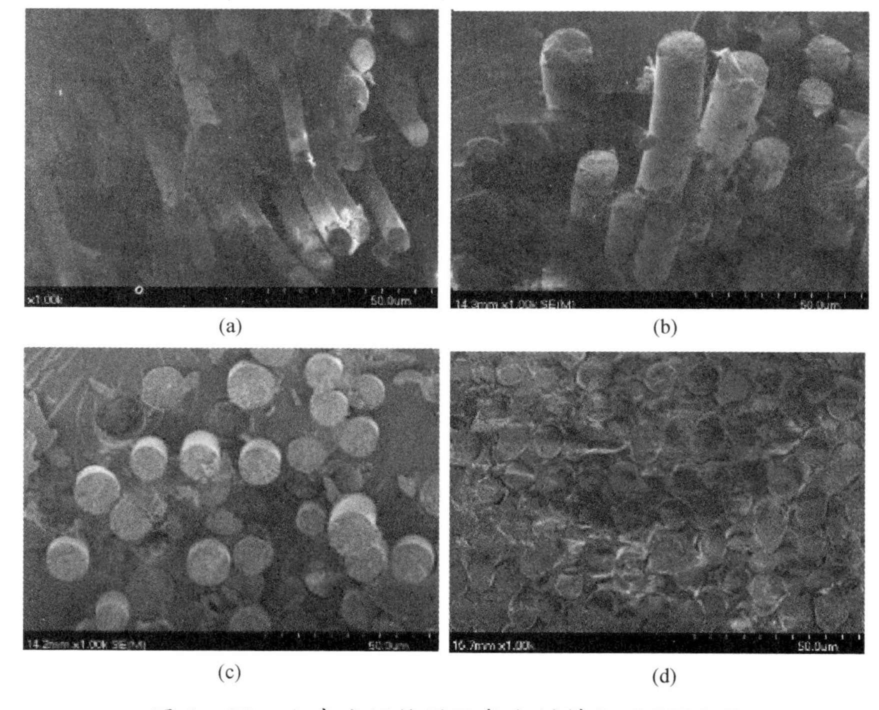

图 4-20 玄武岩纤维增强复合材料断面 SEM 图

(a)未处理的玄武岩纤维；(b)涂层处理；

(c)涂层中添加未改性 SiO_2粒子；(d)涂层中添加改性 SiO_2粒子。

将改性的氧化石墨烯引入上浆剂中，对玄武岩纤维进行上浆处理，得到不同表面涂层的玄武岩纤维，并对这些纤维进行表面SEM观察，结果如图4-21所示。从图中看出，裸纤维及未改性上浆剂处理的纤维表面较光滑，而经氧化石墨烯改性的上浆剂上浆处理后，纤维表面含有大量氧化石墨片，极大地提高了纤维表面的粗糙度，说明在上浆剂中引入氧化石墨烯的方法有利于改善纤维表面相貌，增加纤维表面粗糙度。这是因为氧化石墨烯在二维基面上连有一些含氧官能团，如羟基、环氧官能团、羰基、羧基等，其中羟基和环氧官能团主要位于石墨的基面上，而羰基和羧基则处于石墨烯的边缘，这使其不需要表面活性剂就能在水中很好地分散。氧化石墨烯表面的含氧官能团一方面赋予了氧化石墨烯的亲水性使其能够吸附大量的水分子；另一方面赋予了氧化石烯一些新的特性，如分散性、与聚合物的兼容性等。采用偶联剂对所制备的氧化石墨烯进行功能化处理，一方面提高了氧化石墨烯与乳液涂层的相容性；另一方面增强了氧化石墨烯与纤维和树脂基体的化学键合作用。

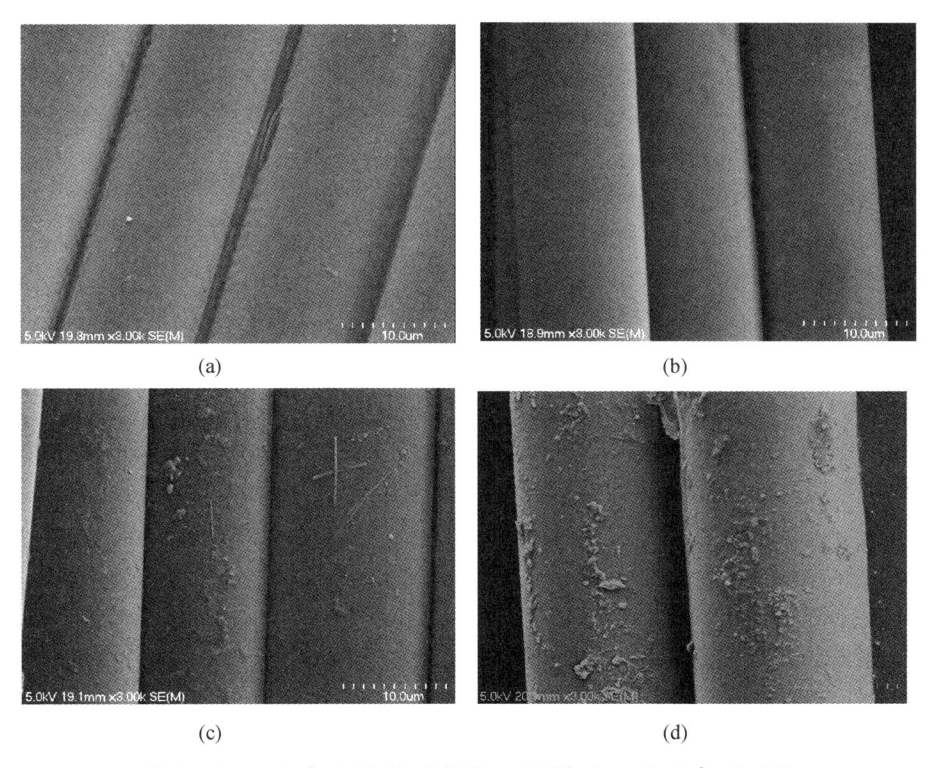

(a)　(b)　(c)　(d)

图4-21　玄武岩纤维用氧化石墨烯处理前后表面形貌

(a)裸纤维；(b)未改性上浆剂处理；

(c)KH550-GO改性上浆剂处理；(d)KH560-GO改性上浆剂处理。

表4-11为不同处理下纤维复合材料的剪切强度，从表中看出，对于环氧基体复合材料，未改性上浆剂上浆后，复合材料层间剪切强度较玄武岩原纤维复合材料提高了6.3%，而添加氧化石墨烯改性上浆剂上浆后，复合材料层间剪切强度较未改性上浆剂涂层复合材料提高了2.2%，较裸纤维提高了8.6%；进一步将偶联剂改性的氧化石墨烯添加到上浆剂中，复合材料层间剪切强度提高了10.6%，两种偶联剂改性效果基本一致。这是因为纤维上浆处理后，一方面保护纤维免受损伤，保持良好的力学性能；另一方面在纤维成型复合材料时，提高纤维与树脂基体的相容性与界面结合能力。而添加氧化石墨烯改性后，进一步改善纤维表面的粗糙度，且从氧化石墨烯的红外光谱谱图看出，氧化石墨烯及改性氧化石墨烯表面含有大量官能团，如羟基、环氧基、羧基等，可参与树脂基体的交联反应，形成化学结合界面层，从而进一步提高其复合材料界面结合能力。

表4-11 改性前后玄武岩纤维/环氧复合材料层间剪切强度

乳液涂层类型	层间剪切强度/MPa
未处理	68.96
纯乳液涂层	73.29
添加GO的乳液涂层	74.91
添加KH560改性GO的乳液涂层	76.0
添加KH550改性GO的乳液涂层	76.3

图4-22为复合材料断口形貌，与原纤维复合材料相比，经未改性上浆剂处理的纤维复合材料界面结合有所改善，纤维与基体间隙减小，但断面仍出现纤维拔出现象，产生不规则断裂面，且拔出纤维表面几乎无树脂，纤维与树脂间出现界面分离现象。而在上浆剂中引入偶联剂改性的氧化石墨烯后，相应复合材料断口较为规整，纤维与树脂基体间结合紧密。这进一步说明，上浆剂中引入改性氧化石墨烯后，纤维表面粗糙度增加，且氧化石墨烯表面的官能团与环氧树脂基体产生化学键合作用，将玄武岩纤维与树脂基体有机结合起来，增加纤维与树脂基体的界面相容性，从而使得复合材料的剪切强度提高。

4.2.2.3 涂层改性后玄武岩纤维增强复合材料高温力学性能

对原始玄武岩纤维复合材料和改性玄武岩纤维复合材料进行高温实验，通过测量复合材料在高温处理前后的减重和残余层间剪切强度，对复合材料的耐高温性能进行评价。表4-12分别为原始玄武岩纤维复合材料、通用乳液涂层改性玄武岩纤维复合材料和三种纳米粒子改性玄武岩纤维复合材料共五种复合材料，分别在600℃/3min、600℃/8min和900℃/20min处理后测得减重和残余层间剪切强度。高温实验采用箱式电阻炉作为加热源，复合材料在高温处理过程中没有经历高速气流或粒子流的冲击，酚醛树脂在高温下会部分热解，后碳化

图4-22 氧化石墨烯处理前后纤维复合材料断口形貌

(a)未处理;(b)未改性上浆剂处理玄武岩纤维;

(c)KH550-GO改性玄武岩纤维;(d)KH560-GO改性玄武岩纤维。

结壳,致使复合材料的尺寸在高温处理前后不会发生较大的变化。900℃/20min高温处理过的复合材料已基本失去力学性能,因此没有进行层间剪切强度测试。

表4-12 涂层改性玄武岩纤维/酚醛树脂复合材料耐高温性能

乳液涂层类型	未处理	纯乳液处理	SiO_2改性涂层	ZrO_2改性涂层	CeO_2改性涂层	高温处理时间
减重量/g	0.0206	0.0203	0.0182	0.0174	0.0253	600℃/3min
减重比例/%	3.71	3.74	3.31	3.18	4.64	
剩余剪切强度/MPa	26.89	33.94	30.62	34.41	30.54	
减重量/g	0.0475	0.0402	0.0546	0.0343	0.0350	600℃/8min
减重比例/%	8.58	7.47	9.99	6.21	6.48	
剩余剪切强度/MPa	13.21	20.41	11.8	22.46	21.79	
减重量/g	0.1375	0.119	0.1708	0.0957	0.110	900℃/20min
减重比例/%	25.08	25.47	30.90	23.72	25.18	
剩余剪切强度/MPa	—	—	—	—	—	

玄武岩/酚醛树脂复合材料在高温实验中主要发生树脂基体的热解和碳化，而玄武岩纤维因其自身具有1400℃的熔点，因此可以在短时间的高温实验中极大程度地保持自身力学性能，并能够在树脂基体热解并碳化成一层硬壳后作为复合材料的骨架，支撑住整体结构，保持复合材料基本形状。复合材料的尺寸在实验中将发生一定的变化，原因在于酚醛树脂在600℃下会发生热解，生成的H_2O和其他小分子会在复合材料内逐渐向外扩散，但由于初始生成H_2O和小分子的生成速度高于其向外扩散的速度，因此在高温处理前期，复合材料内部的H_2O和其他小分子物质会在高温下剧烈膨胀，导致复合材料内部产生孔洞，严重时甚至形成泡沫状的结构。随着高温实验的进行，热解产生的小分子物质会逐渐排除，同时酚醛树脂的分子链在高温下逐渐被破坏，导致复合材料的尺寸产生一定的收缩。

根据以上实验结果，对高温实验中复合材料减重结果进行分析。首先，由表中记录的高温实验前后复合材料的减重量可以看到，在600℃下，随着高温实验时间的加长，复合材料持续减重，且最初的3min内复合材料的减重速率较高，但在后续的高温实验中，除了使用SiO_2粒子改性乳液涂层的复合材料在后5min内有更高速率的减重，其余复合材料都出现了减重速率下降的情况。其次，在600℃/3min和600℃/8min的高温实验中，使用了ZrO_2粒子改性乳液涂层的复合材料都具有最低的减重比例，且随着实验温度和时间的提高，该种复合材料的重量稳定性更加突出；使用了SiO_2粒子改性乳液涂层的复合材料在600℃/8min的实验中仍是减重最为严重的材料。在600℃/3min的实验中，各种材料的减重较为接近，都在3%~4%。从以上对高温实验中各种复合材料减重的分析可以得出，在高温实验的开始阶段，各种材料的减重比例基本一致，都处于树脂基体热解排除小分子的阶段，但随着高温实验的持续和温度的提高，使用了ZrO_2粒子改性乳液涂层的复合材料体现出了最好的抗减重性能，即ZrO_2粒子的加入在一定程度上减弱了树脂基体的热解，使酚醛树脂基体具有了更高的稳定性。CeO_2粒子的使用虽在高温实验的前3min内未能有效地增强复合材料的高温稳定性，但在后续的高温实验中却有效地降低了复合材料减重的速率。使用了SiO_2粒子改性乳液涂层的复合材料则表现出了较差的重量稳定性，在600℃/8min和900℃/20min高温实验中均具有最高的减重率。原因可能在于SiO_2粒子的引入使得酚醛树脂基体的抗高温性能下降，同时SiO_2粒子能够有效地“接枝”在纤维表面，并与水解的偶联剂相连，参与形成复合材料的界面，而SiO_2粒子具有高温下发生软化的效果，可能使得复合材料的界面也出现高温稳定性下降的结果，最终导致复合材料整体的高温稳定性下降。再次，各种复合材料在经历900℃/20min的高温实验后，减重都达到了极限，且减重比例都在25%左右。其中使用了SiO_2粒子改性乳液涂层的复合材料减重最为严重，减重率达到了30%，而使用了ZrO_2粒子改性乳液涂层的复合材料体现出了最低的减重率。

从高温实验后复合材料剩余层间剪切强度数值可见，在不考虑初始复合材料室温层间剪切性能的前提下，使用了通用乳液涂层和ZrO_2粒子改性乳液涂层的复合材料具有最高的剩余层间剪切强度，其次是使用了另外两种改性乳液涂层的复合材料，最后是没有进行纤维涂层处理的复合材料。使用了ZrO_2和CeO_2粒子改性乳液涂层的复合材料具有最高的剩余层剪强度，其次是使用了通用乳液涂层的复合材料，最后是使用了乳液涂层的复合材料和使用了SiO_2粒子改性乳液涂层的复合材料。对比两组结果可以得知：①使用了ZrO_2粒子改性乳液涂层的复合材料在600℃高温实验中具有最高的剩余层剪强度，其次是使用了未改性乳液涂层和CeO_2粒子改性乳液涂层的复合材料，最后是未使用乳液涂层和使用SiO_2粒子改性乳液涂层的复合材料；②在600℃/3min高温实验中，使用SiO_2粒子改性乳液涂层的复合材料和使用CeO_2粒子改性乳液涂层的复合材料具有几乎一致的剩余层剪强度，但经过总共8min的高温测试后，前者的剩余层剪性能出现了更多的下降，即在后5min内出现了层剪性能的快速下降，而后者在后5min内更大程度地保持了自身的层剪性能；③使用了通用乳液涂层的复合材料，在两项高温实验中均表现出了优异的维持自身力学性能的能力；④由于高温实验中所用复合材料的室温层间剪切强度处于不同的程度，因此高温剩余层间剪切强度与室温初始层间剪切强度的比值才能有效反映复合材料的高温稳定性。600℃/3min和600℃/8min高温实验后，使用通用乳液涂层、ZrO_2粒子改性乳液涂层和CeO_2粒子改性乳液涂层的复合材料具有较好的高温力学性能。

针对以上实验结果分析和解释如下：首先，ZrO_2和CeO_2粒子对玄武岩纤维通用乳液涂层的改性不是很有效，改性粒子更多的是与乳液涂层实现了机械的共混（SiO_2粒子则与乳液涂层中的水解偶联剂及纤维形成了弱的化学连接），进而使用该两种粒子改性乳液涂层的复合材料在界面性能上更加贴近使用通用乳液涂层制备出来的复合材料，因此在600℃/3min和600℃/8min高温实验中三者有着较为接近的剩余层剪性能。其中三者层间剪切强度数值上的微小差别，可能还与树脂基体在不同高温实验阶段的热解程度，即酚醛树脂的热稳定性有关。在前3min内，使用了CeO_2粒子改性乳液涂层的复合材料的热解失重多于使用通用乳液涂层的复合材料，因此也更多地导致了复合材料界面受到破坏，进而造成此时剩余层间剪切强度略低一些。在8min高温实验中的后5min内，使用CeO_2粒子改性乳液涂层的复合材料的减重小于使用通用乳液涂层制备的复合材料，即使用通用乳液涂层制备的复合材料在后5min内的减重较为严重，复合材料的界面受到了较大的影响，因此导致了剩余层间剪切强度低于使

用 CeO_2粒子改性乳液涂层的复合材料。而 ZrO_2在整个 8min 的高温实验中一直都保持最低减重，即 ZrO_2有效地增加了树脂基体的高温稳定性，使复合材料界面得到较小的破坏，加之其复合材料界面与前面提到两者处于相近的状态，因此使用 ZrO_2粒子改性乳液涂层的复合材料在高温实验中始终保持最高的剩余层间剪切强度；从使用 SiO_2粒子改性乳液涂层所制备复合材料在减重和剩余层间剪切强度两方面较差的表现来看，SiO_2粒子改性乳液涂层可以有效增强复合材料界面，但该复合材料界面的高温稳定性较差，同时 SiO_2粒子的软化现象可能一定程度上造成了复合材料界面高温稳定性的下降，因此导致高温实验中使用了 SiO_2粒子改性乳液涂层的复合材料在减重和剩余层间剪切强度两方面表现都不理想。

4.2.3 偶联剂表面处理效果

用偶联剂对玄武岩纤维进行表面处理后，玄武岩纤维的表面形貌发生了变化[15-17]。图 4-23 为偶联剂处理前后玄武岩纤维表面形貌。可见未经硅烷偶联剂处理的玄武岩单丝表面光滑，而经硅烷偶联剂 KH550 处理后的玄武岩单丝表面变得粗糙，有附着物和小突起，这有利于改善玄武岩单丝和树脂基体的机械铰合作用。改性处理后的玄武岩单丝表面发生变化是因为偶联剂 KH550 与玄武岩单丝发生了偶联反应，并附着在其表面形成一层薄膜。

(a)

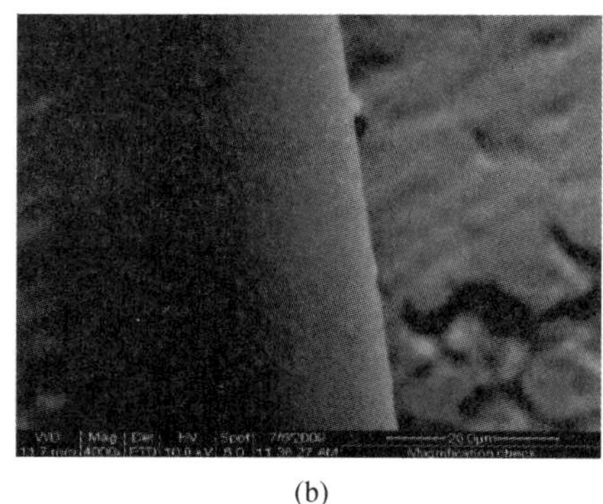

(b)

图 4-23　偶联剂处理前后玄武岩纤维表面形貌

(a)处理前；(b)处理后。

KH550 浓度对玄武岩纤维织物拉伸强度的影响如图 4-24 所示，从图可以看出，随着 KH550 偶联剂浓度的提高，玄武岩长丝机织物的拉伸强度逐渐增大。当 KH550 的浓度为 0.75% 时，拉伸强度达到最大；浓度超过 0.75% 时，随着浓度的增大，拉伸强度逐渐减小。

偶联剂 KH550 对玄武岩长丝机织物的作用主要表现在三个方面：第一，偶联剂 KH550 与玄武岩长丝发生偶联反应，两者之间紧密黏结，偶联剂在长丝表

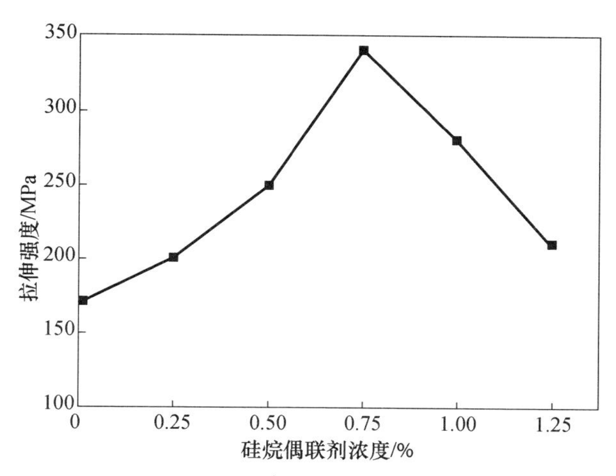

图4-24　KH550浓度对玄武岩纤维织物拉伸强度的影响

面形成一层致密保护膜，更好地覆盖了单丝表面的微裂纹，降低了微裂纹对单丝拉伸性能的影响；第二，偶联剂的作用使得玄武岩长丝之间的抱合变得紧密，提高了长丝的集束性，因此玄武岩长丝束和机织物的拉伸强度及模量都会增大；第三，当硅烷偶联剂的浓度比较高时，过多的硅烷物理吸附在纤维表面形成弱界面层，这些硅烷有润滑作用，降低了界面结合性，或者在纤维表面形成易发生黏着破坏的厚硅烷层，明显降低了处理效果。在硅烷偶联剂的浓度未超过0.75%时，偶联剂对玄武岩纤维织物的作用主要表现在第一、二两个方面，因此随着KH550浓度的增大，玄武岩纤维织物的拉伸强度逐渐增大；当浓度超过0.75%时，偶联改性处理主要体现出第三个方面，即浓度增大，强度减小。

未经硅烷偶联剂改性处理的玄武岩纤维/环氧复合材料的层间剪切强度为41MPa，硅烷偶联剂的使用使材料的层间剪切强度得到提高，并随着偶联剂浓度的增加而呈上升趋势，当硅烷偶联剂浓度为10%左右时改性处理效果最佳，材料的层间剪切强度达到53MPa，提高幅度近30%。由此可见，采用硅烷偶联剂对玄武岩纤维进行表面处理可以显著提高玄武岩纤维/环氧复合材料的界面力学性能。

虽然硅烷偶联剂表面处理对于提高玄武岩纤维复合材料的界面力学性能很有帮助，但纤维的织造性能仍不理想。为此，采用乳液型浆料对改性处理的纤维进行进一步的上浆处理，所得到的复合材料的界面力学性能如表4-13所列。从表中可以看出，单纯采用乳液型浆料处理玄武岩纤维，可以使复合材料的界面力学性能得到一定程度的提高，而在偶联剂处理的基础上再进行上浆处理可以进一步提高材料的界面性能。

表 4 – 13　偶联剂处理的玄武岩纤维/环氧复合材料界面性能

处理方法	未处理	KH550 处理	乳液涂层处理	KH550 处理后乳液涂层上浆
层间剪切强度/MPa	42	52	45	51

偶联剂种类对玄武岩纤维增强复合材料的力学性能影响很大,例如,在尼龙(PA66)/玄武岩纤维复合材料中,偶联剂 KH550 使复合材料的力学性能略有提升,而偶联剂 KH560 和钛酸丁酯对复合材料的力学性能不具有提高改善作用,相反具有负面效果。KH550 的有机官能团为氨基,PA66 的端基有部分为羧基。偶联剂 KH550 通过化学键将 PA66 基体与玄武岩纤维结合起来,完成两种化学性质不同材料间的耦合,提高了二者的界面强度,进而提高了 PA66/玄武岩纤维复合材料的力学性能。而偶联剂 KH560 和钛酸丁酯无法与 PA66 形成有效的化学键,因此不能在玄武岩纤维和 PA66 基体间形成有效的界面结合。不同偶联剂处理的玄武岩纤维/PA66 复合材料性能如表 4 – 14 所列。

表 4 – 14　不同偶联剂处理的玄武岩纤维/PA66 复合材料性能

偶联剂类型	未处理	KH550	KH560	钛酸丁酯
拉伸强度/MPa	188.2	189.1	176.4	175.5
弯曲强度/MPa	222.4	229.4	197.6	217.3
弯曲模量/MPa	6610.0	6707.0	5898.2	6530.4
冲击强度/(kJ/m^2)	10.4	12.4	9.8	10.8

图 4 – 25 为偶联剂处理纤维表面后玄武岩纤维/环氧树脂和玄武岩纤维/PA66 复合材料的断口形貌。未被处理的玄武岩纤维复合材料断口纤维表面光滑,纤维表面基本没有树脂的黏结,对于玄武岩纤维/PA66 复合材料,纤维与 PA66 存在明显的界面分离现象。纤维被偶联剂处理后,断口纤维表面存在大量的树脂黏结现象,纤维和树脂间界面性能大幅改善。

不同偶联剂处理条件下,玄武岩纤维/乙烯基树脂复合材料力学性能如表 4 – 15所列。从表中可以看到,通过表面处理以后,复合材料的强度和弹性性能均得到提高。这主要是由于表面处理不仅修复了纤维表面的缺陷,使纤维强度提高,而且改善了基体与纤维之间的界面,使纤维与基体的结合力增强,对外力的抵抗作用增加,从而强度和弹性性能均得到提高。此外,从表 4 – 15 中还可以看到,采用 KH550 处理剂效果比采用沃兰处理剂效果稍好,而增加处理时间对复合材料力学性能影响不明显。

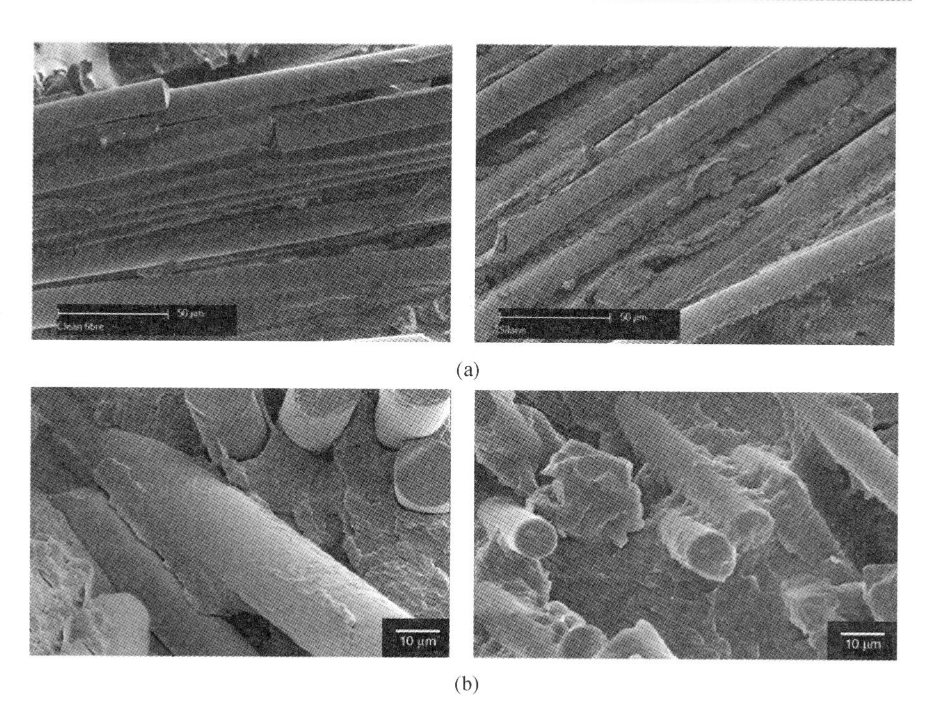

(a)

(b)

图4－25　偶联剂处理玄武岩纤维复合材料断口形貌

(a)偶联剂处理前后玄武岩/环氧树脂;(b)偶联剂处理前后玄武岩/PA66。

表4－15　偶联剂表面处理对玄武岩纤维/乙烯基树脂复合材料力学性能的影响

处理方法	处理时间/min	拉伸强度/MPa	拉伸模量/GPa	弯曲强度/MPa	弯曲模量/GPa
未处理	0	277.6	15.2	497.2	16.2
KH550	60	376.0	19.8	568.0	21.3
	90	374.0	19.2	578.0	21.0
沃兰	60	324.3	18.8	533.0	19.0
	90	330.0	19.0	524.1	19.8

层间剪切性能和弯曲性能作为表征界面载荷传递的参数,反映了复合材料的界面黏结性能,不同偶联剂处理对玄武岩/环氧树脂复合材料力学性能的影响如图4－26所示。KH550、KH560和KH570处理玄武岩纤维后,玄武岩纤维/环氧树脂复合材料的弯曲性能和层间剪切强度均得到了较为显著的提高,且提高的效果顺序:KH550 > KH560 > KH570。这可能是因为KH550中的氨基能与环氧树脂中的环氧基发生反应生成化学键:NH—CH_2—CHOH;KH560中的环氧基与环氧树脂中的环氧基发生化学反应生成化学键;而KH570中则没有可以与

环氧树脂发生反应的化学基团,即硅烷偶联剂/环氧树脂间没有化学键合作用。KH570 处理的 BF/EP(KH570/BF/EP)界面性能显著优于未经偶联剂处理的 BF/EP,提高了界面性能。

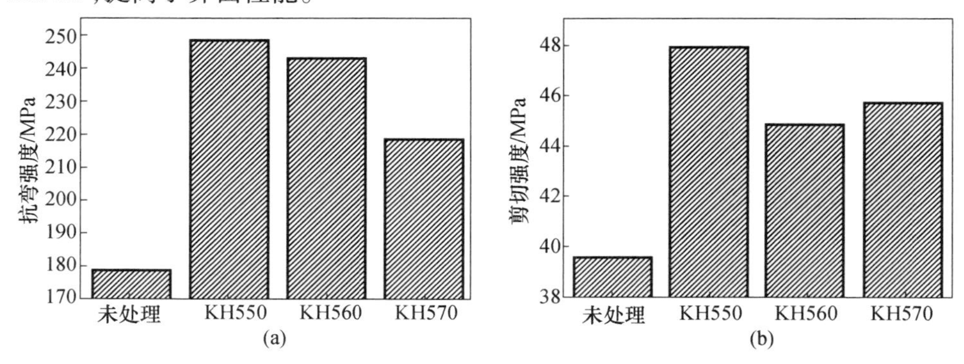

图 4-26　不同偶联剂处理 BF 对 BF/EP 各力学性能的影响

玄武岩纤维/环氧树脂复合材料在(95±2)℃条件下水浴 24h 前后的力学性能见表 4-16。水浴 24h 后,不同 BF/EP 试样的力学性能大部分出现了较为显著的下降。水浴处理降低了未处理 BF/EP 界面的静电结合和物理交合强度,使得界面黏结强度降低。经过水浴后,KH550 处理的 BF/EP(KH550/BF/EP)和 KH560 处理的 BF/EP(KH560/BF/EP)的界面性能出现了相似程度的下降,而 KH570/BF/EP 的界面性能下降相对较小,这可能是由于水浴处理使得 KH550/EP 和 KH560/EP 间的化学键分别发生水解作用,导致两者黏结强度下降;而 KH570/EP 间的 IDIPN 结构受水浴影响较小,因此界面性能下降较小。硅烷偶联剂/EP 界面结合形式的不同是不同 BF/EP 试样界面性能下降程度差异的重要因素。水浴使得经过硅烷偶联剂处理 BF/EP 的弯曲模量增大,这可能是加热处理使得环氧树脂进一步固化的结果。

表 4-16　(95±2)℃水浴 24h 前后的 BF/EP 力学性能比较

处理方法	弯曲强度/MPa		层间剪切强度/MPa	
	水浴处理前	水浴处理后	水浴处理前	水浴处理后
未处理	178.5	89.50	39.60	33.15
KH550	248.3	133.85	47.94	41.68
KH560	242.6	121.60	44.86	37.44
KH570	218.3	150.83	45.69	41.15

4.2.4　酸碱刻蚀表面处理效果

经酸碱刻蚀后,玄武岩纤维的表面元素含量会发生改变,表 4-17 为经

0.1mol/L 的 NaOH 溶液处理后,玄武岩纤维表面元素含量的变化。随着处理时间的增加,玄武岩纤维表面 Si、Al 含量有一定程度的降低,在处理时间小于 30min 时,Fe、Ca 元素随着处理时间的延长而增加。在处理时间为 180min 时,玄武岩纤维表面的 Mg、Na 元素有大幅的增加,而 K、Ti 元素则大幅减小。

表 4-17 0.1mol/L 的 NaOH 处理后玄武岩纤维表面元素含量的变化

元素 \ 处理时间/min	0	<1	30	180
Si	47.4	44.4	46.1	35.8
Al	15.8	13.8	12.3	13.5
Fe	14.2	15.7	23.7	17.0
Ca	13.1	15.7	15.6	13.2
Mg	4.0	2.9	0.8	10.6
K	2.0	2.6	0.4	0
Na	1.8	1.8	0.1	9.7
Ti	1.8	3.0	1.0	0.2

经 0.1mol/L 的 NaOH 溶液浸泡处理后,玄武岩纤维的表面形貌如图 4-27 所示。由图可见,处理后的玄武岩纤维表面没有明显变化。经不同时间的 NaOH 溶液处理后的玄武岩纤维断裂强度和减重率如表 4-18 所列。在处理时间小于 1min 时,纤维的断裂强度就有大幅度的降低,随着处理时间的增加,玄武岩纤维的断裂强度不断降低,减重率增加。在处理时间为 180min 时,断裂强度仅为原始强度的 16.2%,减重率达到 5.9%。由此可见,玄武岩纤维的耐碱性较差,碱液对玄武岩纤维表面的破坏为整体刻蚀。

表 4-18 0.1mol/L 的 NaOH 处理后玄武岩纤维断裂强度和减重率变化

处理时间	断裂强度/(cN/tex)	减重率/%
未处理	47.7	—
小于 1min	28.0	0.5
15min	18.8	0.8
30min	13.6	3.0
180min	7.7	5.9

不同浓度盐酸刻蚀和偶联剂处理的方法对玄武岩纤维进行表面处理后,玄武岩纤维/酚醛树脂复合材料的力学性能如表 4-19 所列。可以看出,经过不同浓度的盐酸刻蚀处理玄武岩纤维表面后,酚醛树脂复合材料的拉伸强度存在一

定的差异,但差异并不大,说明盐酸刻蚀处理玄武岩纤维对玄武岩纤维本征强度和复合材料界面性能的综合作用使得其对复合材料拉伸性能的影响并不显著。盐酸刻蚀处理可以显著提高玄武纤维复合材料的弯曲强度和层间剪切强度,且弯曲强度和层间剪切强度随着盐酸刻蚀浓度的升高呈现降低的趋势。这可能是因为随着盐酸浓度的增加导致玄武岩纤维力学性能的降低占主导作用。

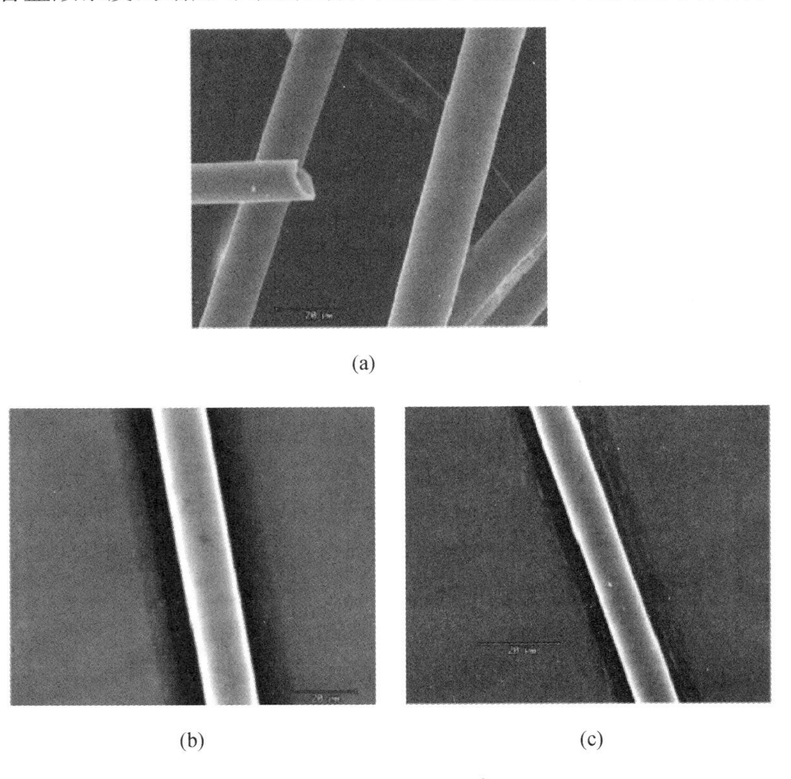

图4-27 玄武岩纤维表面形貌

(a)未处理;(b)0.1mol/L NaOH/30min;(c)0.1mol/L NaOH/180min。

表4-19 不同浓度盐酸刻蚀和偶联剂处理的玄武岩/酚醛树脂复合材料的力学性能

处理方式		拉伸强度/MPa	弯曲强度/MPa	层间剪切强度/MPa
盐酸浓度/(mol/L)	偶联剂处理			
—	KH550	309.56	201.78	7.96
6	KH550	311.26	504.43	19.85
9	KH550	300.91	366.10	18.07
12	KH550	316.16	363.10	15.47

4.2.5　等离子体表面处理效果

用 HD－1B 低温等离子体表面改性处理仪对玄武岩纤维等离子改性，将要进行处理的玄武岩纤维放入反应室内，抽成真空，出现红光时，冲入保护气体氮气[18,19]。参数设置：气压 40Pa；功率 60W；处理时间 5min、12min、15min。从玄武岩纤维原样形貌可看出，未经过低温等离子体表面改性的玄武岩纤维表面较为光滑，与树脂基体界面黏结效果不理想；经过低温等离子体表面改性后，玄武岩纤维表面呈现明显的刻蚀痕迹。比较不同刻蚀时间的玄武岩纤维表面形貌（图 4－28）可以发现，经过等离子体处理时间 12min 以及 15min 后的纤维刻蚀效果比处理时间 5min 的更为明显，刻蚀程度加深，数量增多，其中处理时间为 15min 时刻蚀程度最大。

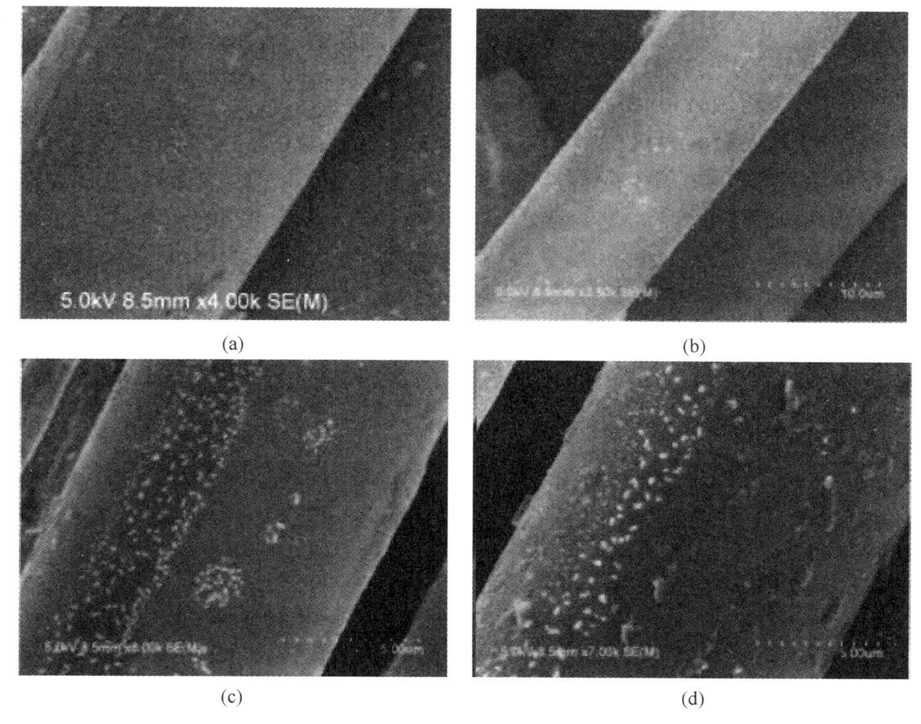

图 4－28　等离子体处理后玄武岩纤维表面形貌

(a)未处理；(b)处理 5min；(c)处理 12min；(d)处理 15min。

玄武岩纤维回潮率按下式计算：

$$W = \frac{G - G_0}{G_0} \times 100\% \qquad (4-8)$$

式中　W——实际回潮率（%）；

G——纤维减重(g);

G_0——纤维干重(g)。

经计算测得玄武岩纤维原样的回潮率为0.12%,而经过低温冷等离子体改性处理15min的玄武岩纤维的回潮率为0.83%,玄武岩纤维改性后的回潮率是改性前的近7倍,得到明显改善,这也有利于提高玄武岩纤维表面对树脂基体的浸润效果。

将纤维布分别放入配制好的浓度为1%的KH550、KH570溶液中,浸泡4h,取出,放入110℃的干燥箱中干燥2h,以加速偶联剂与纤维表面的反应,取出,得到KH550和KH570处理的玄武岩纤维布(BF/KH550、BF/KH570)。分别将BF、BF/KH550、BF/KH570放入等离子装置中,放电功率为170W,处理时间为5min。将处理后的纤维布立即放入0.07mol/L的马来酸酐溶液中,以过氧化苯甲酰作为引发剂,浸泡2h后取出,在100℃的干燥箱中烘干。

表4-20为C、O、Si三种元素在等离子接枝处理前后的组成比例变化。可以看出,处理前后C、O两种元素含量变化较大,Si含量相对提高,但变化不大。较空白组来说,C元素经等离子接枝处理后由44.88%分别降低到41.11%、41.13%、36.09%,O元素由33.39%分别升高到38.8%、38.76%、41.13%。其中,BF/KH570变化量最大,C元素降低19%,O元素升高23.18%。O/C在等离子接枝处理后也有了一定的提高,其中,BF/KH570-MAH最高,由0.74增加到1.139,说明BF/KH570较BF、BF/KH550经等离子处理后更容易与马来酸酐接枝,为纤维表面引入了更多的含氧基团。

表4-20　等离子体接枝处理对玄武岩纤维表面化学元素的影响

纤维类型	C1s/%	O1s/%	Si2p/%	O1s/C1s
BF	44.88	33.39	18	0.74
BF-MAH	41.11	38.8	20.09	0.944
BF-KH550-MAH	41.13	38.76	20.11	0.942
BF-KH570-MAH	36.09	41.13	22.78	1.139

参考文献

[1] 贺福. 碳纤维及石墨纤维[M]. 北京:化学工业出版社,2010.

[2] 肖长发. 纤维复合材料—纤维、基体、力学性能[M]. 北京:中国石化出版社,1995.

[3] 益小苏,杜善义,张立同. 复合材料手册[M]. 北京:化学工业出版社,2009.

[4] 曹海琳,张春红,张志谦,等. 玄武岩纤维表面涂层改性研究[J]. 航空材料学报,2007,27(5):77-82.

[5] 陈国荣,曹海琳,姜雪,等. 纳米SiO_2表面改性玄武岩纤维的性能研究及作用机理[J]. 黑龙江大学自然科学学报,2009,26(6):785-789.

[6] 傅宏俊,马崇启,王瑞. 玄武岩纤维表面处理及其复合材料界面改性研究[J]. 纤维复合材料, 2007, 3:11 - 13.

[7] Varley R J,Wendy Tian,Leong K H,et al. The Effect of Surface Treatments on the Mechanical Properties of Basalt - Reinforced Epoxy Composites[J]. Polymer Composites, 2013,34(3):320 - 329.

[8] Wang G J,Liu Y W,Guo Y J,et al. Surface modification and characterizationsof basalt fibers with non - thermal plasma[J]. Surface & Coatings Technology, 2007, 201: 6565 - 6568.

[9] Deákl T,Czigány T,Tamás P,et al. Enhancement of interfacial properties of basalt fiber reinforced nylon 6 matrix composites with silane couplingagents[J]. eXPRESS Polymer Letters, 2010, 10(4): 590 - 598.

[10] Wei Bin,Cao Hailin, Song Shenhua. Surface modification and characterization of basalt fibers with hybrid sizings[J]. Composites: Part A, 2011,42: 22 - 29.

[11] Wei Bin,Song Shenhua,Cao Hailin. Strengthening of basalt fibers with nano - SiO_2 - epoxy composite coating[J]. Materials and Design, 2011, 32: 4180 - 4186.

[12] Denni Kurniawan, Byung Sun Kim, Ho Yong Lee. Atmospheric pressure glow discharge plasma polymerization for surfacetreatment on sized basalt fiber/polylactic acid composites[J]. Composites: Part B,2012, 43: 1010 - 1014.

[13] Kima M T,Kim M H,Rhee K Y,et al. Study on an oxygen plasma treatment of a basalt fiber and its effecton the interlaminar fracture property of basalt/epoxy woven composites[J]. Composites: Part B, 2011, 42: 499 - 504.

[14] 李静,申士杰,袁卉,等. 表面处理对玄武岩纤维增强酚醛树脂复合材料界面结合强度的影响[J]. 材料导报 B:研究篇, 2013,27(10): 71 - 75.

[15] 李伟娜,申士杰,马春梅. 等离子接枝处理玄武岩纤维表面的机理研究[J]. 玻璃钢/复合材料, 2013,3: 34 - 39.

[16] 宋秋霞,刘华武,钟智丽. 硅烷偶联剂处理对玄武岩单丝拉伸性能的影响[J]. 天津工业大学学报, 2010,29(1):19 - 24.

[17] 郭宗福,钟智丽. 硅烷偶联剂对玄武岩织物拉伸性能的影响[J]. 上海纺织科技,2012,40(2): 25 - 28.

[18] 储长流,周敏东,方第超. 连续玄武岩纤维冷等离子改性处理性能研究[J]. 化工新型材料, 2013, 41(8): 89 - 93.

[19] Marion Friedrich,Anne Schulze, Georg Prosch,et al. Investigation of Chemically Treated Basalt and Glass Fibres[J]. Mikrochim. Acta, 2000, 133:171 - 174.

第5章

玄武岩纤维复合材料及其应用

复合材料是由增强材料与基体材料组成的，在纤维复合材料成型过程中，经过一定的物理和化学变化，基体与增强纤维复合成具有特定形状的整体材料。复合材料的聚合物基体包括热固性树脂和热塑性树脂两大类。前者主要包括环氧树脂、酚醛树脂、不饱和聚酯树脂和乙烯基树脂等。后者有聚苯乙烯、氯化聚醚、聚碳酸酯、聚氯乙烯、饱和聚酯、聚砜等。作为复合材料的重要组成部分，复合材料的横向拉伸性能、压缩性能、剪切性能、耐热性和耐介质性能等都与基体树脂有着密切的关系。只有增强纤维与基体之间发挥良好的协同作用，才能保证复合材料具有良好的强度、刚度和韧性。

5.1 热固性树脂基复合材料

复合材料常用的热固性树脂基体包括环氧树脂、酚醛树脂、双马来酰亚胺树脂、热固性聚酰亚胺树脂和氰酸酯树脂等。它们的耐热性相差很大，环氧树脂长期使用温度不超过177℃，双马来酰亚胺在200～250℃，聚酰亚胺可达310～320℃。与热塑性树脂相比，热固性树脂的刚性大、硬度高、耐温高、不易燃、制品尺寸稳定性好，但脆性较大，抗冲击性能较差。表5-1为几种常用热固性树脂基体的相关性能。

表5-1 常用热固性树脂基体的相关性能

性能	环氧树脂	酚醛树脂	不饱和聚酯
相对密度	1.11～1.23	1.30～1.32	1.10～1.46
拉伸强度/MPa	85	42～64	42～71
伸长率/%	5	1.5～2.0	5
拉伸模量/MPa	3200	3200	2100～4500
压缩强度/MPa	110	88～110	92～190
弯曲强度/MPa	130	78～120	60～120

5.1.1　环氧树脂基复合材料

5.1.1.1　概述

环氧树脂是指分子中含有两个或两个以上环氧基团的线型有机高分子化合物,它可与多种类型的固化剂发生交联反应形成具有不溶不熔性质的三维网状聚合物。环氧树脂具有黏结性强、力学性能优良、耐化学药品性和耐气候性好以及电绝缘、尺寸稳定等特点。

环氧树脂种类繁多,用量最大,是最常用的基体树脂之一。按分子结构其可分为缩水甘油醚、缩水甘油酯、缩水甘油胺、线型脂肪族和脂环族五类。上述几种类型环氧树脂中,复合材料中使用量最大的是缩水甘油醚类环氧树脂,其中又以双酚A型环氧树脂为主。表5-2为几种常用的双酚A型环氧树脂牌号及物理性能。

表5-2　几种常用的双酚A型环氧树脂牌号及物理性能

统一牌号	原牌号	平均分子量	环氧值	软化温度/℃
E51	618	350~400	0.48~0.54	—
E44	6101	450	0.40~0.47	14~22
E42	634	—	0.38~0.45	21~27
E20	601	900~1000	0.18~0.22	64~76
E12	604	1400	0.09~0.15	85~96

环氧树脂性能优异,因此其用量大、使用广泛,其主要特点如下:

(1)适应性强。环氧树脂的种类较多,固化剂的类型也很广泛,并且与很多改性剂体系混用,因而配方选择灵活,性能可以在很大范围内调节,几乎可以适应各种应用提出的要求。

(2)挥发性低。环氧树脂在固化过程中不产生挥发性副产物。

(3)成形收缩率低。环氧树脂在液态时就有高度缔合,固化是直接通过加成反应进行的,在固化过程中没有低分子挥发物产生,所以收缩性小。未改性的环氧树脂体系的固化收缩率小于2%,是常用热固性树脂中最低的,有助于使构件获得比较高的尺寸精度。

(4)高黏结力。环氧树脂中含有极性羟基、醚键以及反应活性很高的环氧基团,因此对各种物质均具有很高的黏结力,环氧树脂固化时的低收缩率也有助于形成强韧的、内应力较小的黏合键。

(5)良好的耐化学性。环氧树脂一般不含碱、盐等能导致环氧基团固化反应的组分,储存期长达1年以上。固化后的环氧树脂体系不易受碱的侵蚀,并且极耐酸,对大部分溶剂也有很好的稳定性。

(6)优异的工艺性。环氧树脂体系均可在室温或者不太高的温度下操作,铺覆性好、树脂黏度适中、流动性好、加工范围宽,适用于多种成形工艺。

环氧树脂的主要缺点是脆性和吸湿性能下降,此外,环氧树脂的加工或固化比聚酯树脂慢,其价格也高于聚酯树脂。

5.1.1.2 玄武岩纤维增强环氧树脂基复合材料力学性能

玄武岩纤维是采用在许多方面类似于玻璃纤维拉丝的连续方法制造而成,自玄武岩纤维出现之初,其就被拿来与玻璃纤维做比较[1-3]。玄武岩纤维/环氧树脂复合材料与无碱玻璃纤维、S-2 玻璃纤维增强环氧树脂复合材料力学性能比较如表 5-3 所列。结果表明,玄武岩纤维增强环氧树脂复合材料单向板或层合板拉伸强度或弯曲强度低于高强玻璃纤维增强环氧树脂复合材料,与无碱玻璃纤维增强环氧树脂复合材料相当。在模量方面,玄武岩纤维增强环氧树脂复合材料明显优于高强玻璃纤维和无碱玻璃纤维增强环氧树脂复合材料。

表 5-3 各种纤维增强环氧树脂基复合材料的力学性能

复合材料类型	密度 /(g/cm^3)	拉伸强度 /MPa	拉伸模量 /GPa	弯曲强度 /MPa	弯曲模量 /GPa
E 玻璃纤维单向板	1.94	1380	51.7	—	—
S 玻璃纤维单向板	1.94	2070	51.7	1520	—
BF 单向板	1.80~1.95	1100~1400	88~100	800~800	—
E 玻璃纤维层合板	1.80~1.90	320~520	23~26	519	26.1
S 玻璃纤维层合板	1.90	600	—	830	28.8
BF 层合板	1.80	430	39	560	43

不同固化体系的玄武岩纤维/环氧树脂复合材料单向层合板性能如表 5-4 所列。从表可以看出,采用环氧树脂/芳香胺体系作为玄武岩纤维复合材料的基体,玄武岩纤维增强复合材料 0°单向板拉伸强度、模量略高于环氧树脂/双氰胺体系,对于 90°板则影响不大,说明以芳香胺固化的树脂与玄武岩纤维的匹配性更好,更有利于玄武岩纤维复合材料性能的发挥。

表 5-4 不同固化体系的玄武岩纤维/环氧树脂复合材料单向层合板性能

树脂体系	拉伸强度/MPa	拉伸模量/GPa
环氧树脂/双氰胺(0°)	1450	45.22
环氧树脂/双氰胺(90°)	43.2	11.5
环氧树脂/芳香胺(0°)	1540	52.8
环氧树脂/芳香胺(90°)	41.2	12.4

不同干湿状态下玄武岩纤维单向板性能如表 5-5 所列。在湿度相同的情况下,温度对玄武岩纤维复合材料单向板的力学性能影响不大;而在同一温度下,湿度对玄武岩纤维复合材料单向板的力学性能则有较大的影响,湿度越大,

复合材料单向板的拉伸性能越低。

表5－5 不同干湿状态下玄武岩纤维单向板性能

温度/℃	湿度	拉伸强度/MPa	拉伸模量/GPa	弯曲强度/MPa	弯曲模量/GPa	层间剪切强度/MPa
25±2	93±3	1290	50.55	1600	52.48	92.08
60±2	93±3	1310	52.73	1520	48.32	97.05
25±2	50±3	1540	52.8	1370	40.3	87.30

利用玄武岩纤维平纹织物，采用预浸料铺层热压和真空灌注成型工艺制备的玄武岩纤维织物复合材料层合板，其中预浸料铺层热压层合板工艺选用了适合于预浸料制备的中温固化环氧树脂/双氰胺树脂体系，真空灌注成型工艺采用了低黏度适合于真空灌注的常温固化环氧树脂/脂肪胺树脂体系，两种工艺成型的复合材料层合板性能如表5－6所列。从表可以看出，模压成型的玄武岩纤维复合材料层合板性能均优于真空灌注成型工艺。这主要是因为热压成型的层合板致密性、制品纤维含量较高所致。

表5－6 不同成型工艺的玄武岩纤维层合板力学性能

成型工艺	拉伸强度/MPa	拉伸模量/GPa	弯曲强度/MPa	弯曲模量/GPa
模压成型	529	32.8	709	31.8
真空导入成型	436	31.2	588	29.6

5.1.1.3 玄武岩纤维增强环氧树脂基复合材料耐环境性

材料在使用过程中，抵抗各种环境因素及其他有害物质的长期作用，并保持其原有性能的性质称为耐久性，它体现了材料的一种综合性能，如抗冻性、抗化学腐蚀性[4]、疲劳性能、抗风化性、抗渗及耐磨性能[5]等。

将玄武岩纤维增强环氧树脂复合材料（BFRP）片材浸泡在不同温度下的蒸馏水和碱溶液中，片材的强度都随浸泡时间的延长而下降，并且碱溶液中强度下降更为严重。在浸泡初期，各种温度环境下材料强度下降比较快，随后慢慢趋于平缓，最终趋于一稳定值。玄武岩纤维/环氧树脂复合材料的吸湿越快，材料强度下降越多。温度升高，材料强度下降的速率也快，最终下降值也越多。在蒸馏水中，材料在80℃的温度作用下浸泡一个月的时间，其强度下降50%。在80℃的蒸馏水浸泡的试样，吸湿后期材料降解导致重量损失的速率大于其吸湿速率，材料总重量下降，其强度也不断下降。

在碱溶液环境下浸泡的BFRP片材，虽然和蒸馏水浸泡的试样有相同的强度下降趋势，但其下降的程度比蒸馏水中严重。在不到半个月的时间里，80℃作用下，材料强度下降50%。碱对BFRP复合材料的吸湿性能有重要作用，从而影响其力学性能的变化。将 BFRP 片材浸泡在各温度环境下的蒸馏水和碱溶液中,水分和碱的侵入将导致其拉伸性能改变。碱会促进材料的基体材料发生水解反应,并破坏纤维的界面。水使基体材料溶胀和塑化,导致纤维/树脂界面开裂,从而树脂不能有效地传递应力,纤维受拉时不能协同作用,其力学性能下降。

BFRP 复合材料的拉伸强度随温度升高而下降。BFRP 复合材料在高温中的力学性能变化规律可以用玻璃化温度来解释。当树脂基体温度低于玻璃化温度(如 50℃)时,聚合物处在玻璃态,高分子具有较高的模量和强度,可以有效传递纤维之间的应力,纤维束能协同受力,复合材料表现出较高的力学性能;当材料温度高于玻璃化温度(>82℃)时,树脂基体开始由玻璃态转变为黏弹态,高分子链段甚至整个高分子都将开始运动,树脂表现为低模量与大变形,不能有效传递纤维间的应力,复合材料的拉伸强度迅速下降。

BFRP 片材在高温中的重量损失主要来自环氧树脂基体,纤维的重量变化可以忽略不计。由于环氧树脂在常温固化后没有完全达到固化状态,其在高温中的重量损失可以归结为两条途径:一是未固化树脂在高温中挥发所致;二是小分子链段从高分子链段上脱离开并挥发。第一种途径主要发生在高温处理初期,而第二种途径发生在长期高温处理时。

BFRP 复合材料在高温中的重量损失主要是因为环氧树脂基体在高温中发生了热降解,高温处理时有烟尘冒出。有文献指出,当温度超过玻璃化温度后,树脂基体将软化或者降解,产生裂纹或者脱层。在 200℃的高温下处理 FRP34 天,发现纤维表面的树脂变得稀少,纤维与树脂脱离,说明树脂与纤维黏结力变得很差,而未在高温中处理的试样纤维表面被树脂完整包裹。用红外光谱分析法得出,FRP 的环氧树脂基体发生了热降解和氧化反应。所以,在高温处理后,树脂的降解是影响 FRP 性能的主要因素。在实际使用中,采用一定的隔热措施和隔绝氧气的保护措施有利于提高 FRP 的高温后性能。

5.1.1.4 改性环氧树脂基复合材料

纳米复合材料可以降低聚合物复合材料对侵蚀性物质的渗透性,提高复合材料的耐久性,并可以提高复合材料的力学性能、热性能以及冲击性能,因此,近年来人们对此研究得越来越多。纳米复合材料这种性能的提高主要是由于它们独特的结构形态和改进的界面情况。树脂基体常常被有机化的纳米粒子改性,从而使纳米复合材料呈现出较好的力学性能、热性能和防火性能,因此,纳米粒子受到人们的关注。纳米粒子的成本较低且容易生产,其不仅有较高的比表面积,而且具有小尺寸稳定性,与树脂基体间可以形成强烈的界面引力,因而可以改进复合材料的强度、刚度和耐热性能等[6-8]。

纳米对有机树脂的改性最重要的是粒子的分散问题。有机化的纳米粒子分散到环氧树脂材料中后,在纳米复合材料结构中会观察到三种完全不同的形态,分别为相分离形态、插层形态和剥离形态。其中,在改善材料性能方面,插层和剥离形态比较好。相分离形态中,由于纳米粒子间具有强大的表面吸引力,从而粒子间出现团聚,不能彼此分开,粒子在环氧树脂中的分散性较差,改性效果不理想。

利用纳米蒙脱土对环氧树脂进行改性处理,随着有机蒙脱土含量的增加,BFRP纳米复合材料的拉伸强度呈现先增加后降低趋势,这与树脂复合材料的拉伸强度变化趋势相同。尽管拉伸强度是纤维起主导作用的性能指标,但是树脂基体对复合材料的性能指标也有一定的影响。因此纤维增强复合材料的拉伸性能的提高一方面是由于树脂基体性能的改进;另一方面是因为树脂和纤维独特的界面形式。因为蒙脱土具有较高的强度、刚度和比表面积,与树脂基体形成插层型结构后,增大了界面接触面积,界面黏结力也增大,可以提高BFRP复合材料的拉伸强度。

5.1.1.5　玄武岩纤维增强环氧树脂基复合材料的应用

用连续玄武岩纤维制成的单向增强复合材料在强度方面与E玻璃纤维相当,但弹性模量在各种纤维中具有明显优势[9-11]。用连续玄武岩纤维制成的层合板也有类似结果。研究表明,无论是对于非表面处理纤维,还是有机硅处理剂处理过的纤维,玄武岩纤维与环氧树脂的黏合强度都要高于E玻璃纤维与相同环氧树脂的黏合强度。玄武岩纤维/环氧复合材料的研究指出,玄武岩纤维具有良好的增强效应。连续玄武岩纤维增强材料所具有的这种性能,可以用它制作在高压、化学及热应力环境下长期使用的形状复杂的容器。用玄武岩纤维缠绕环氧树脂的复合管材可用于输送石油、天然气、冷热水、化学腐蚀液体、散料的管道,电缆管道,低压和高压钢瓶和出油管等。以石油管道为例,玄武岩纤维管道施工投产后,连续使用期限为80年。同时,玄武岩纤维具有优良的耐高温性,可以用作压机缓冲垫、冷藏或气体液体槽罐的隔热材料、高温净化过滤材料。表5-7为玄武岩纤维/环氧树脂复合材料石油油管和套管性能数据,图5-1为俄罗斯已产业化的玄武岩纤维石油油管和套管。

表5-7　玄武岩纤维/环氧树脂复合材料石油油管和套管性能数据

序号	管道类型	内径/mm	壁厚/mm	最大承压/MPa	线重/(kg/m)
1	油管	50	3.5	10	1.07
2	油管	50	5.5	15	1.74
3	油管	50	7.0	20	2.27
4	油管	62	4.0	10	1.50
5	油管	62	5.5	15	2.12
6	油管	62	8.0	20	3.19
7	油管	80	5.0	10	2.42

（续）

序号	管道类型	内径/mm	壁厚/mm	最大承压/MPa	线重/(kg/m)
8	油管	80	7.5	15	3.72
9	套管	100	10.5	18	6.88
10	套管	122	13.0	18	10.00
11	套管	150	15.5	18	14.58

(a)　　(b)

图5-1　玄武岩纤维石油套管和油管

(a)玄武岩纤维石油套管;(b)玄武岩纤维石油油管。

另外,玄武岩纤维还具有良好的介电性能。它的体积电阻率比E玻璃纤维高一个数量级,如前所述,玄武岩纤维中含有质量分数不到0.2的导电氧化物,利用玄武岩纤维的这一介电特性及其吸湿率低和耐温的特性,可以制成高质量的多层印制电路板的覆箔板。因为无线电通信传输技术和大型电子计算机信息处理技术的高速化,不但要求在高频带工作的基板要有较小的介电常数与介质损耗因数,而且要求高频带的介电性能对温度的变化率和频率的变化率很小,基板的玻璃化温度、耐热性(希望先进的线路板耐热高达270℃左右)、可靠性、厚度的均匀性要高,热膨胀系数、吸水率要低,以满足当代印制电路板对覆箔板在特性阻抗高精度控制性、高频特性、高可靠性、高稳定性和绿色环保特性等性能的要求。表5-8的数据显示出用玄武岩纤维制作层合板的性能较E玻璃纤维层合板有明显的提高,特别是介电性能及化学稳定性。现在一般认为,介电性能提高的原因在于玄武岩玻璃中Fe^{2+}和Fe^{3+}的比率,以及纤维表面的形态在界面与树脂和黏结剂的相互作用,这也是单向增强复合材料弹性模量提高的主要原因。

表5-8　玄武岩纤维与E玻璃纤维增强环氧树脂覆箔板性能比较

性能	E玻璃纤维	玄武岩纤维
拉伸强度/MPa	430	430
弯曲强度/MPa	540	560
抗压强度/MPa	400	440
表面电阻率/(Ω·cm)	1×10^{10}	5×10^{11}
体积电阻率/(Ω·cm)	1×10^{10}	5×10^{11}
介电损失角正切	0.035	0.020
介电常数/MHz	5.5	5.5
铜箔剥离强度/(N·3mm)	60	120
吸水性/mg	20	7
燃烧时间/s	10	2

采用玄武岩纤维/648环氧树脂作为复合材料结构的军用飞机进气道外侧壁，其下部是火炮出口，振动冲击力很大，要求复合材料有很好的韧性，使用纯碳纤维有它的不足。而玄武岩纤维的断裂伸长率大大高于碳纤维，且可充分利用玄武岩纤维的抗热振稳定性。在民品的机电工业，玄武岩纤维聚合物基复合材料是优良的绝缘材料，用它制造仪器仪表、电动机及各种电器中的附件（如齿轮、轴承、密封件等），不仅可以减轻自身重量和提高其可靠性，而且可以延长其使用寿命。

玄武岩纤维具有良好的增强效应。单纤维拔丝实验表明，CBF与环氧聚合物的黏合能力高于E玻璃纤维，而且在CBF经硅烷偶联剂处理后其黏合能力还会进一步提高，因此，玄武岩纤维可以代替即将禁用的石棉来作为耐高温结构复合材料、橡胶技术制品等增强材料，也可用于制作制动器、离合器等摩擦片的增强材料。另外，CBF还是碳纤维的低价替代品，具有一系列优异性能。尤为重要的是，由于它取自天然矿石而无任何添加剂，是目前为止唯一无环境污染、不致癌的绿色健康玻璃质纤维产品。所以玄武岩纤维在复合材料增强领域的应用，已引起广泛重视并将快速发展。

5.1.2　酚醛树脂基复合材料

用酚类化合物与醛类化合物缩聚而成的树脂统称为酚醛树脂。酚醛树脂是最早人工合成的聚合物，也是最早实现工业化生产的热固性树脂。通过控制原料中苯酚和甲醛的摩尔比以及反应体系的pH值，可以合成两种性质不同的酚醛树脂：含有羟甲基结构、可以自固化的热固性酚醛树脂和酚基与亚甲基连接、不带羟甲基反应官能团的热塑性酚醛树脂。

热固性酚醛树脂是苯酚与甲醛（过量）在碱性或酸性介质中进行缩聚，生成的可熔性热固性酚醛树脂。由于甲醛用量增多,体系中含有一定量的羟甲基成分,因此热固性酚醛树脂可以通过自身加热生产不溶不熔的固化产物。

热固性酚醛树脂的固化原理非常复杂,一般分为两个固化阶段:在低温固化阶段,主要的固化反应以生成次甲基键和醚键为主,同时脱去水;在高温固化阶段,主要是不稳定的醚键分解,同时生成更多的次甲基键和次甲基苯醌。缩聚反应是两阶段的主要反应。图 5 - 2 为酚醛树脂典型固化工艺流程,分别为 110℃保温 1.5h 和 160℃保温 3h,且两个阶段的固化均在 5MPa 的压力下进行。*AB* 段,纤维预制体从 90℃向 110℃快速升温;*BC* 段,酚醛树脂的第一个固化阶段,在 *B* 点处加载 5MPa 压力,保温保压 1.5h;*CD* 段,系统从 *C* 点开始向 160℃升温(*D* 点);*DE* 段,酚醛树脂的第二个固化阶段,加载压力 5MPa,保温 3h;从 *E* 点开始,保持 5MPa 压力下,系统开始自然冷却至室温。该固化工艺能够保证所使用的酚醛树脂充分交联固化,形成不溶不熔的体型交联聚合物。

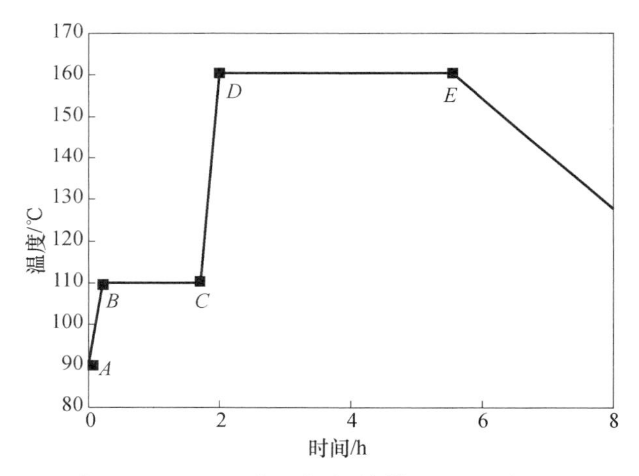

图 5 - 2　酚醛树脂复合材料固化工艺流程

5.1.2.1　酚醛树脂基复合材料力学性能

酚醛树脂含量对玄武岩纤维增强复合材料拉伸性能的影响见图 5 - 3。从图中可以看出,随着酚醛树脂含量的增加,拉伸强度逐渐升高,酚醛树脂含量为 36%(体积分数)时,拉伸强度达到最高值,为 236MPa,酚醛树脂含量进一步增加,拉伸强度开始下降。玄武岩纤维/酚醛复合材料的拉伸强度与酚醛树脂基体、纤维/基体界面黏结强度及纤维的性能有关。酚醛树脂含量少,复合材料拉伸强度低,是由于缺胶导致纤维层间黏结不均匀,树脂没有完全浸润纤维,受到拉力时容易从黏结薄弱处断裂;酚醛树脂含量超过 36% 时,起主要增强支撑作用的玄武岩纤维含量较低,而且由于基体自身强度较低,富胶也会产生薄弱区域,从而使拉伸强度下降。

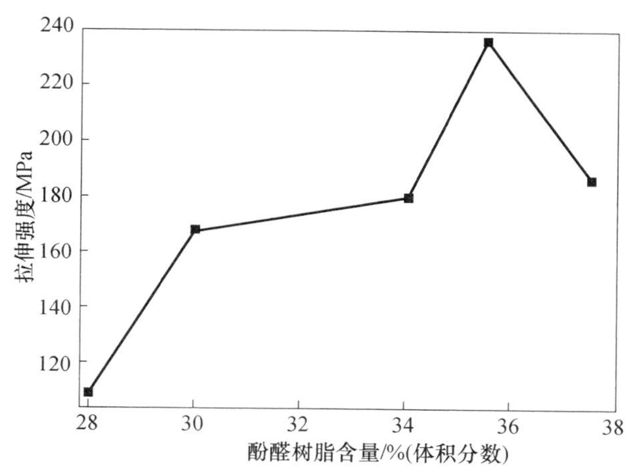

图5-3　酚醛树脂体积分数与玄武岩纤维增强复合材料拉伸强度关系曲线

酚醛树脂含量对复合材料压缩性能的影响见图5-4,从图中可以看出,树脂体积分数为36%时复合材料压缩强度最高,为164.8MPa。复合材料试片压缩破坏形式有基体屈服开裂、纤维压断、11.5°~14.5°小角度剪切破坏等现象,破坏形式间互相引发、扩展,直至破坏。酚醛树脂基体的性能对复合材料的压缩性能有较大的影响:基体受压失稳屈服,出现微小裂纹;裂纹扩展的同时纤维受压失稳、压断;随着压力增加,断口滑移,复合材料整体破坏。压缩测试过程中没有出现沿纵向劈裂(分层)破坏,说明基体强度高、纤维与基体间界面性能好。

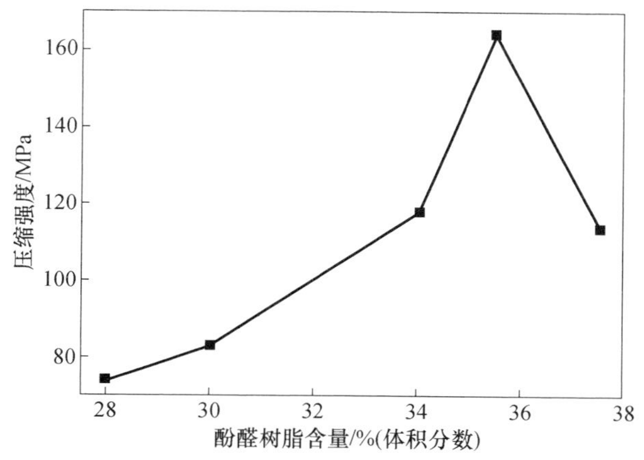

图5-4　酚醛树脂体积分数与玄武岩纤维增强复合材料压缩强度关系曲线

酚醛树脂含量对复合材料的层间剪切强度影响见图 5－5，玄武岩纤维复合材料层间剪切强度主要取决于基体和界面的性能，纤维性能也有一定的影响，层间剪切破坏主要是由纤维脱黏破坏引起的。表面能高的玄武岩纤维与酚醛基体间界面黏附性能好，随着树脂在复合材料中所占比例增加，纤维浸润程度增加，复合材料内部缺陷减少，纤维与基体间界面数增加，剪切强度呈上升趋势；树脂含量为 36%（体积分数）时，复合材料的层间剪切强度达到极大值，为 22MPa；树脂含量进一步增加，起到强度支撑作用的纤维比例减少，集中承载剪切应力作用，即剪切应力作用密度增加，层间剪切强度随之下降。

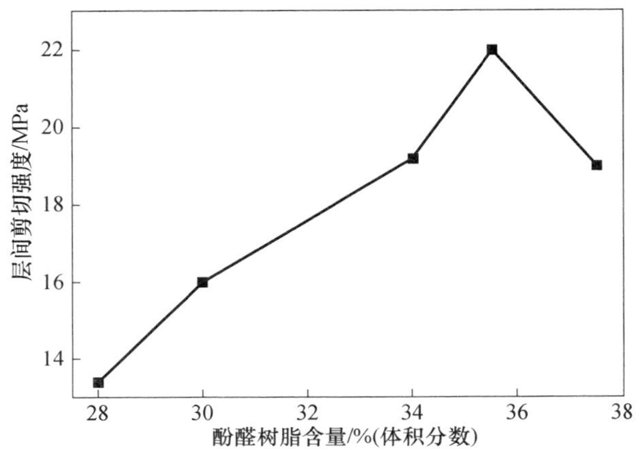

图 5－5　酚醛树脂体积分数与玄武岩纤维增强复合材料层剪强度关系曲线

5.1.2.2　改性酚醛树脂基复合材料性能

酚醛树脂固化后依靠其芳香环结构和高交联密度的特点而具有优良的耐热性。酚醛树脂在 200℃以下基本是稳定的，一般可在不超过 180℃条件下长期使用。酚醛树脂交联网状结构有高达 80% 左右的理论含碳率，在无氧气氛下的高温热解残碳率通常在 55% ～75% 之间。酚醛树脂在更高温度下热降解时吸收大量的热能，同时形成具有隔热作用的较高强度的炭化层。因此酚醛树脂为基体树脂制造的耐高温防热烧蚀材料在航空航天等国防尖端技术领域获得了广泛的应用。但酚醛树脂脆性大、吸水率高且缩聚固化后会产生小分子挥发物等缺点，使得其难以满足更高的力学和耐烧蚀性能要求。因此酚醛树脂的改性研究一直是耐烧蚀树脂基体的主要研究方向。常用改性酚醛树脂主要有三类：①无机元素改性酚醛树脂，如硼酚醛树脂、钼酚醛树脂、磷酚醛树脂等；②结构改性酚醛树脂，如有机硅改性酚醛树脂、酚三嗪树脂、马来酰亚胺改性酚醛树脂等；③共混改性酚醛树脂，如 DA 改性剂改性酚醛树脂、纳米材料改性酚醛树脂等。

采用无机纳米粒子对酚醛树脂进行改性是较为简单易行,同时具有较好效果的方法。纳米 ZrC 经偶联剂 KH560 处理后改性酚醛树脂,制备的玄武岩织物复合材料力学性能如图 5 -6 所示。由图 5 -6(a)可以看出,改性后复合材料的层间剪切强度有一定程度的提高。当纳米 ZrC 添加量为 1% 时,复合材料的层间剪切强度为 20.13MPa,与未改性试样相比,提高了 23.4% 。改性后复合材料的弯曲强度如图 5 -6(b)所示,除了添加量为 0.5% 时有所降低出现异常,添加量为 1% 和 2% 时,均有提高。其中添加量为 1% 时,弯曲强度值最大,为 265.60MPa,与未改性复合材料相比,提高了 19.8% 。由此可见,纳米 ZrC 表面处理后,对酚醛树脂进行改性,明显改善了复合材料的力学性能,其中在纳米 ZrC 添加量为 1% 时,性能最优。这是因为纳米 ZrC 经偶联剂改性后,表面成功接枝带有极性官能团的有机分子,纳米 ZrC 粒子在树脂体系中的稳定性和与树脂的相容性提高,从而有效提高了树脂与纤维间的界面强度。

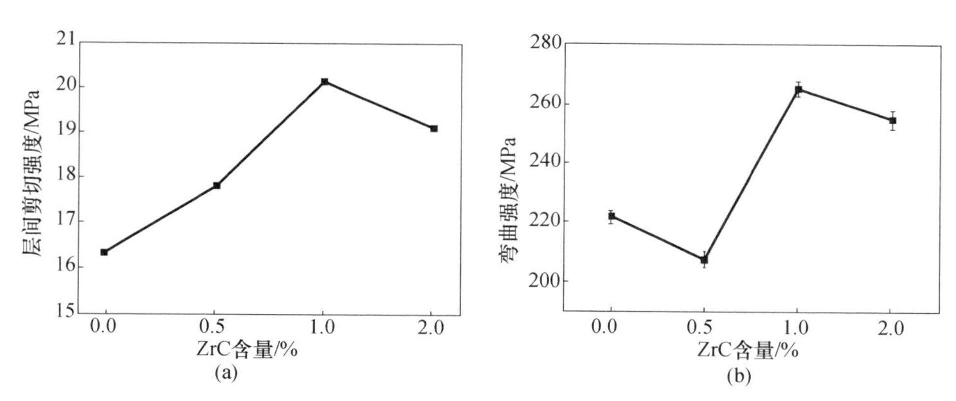

图 5 -6　ZrC 改性酚醛树脂复合材料力学性能

(a)层间剪切强度;(b)弯曲强度。

不同含量氧化石墨烯改性酚醛树脂,玄武岩纤维织物复合材料的力学性能如图 5 -7 所示。图 5 -7(a)为氧化石墨烯含量对酚醛树脂织物复合材料层间剪切强度的影响,由图可见,氧化石墨烯的加入,大幅提高了复合材料的层间剪切强度。未改性复合材料的层间剪切强度为 16.31MPa,在氧化石墨烯添加量为 1% 时,改性复合材料层间剪切强度达到最大值,为 20.78MPa,比未改性复合材料层间剪切强度提高 27.4% 。与纳米 ZrC 改性复合材料相比,氧化石墨烯改性的复合材料层间剪切强度强度更高。这可能是因为氧化石墨烯表面活性含氧有机官能团更多,其与酚醛树脂具有更好的相容性,同时其表面含氧官能团与玄武岩纤维表面官能团发生化学键合作用,从而界面强度有所提高。

氧化石墨烯改性酚醛树脂复合材料弯曲强度如图 5 -7(b)所示。复合材料弯曲强度由未改性的221.56MPa提高至1%氧化石墨烯改性后复合材料的296.81MPa,提高幅度为34.0%。

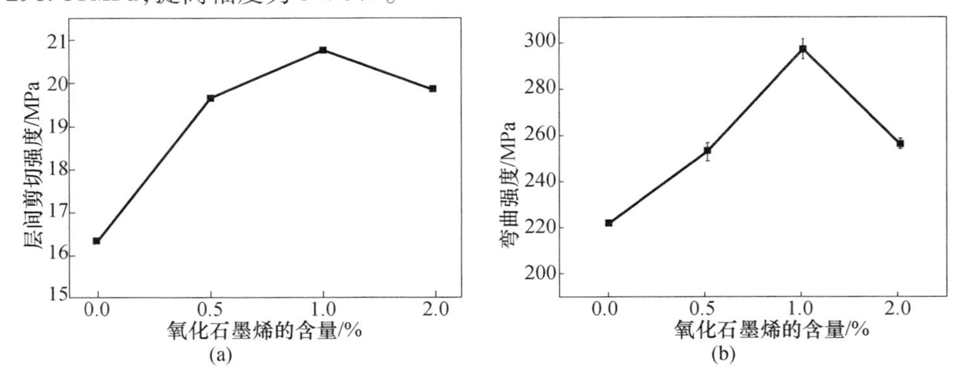

图5-7 氧化石墨烯含量对复合材料力学性能的影响

(a)层间剪切强度;(b)弯曲强度。

5.1.2.3 酚醛树脂基复合材料耐高温性能

不同温度处理后,复合材料的力学性能如图5-8所示。由图5-8(a)可以看出,随着烧蚀温度的提高,复合材料的层间剪切强度呈现大幅降低趋势,层间剪切强度由原始的20.13MPa降低至400℃处理后的13.50MPa。与未改性复合材料相比,不同温度处理的纳米ZrC改性后复合材料层间剪切强度均有所提高,但在较高烧蚀温度时,两者间的差异较小。说明纳米ZrC粒子的加入,不仅提高了复合材料室温层间剪切强度,而且在一定程度上提高了复合材料的耐高温性能。不同温度处理后,复合材料的弯曲强度如图5-8(b)所示。纳米ZrC改性复合材料的弯曲强度随处理温度的升高而降低,在高温处理后,其弯曲强度与未改性复合材料的性能差异不明显。未改性复合材料在高温烧蚀处理后,性能波动比较大,这可能与烧蚀处理过程中材料受热不均匀有一定关系。

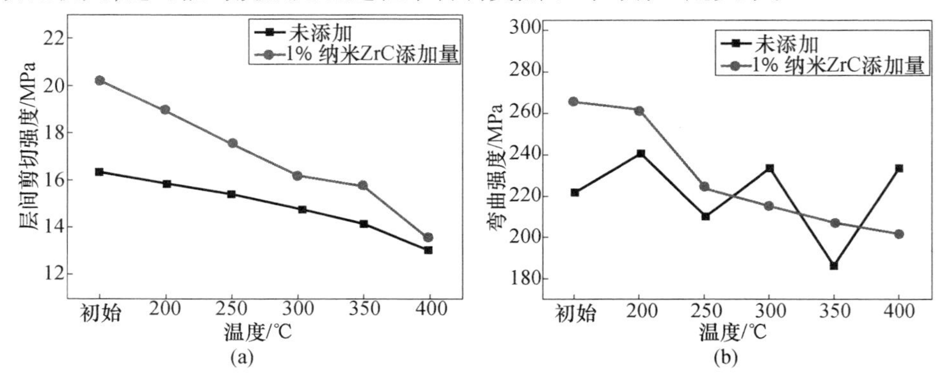

图5-8 高温处理对纳米ZrC改性酚醛树脂复合材料力学性能的影响

(a)层间剪切强度;(b)弯曲强度。

氧化石墨烯含量为1%时,高温处理温度对改性酚醛树脂复合材料性能的影响如图5-9所示。图5-9(a)为烧蚀温度对复合材料层间剪切强度的影响,从中可以看出,随着处理温度的提高,复合材料层间剪切强度降低,由未处理时的20.78MPa降低至400℃处理后的17.3MPa。在不同烧蚀温度处理后,氧化石墨烯改性复合材料的层间剪切强度明显高于未改性复合材料。

烧蚀温度对氧化石墨烯改性复合材料弯曲强度的影响如图5-9(b)所示。由图可见,在处理温度为250℃时,改性复合材料的弯曲强度由未处理时的296MPa降低至234MPa。随着处理温度进一步提高至400℃,弯曲强度没有明显的变化。在不同温度处理后,改性复合材料的弯曲强度均大于未改性复合材料。由此可见,氧化石墨烯改性处理,有效提高了复合材料的耐高温性能。

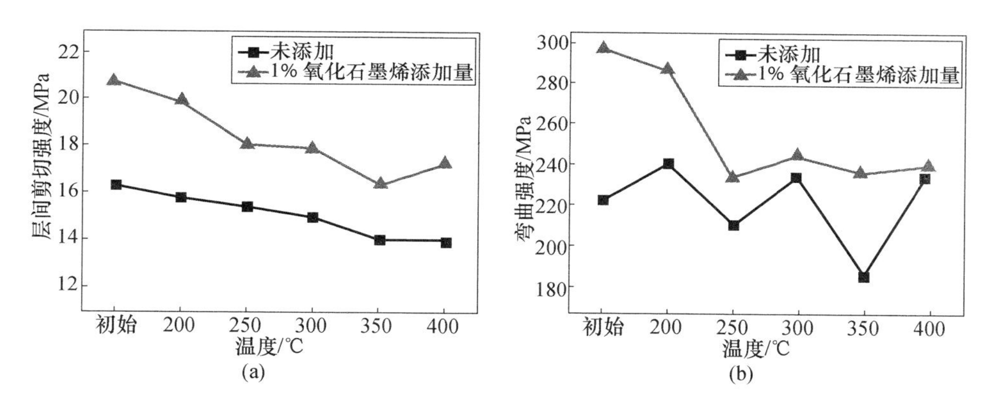

图5-9 高温处理对氧化石墨烯改性酚醛树脂织物复合材料力学性能的影响
(a)层间剪切强度;(b)弯曲强度。

5.1.2.4 酚醛树脂基复合材料耐烧蚀性能

自从20世纪50年代美国、苏联首次将酚醛树脂用作烧蚀复合材料基体以来,酚醛树脂一直是烧蚀复合材料的主要基体树脂。尽管50多年来出现了聚酰亚胺、聚苯并咪唑、聚芳基乙炔等新的基体树脂,但酚醛树脂在低成本烧蚀复合材料方面仍不可替代,在烧蚀复合材料未来几十年的发展中仍将扮演重要角色。传统酚醛树脂存在脆性大、残碳率低等缺点,为了克服传统酚醛树脂存在的这些缺点,进一步提高耐热性能和耐烧蚀性能,国内外对酚醛树脂进行了大量改性工作,研究开发出钨酚醛树脂、硼酚醛树脂、高残碳酚醛、S-157酚醛树脂等,其中多数具有较好的耐热、耐烧蚀性能。

图5-10为不同树脂体积分数的玄武岩纤维/酚醛树脂复合材料烧蚀性能。玄武岩纤维/酚醛复合材料在氧乙炔焰烧蚀和气流冲刷作用下,玄武岩纤维吸收

热能达到熔融温度后变成流体乃至蒸发变成气体，以熔融和蒸发为分散热能主要方式，酚醛树脂基体则以炭化升华来分散热能，对热能的耗散能力好于增强体纤维。从图中可以看出，随着树脂体积分数的增加，吸热能力增加，氧乙炔线烧蚀率和质量烧蚀率逐渐降低，当树脂体积分数达到36%时，氧乙炔线烧蚀率和质量烧蚀率为最小值，分别为0.17mm/s和0.07g/s，树脂含量进一步升高，纤维的骨架支撑作用消弱，氧乙炔线烧蚀率和质量烧蚀率都呈上升趋势。综合线烧蚀率和质量烧蚀率数值可以得出，树脂含量为36%时复合材料的烧蚀性能最佳。

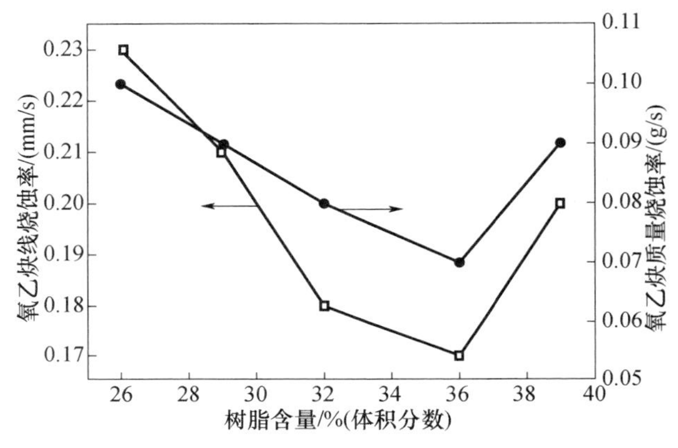

图5-10　复合材料氧乙炔线烧蚀率和质量烧蚀率与树脂体积分数的关系

图5-11为不同酚醛树脂体积分数复合材料烧蚀试样图片和烧蚀面及断面扫描电镜图片。从图中可以看到：玄武岩纤维熔融流动并在气流冲刷下向烧蚀中心区四周流淌，在表面张力作用下聚集成不规则球状物，复合材料试片在烧蚀中心留下明显的烧蚀凹坑；基体在高温热流冲刷后已经严重炭化，呈蜂窝状脆性固体继续存在于纤维之间，切割试样过程中在外力作用下滑脱粉碎，很容易失去。

碳纤维/酚醛复合材料是一种常用的抗烧蚀材料，碳纤维/酚醛和玄武岩纤维/酚醛复合材料综合性能比较如表5-9所列。从表中可以看出：玄武岩纤维/酚醛复合材料具有比碳纤维/酚醛复合材料更低的导热系数和更低的试件背面温升；由于玄武岩纤维与酚醛基体间的界面性能好于碳纤维，玄武岩纤维的压缩和层间剪切强度明显优于碳纤维；碳纤维的强度好于玄武岩纤维，这在拉伸强度性能上也有体现；碳纤维主要依赖升华热分散热能，其散热能力远远高于以熔融和蒸发为主要散热方式的玄武岩纤维，所以前者氧乙炔线烧蚀率和质量烧蚀率低于后者。

图5-11　不同酚醛树脂体积分数复合材料烧蚀试样图片
(a)28%;(b)30%;(c)34%;(d)36%;(e)37.5%。

表5-9　玄武岩纤维/酚醛与碳纤维/酚醛复合材料综合性能比较

试样种类	导热系数/(W/(m·K))	线烧蚀率/(mm/s)	质量烧蚀率/(g/s)	拉伸强度/MPa	压缩强度/MPa	层间剪切强度/MPa
玄武岩纤维/酚醛	0.5	0.17	0.07	236	164	22.8
碳纤维/酚醛	0.9	0.03	0.04	300	90	20

酚醛树脂类型也是影响复合材料烧蚀性能的重要因素之一,表5-10为不同类型酚醛树脂的烧蚀性能。无论是质量烧蚀率,还是线烧蚀率,硼酚醛的烧蚀性能均好于氨酚醛,其中THC-800最好,THC-400次之(但相差不大),氨酚醛最差。THC-800优于THC-400,造成这一情况的主要原因为THC-800酚醛树脂分子量高,小分子量杂质较少。

表5-10　不同类型酚醛树脂复合材料的烧蚀性能

酚醛树脂类型	线烧蚀率/(mm/s)	质量烧蚀率/(g/s)	烧蚀时间/s
THC-400 硼酚醛	0.242	0.1160	20s
THC-800 硼酚醛	0.227	0.1078	
氨酚醛树脂	0.286	0.1586	

玄武岩纤维/酚醛树脂复合材料的氧-乙炔烧蚀过程是一个复杂的物理化学过程，它与很多因素有关，而且各种因素之间存在复杂的影响关系。目前，普遍认为酚醛树脂烧蚀复合材料的烧蚀过程包含材料吸热，基体树脂分解，增强材料的熔化、升华以及高温气流冲蚀等。

1. 酚醛树脂基体分解及碳层的生成

在烧蚀初始阶段，热量达不到酚醛树脂的分解温度，复合材料开始吸热，热量以复合材料热容的形式储存起来。当温度达到酚醛树脂的分解温度时，酚醛树脂开始分解，玄武岩纤维仍然在吸收热量。一般聚合物的分解首先从主链上的侧基裂解，进而主链上的化学键开始断裂，聚合物内部存在着侧基裂解与主链断裂两个竞争反应。如果主链断裂的反应占主要优势，那么聚合物主要通过分解来吸收热量；如果侧基裂解的反应占主要优势，那么聚合物原来的链结构将以碳的形式保留下来。在硼酚醛树脂中，无机B元素以B—O—C酯键的形式存在，而B—O键能(774.04kJ/mol)远大于C—C键能(334.72kJ/mol)，此外，体系中的游离酚羟基减少使酚醛树脂的热分解温度提高100~140℃。同时B—O—C酯键以三向交联结构存在，高温烧蚀时本体黏度大，且生成了坚硬高熔点的碳化硼，形成的碳化层具有高辐射率，所以高温燃气流带来的大量热量被辐射掉，延缓了材料的烧蚀进度，使得瞬时耐高温碳化层的耐冲蚀、烧蚀速率比普通酚醛树脂好。

2. 玄武岩纤维的熔化、升华

在酚醛树脂侧基分解的同时，温度达到1400℃左右，玄武岩纤维开始熔化，在复合材料表面形成一层黏膜，阻止了高温气流向复合材料内部的侵蚀。随着温度的升高，一部分熔化后黏膜在高温气流作用下吹刮成球状，在这方面氨酚醛树脂表现最为明显，如图5-12(a)所示。而硼酚醛树脂形成的碳化硼层致密、

(a)

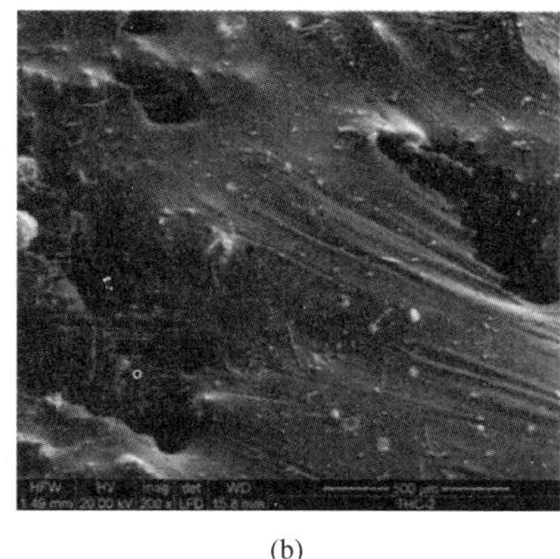

(b)

图5-12　玄武岩纤维/酚醛树脂复合材料烧蚀形貌

(a)氨酚醛树脂；(b)THC-800硼酚醛树脂。

坚硬,黏膜形成后紧密附着于碳化层,使得其对内部的保护作用更好,如图5-12(b)所示。随着温度的继续升高,黏膜会进一步升华挥发,导致材料表面质量的损失并带走大量热量。烧蚀表面扫描电镜分析结果见图5-13。可见,黏膜的主要成分为Si、Al、Mg等金属氧化物,并含有部分C,证明这些黏膜主要为纤维熔化后与碳化层结合而成。

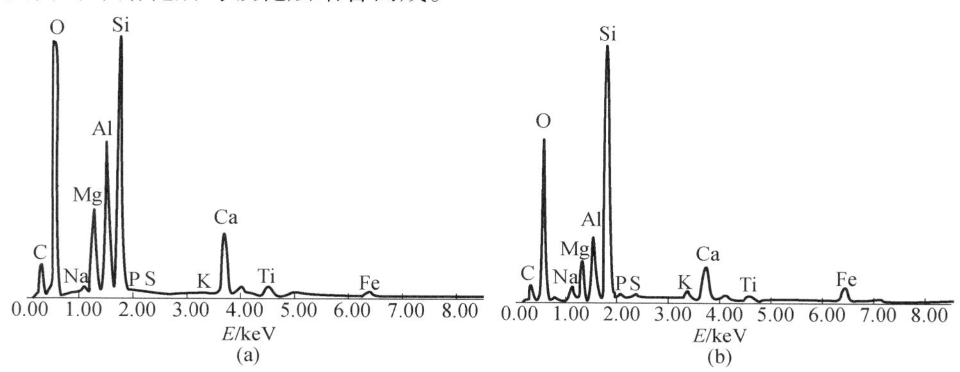

图5-13 玄武岩纤维/酚醛树脂复合材料烧蚀后黏膜扫描电镜分析

(a)氨酚醛树脂;(b)THC-800硼酚醛树脂。

3. 纤维与树脂基体的机械剥离

酚醛树脂固化反应为缩聚反应,有低分子物逸出。烧蚀初始,存在于复合材料孔隙中的部分低分子物首先受热膨胀,接着酚醛树脂发生热解生成气体。由于材料中的孔隙率和渗透率低,复合材料内残存和降解的小分子被封闭在孔隙中,在复合材料内部产生较大的压力。在高速燃气流及材料内部气体压力的联合作用下,复合材料表面的纤维与树脂分离,发生机械剥离。

5.1.2.5 纤维混杂对酚醛树脂基复合材料性能的影响

玄武岩纤维在隔热性、热氧化稳定性及电绝缘性等方面具有优势,某些性能超过玻璃纤维。玄武岩纤维的组成、结构以及表面活性决定了该纤维与基体树脂的相容性和黏结性能好;碳纤维具有强度高、密度小、耐腐蚀、耐高温、导电等诸多优异的电学、热学和力学性能。结合玄武岩纤维自身的性能特点,考虑烧蚀防热结构的性能要求,设计具有特殊结构的玄武岩纤维和碳纤维混杂织物作为烧蚀防热材料的增强结构,制备新型烧蚀防热材料。在充分发挥碳纤维优异性能的同时,通过玄武岩纤维的引入降低材料的导热系数,减小烧蚀材料背部传热,改善成形工艺性,提高增强体与树脂体系的黏结性能,改善材料体系的安全性、稳定性。把玄武岩纤维引入碳纤维复合材料体系还可以大大降低材料的成本,进一步满足装备发展的需求。

本书所选择的纤维织物采用直径为7μm、3k的碳纤维无捻细纱,直径为9.5~10.5μm、1.4k的玄武岩纤维无捻细纱,由以上两种无捻纤维细纱构成混杂纤维织物，其编织结构采用平纹织物形式。实验证明，经纬向 8×8 束/cm 平纹织物纤维束丝排列过于紧密导致酚醛树脂基体不易渗透到束丝内部，达不到完全浸润，因此采用了树脂浸润性好的 7×7 束/cm 平纹编织结构织物。编织结构以经纬碳纤维/玄纤维比例 1：1 为起点，分别向富碳纤维和富玄武岩纤维两个方向展开进行织造。实验所使用的混杂纤维织物的编织结构和无捻纤维细纱的比例见图5－14。

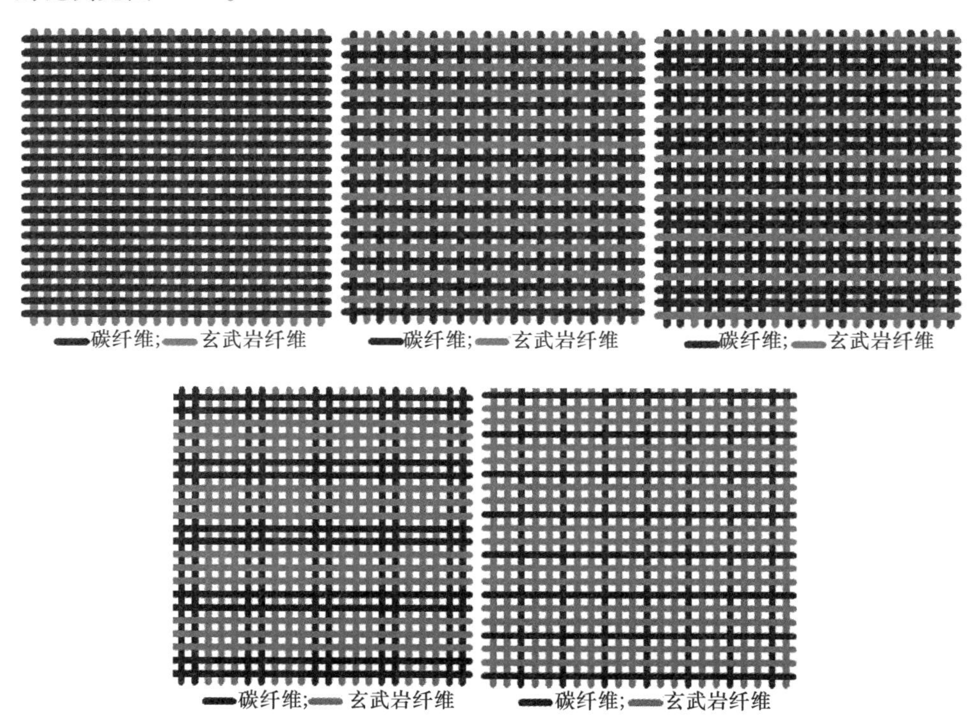

图 5－14　混杂纤维织物结构简图

复合材料的拉伸强度不仅与酚醛树脂基体、增强体/基体界面及增强体的性能有关，而且受织物规整程度、界面黏结强度等因素的影响。从图 5－15 可以看到，随着碳纤维在编织结构中所占比例增加，复合材料的拉伸强度有所上升，至经纬向均为碳：玄＝2：1 时，复合材料拉伸强度达到最大值 366MPa，其后，玄武岩纤维在编织结构中所占比例进一步增加，复合材料的拉伸强度逐渐下降，在经纬向均为玄武岩纤维时复合材料拉伸强度达到最小值 236MPa。

玄武岩纤维表面能高，与酚醛树脂浸润性和黏结性好，与碳纤维混杂不同程度地弥补和改善了碳纤维织物与酚醛树脂的界面性能，界面性能的提高引起了拉伸强度的上升；在酚醛树脂基体强度和模量基本不变的前提下，玄武岩纤维的引入提高了增强体的断裂伸长率，也提高了复合材料的拉伸强度，韧性的增加还

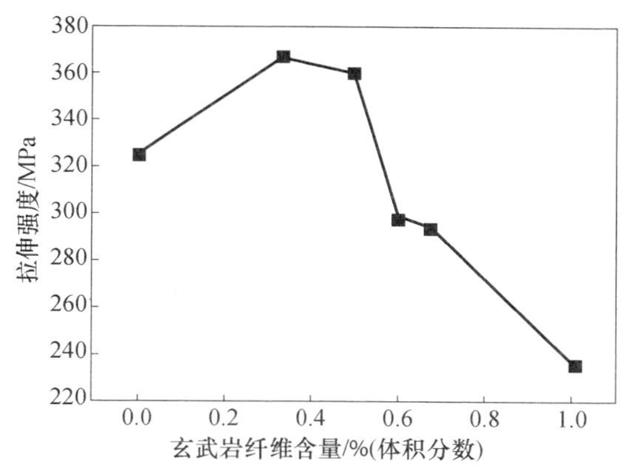

图 5－15　不同混编结构酚醛复合材料拉伸强度曲线

提高了抵抗裂纹失稳扩展的能力,这对提高强度是有利的。然而,碳纤维的强度明显高于玄武岩纤维,界面性能的提升和强度的补偿作用协同存在,这两种作用的结果使得复合材料随着玄武岩纤维在编织结构中所占比例增加,拉伸强度上升后出现下降的趋势。

混杂纤维织物增强酚醛树脂基复合材料的层间剪切强度如图 5－16 所示。可以看出,混杂纤维织物的层间剪切强度随着增强体中玄武岩纤维含量的升高出现先上升后下降的趋势,在玄武岩纤维和碳纤维体积百分比为 1 : 1 时出现一个峰值。也就是混杂 2#织物增强酚醛树脂基复合材料的层间剪切性能在几种混杂增强体复合材料中表现较为出色,但它并没有超越纯玄武岩纤维增强酚醛树脂复合材料。

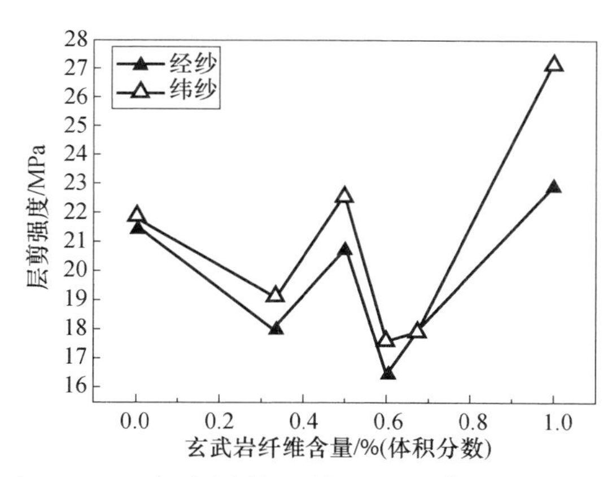

图 5－16　复合材料试样的层间剪切强度曲线

层间剪切强度主要取决于基体和界面的性能,增强体性能也有一定的影响,层间剪切破坏是由基体剪切破坏和纤维与树脂间界面脱黏引起的。随着碳纤维在编织结构中所占比例增加，界面性能逐渐变差，剪切强度呈下降趋势，当经纬向碳：玄达到 2：1 时，层间剪切强度值最低。玄武岩纤维、碳纤维织物增强酚醛树脂基复合材料层间剪切断口形貌详见图 5－17。玄武岩纤维层合板的破坏断口比较平齐，有少部分纤维被拔出，拔出的纤维表面还附着一定量的基体树脂，属脆性破坏；碳纤维部分的破坏断口纤维束参差不齐，有大量的纤维拔出，这种现象说明纤维首先发生与基体的脱黏，然后断裂拔出，过程期间消耗了大量的断裂能、拔出能和黏附功，宏观上表现为碳纤维增强层合板的层间剪切强度与玄武岩纤维增强层合板相当。混杂织物复合材料层合板剪切断口图 5－17 中可以看出层合板经纬向的断口形貌不同，从玄武岩纤维断口方向上可以看出纤维有少量拔出，并且纤维表面附着有少量树脂，碳纤维的断裂不均匀，有些地方聚集在一起，有些地方分散开来，与纯玄武岩纤维复合材料层合板平齐断口存在根本区别。复合材料中两种纤维混杂效应的存在，导致了混杂增强复合材料的断口同时具有玄武岩纤维增强复合材料和碳纤维增强复合材料断口的特点。

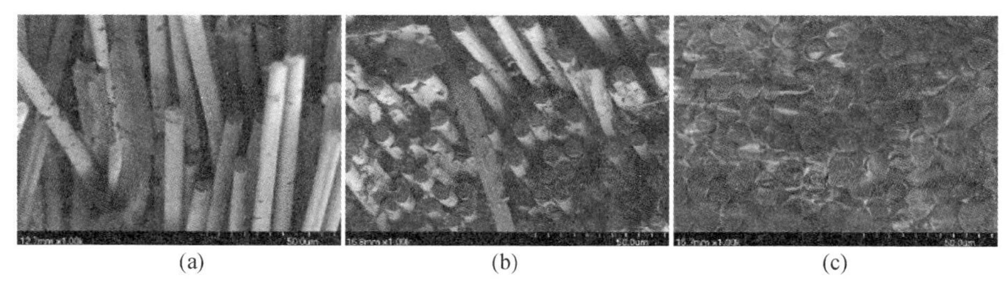

(a) (b) (c)

图 5－17　复合材料层间剪切试样的断面形貌

(a)碳纤维/酚醛；(b)碳纤维/玄武岩纤维/酚醛；(c)玄武岩纤维/酚醛。

5.1.2.6　玄武岩纤维增强酚醛树脂基复合材料的应用

酚醛树脂因具有价格低廉、耐热、耐烧蚀、阻燃、发烟少、工艺性良好等优点而被广泛应用，至今仍用作树脂基耐烧蚀材料的主要基体树脂。以酚醛树脂为基体树脂制造的耐高温防热烧蚀材料在航空航天等国防尖端技术领域获得了广泛应用。玄武岩纤维是以天然玄武岩为原料，经破碎后在 1400～1500℃的熔窑中熔融拉丝制得的。由于玄武岩纤维具有玻璃纤维所不具有的耐热、耐酸碱、电绝缘及化学稳定性等特性，且生产原料易得、价格便宜、储量丰富、工业生产无三废排放，堪称 21 世纪无污染的“绿色工业材料”。国内对玄武岩纤维/酚醛树脂的耐烧蚀性能进行了大量的研究。

玄武岩纤维具有显著的耐高温性能和极好的力学性能，它可以用作石棉与昂贵碳纤维的替代品，适用于高温衬垫、大型船只绝热、车辆制动器摩擦衬片。增强纤维是汽车摩擦材料的一个重要的组成部分，纤维的选用对摩擦材料的磨损性能有着重要影响。目前,汽车用摩擦增强材料主要有钢纤维、矿物纤维、玻璃纤维、有机纤维及耐高温聚合物纤维等。但是其使用都或多或少地存在一些问题:石棉粉尘严重污染环境,有致癌作用,直接危害人类健康,现在已被限制使用;钢纤维容易锈蚀,易黏着或损伤对偶材料,使用时容易产生低频噪声;玻璃纤维材料的磨损大,涉水性不良,噪声高;碳纤维生产的增强材料性能优异,但是其生产成本过高,不利于广泛推广;其他的纤维增强材料,有的浸润性不佳,有的制造工艺复杂。

玄武岩纤维不仅强度高、热稳定性好、不易损伤、对偶磨损低、摩擦系数稳定,而且价格适宜。从表5-11可以看出,玄武岩纤维的材料密度适中,其拉伸强度与玻璃纤维相当,且玄武岩纤维增强摩擦材料的耐磨性高于石棉纤维、钢纤维和玻璃纤维。通过对玄武岩短切纤维增强制动片的性能检测,认为其具有高温摩擦系数稳定、热衰退小和制动噪声低等特点,适合作为摩擦材料的主增强材料。该材料有利于解决传统汽车制动器出现的热衰退现象,进而减少交通事故的产生。西班牙公司已成功开发以玄武岩纤维作为主增强纤维来生产的摩托车刹车片。因此,玄武岩纤维应用于摩擦增强材料既有利于增加汽车摩擦材料的寿命,提高摩擦材料的使用温度,又能解决当前摩擦材料存在的各种不利因素。采用玄武岩纤维制成的耐高温结构复合材料,用于汽车制动器、离合器等摩擦增强材料,既为汽车的高速化发展助力,又有利于提升汽车的安全性能,其开发具有广阔的市场前景。

表5-11 不同纤维及其增强酚醛树脂基摩擦材料的性能

纤维种类	纤维密度/(g/cm^3)	纤维拉伸强度/GPa	材料摩擦系数	材料磨损率
石棉纤维	2.3	2.1	0.37	0.295
玄武岩纤维	2.8	3.5	0.32	0.125
玻璃纤维	2.5	3.4	0.35	0.183
钢纤维	7.5	0.95	0.48	0.208
碳纤维	2.5	2.5	0.39	0.090

5.1.3 玄武岩纤维增强乙烯基树脂复合材料及其应用

乙烯基酯树脂兼有环氧树脂和不饱和树脂两种热固性树脂的特点,可以通过自由基聚合而实现快速固化,同时具有环氧树脂的结构,固化后树脂的性能与环氧树脂类似,因此乙烯基酯具有优异的耐化学腐蚀性能、力学性能和加工性能。而以乙烯基酯为基体制备的复合材料力学性能、抗冲击性能均较佳,具有很好的耐腐蚀性能,而且黏度低、工艺性能好,既可以采用热压成形工艺,又可以采用树脂转移模塑(RTM)成形工艺,是性能优异的树脂基体。

玄武岩纤维复合材料加强筋是以连续玄武岩纤维为增强材料，以乙烯基树脂及填料固化剂等为基体材料，掺入适量辅助剂（如交联单体、引发剂、促进剂、阻燃剂、阻聚剂、填料、颜料等），通过拉挤工艺加工成形的一种新型纤维复合材料[20]。玄武岩纤维复合材料加强筋作为一种新型的建筑材料，由于其耐腐蚀性好而用来代替钢筋用在海洋工程等腐蚀性较强环境中的混凝土中，以此来避免钢筋锈蚀带来的耐久性问题。玄武岩纤维复合材料加强筋组成材料之一的玄武岩纤维具有优良的耐腐蚀性。

图 5－18 为玄武岩纤维复合材料加强筋在常温下浸泡在 5% NaCl 溶液、饱和 $Ca(OH)_2$ 溶液和 5% NaCl 溶液加饱和 $Ca(OH)_2$ 的盐碱混合溶液中三年的外观变化情况，随着浸泡时间的延长，在 NaCl 溶液中浸泡的玄武岩纤维复合材料加强筋基本没什么变化，但在饱和 $Ca(OH)_2$ 溶液及混合溶液中浸泡的玄武岩纤维增强塑料筋的表面会覆盖上一层薄薄的白色物质。

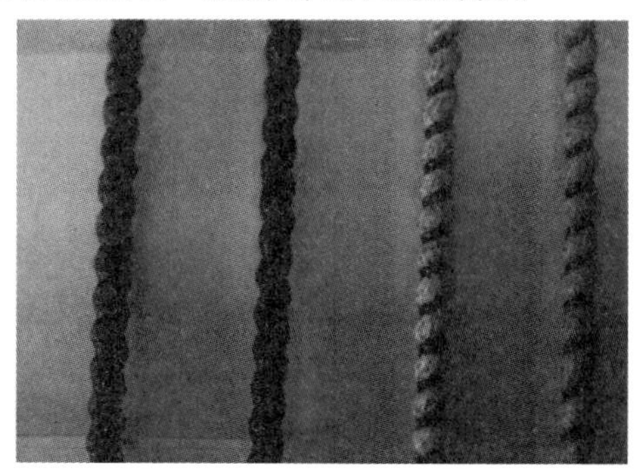

图 5－18　浸泡在腐蚀溶液中三年的
玄武岩纤维复合材料加强筋表面变化情况
（从左至右分别为未浸泡、NaCl 溶液、$Ca(OH)_2$ 溶液、盐碱混合溶液）

图 5－19 为在常温下浸泡在不同腐蚀溶液中的玄武岩纤维增强塑料筋的抗拉强度变化情况。从图中可以看出：随着浸泡时间的延长，浸泡在 5% NaCl 溶液中的玄武岩纤维增强塑料筋的抗拉强度呈下降趋势，但下降幅度很小，浸泡 900 天后，其抗拉强度下降了约 5%；浸泡在 5% NaCl 与饱和 $Ca(OH)_2$ 混合溶液中的玄武岩纤维增强塑料筋，在浸泡 900 天后，其抗拉强度下降了约 15%，降低的幅度较大；浸泡在饱和 $Ca(OH)_2$ 溶液的玄武岩纤维增强塑料筋，在浸泡 900 天后，其抗拉强度约为没有浸泡的玄武岩纤维增强塑料筋抗拉强度的 68%，下降了约 32%，抗拉强度的损失是最大的。因此在常温下，玄武岩纤维复合材料加强筋耐盐溶液腐蚀性能是比较好的，而耐碱性能则比较差。

在防弹性能研究方面，不同玄武岩纤维编织方式的乙烯基复合材料防弹性能如表 5－12 所列。在玄武岩纤维织物中以单向布增强乙烯基树脂复合材

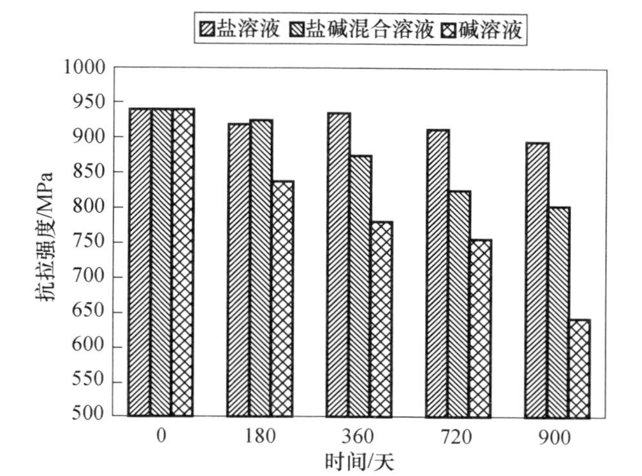

图5-19 常温下浸泡在不同溶液中的玄武岩纤维增强塑料筋的抗拉强度

料的防弹性能最好,斜纹布的效果最差。这种现象可能是由不同织物中单位长度内纤维的弯曲程度不同引起的。如果防弹材料中的纤维呈平直状态,则冲击波可沿纤维轴向传播至较远的距离而无反射,这有助于冲击能的快速扩散;如果纤维弯曲或有断头,则弯曲点或断点会部分反射冲击波,缩小了瞬间扩散范围,使防弹效果降低。因此纤维单向布的防弹效果比斜纹布和平纹布好。由于斜纹布的编织结构影响到织物的力学性能,导致断裂强度下降,从而影响了其防弹效果。

表5-12 玄武岩纤维不同编织方式复合材料的防弹性能

编织结构	靶材面密度 /(kg/m^2)	靶材厚度 /mm	v_{50} /(m/s)	比吸能 /((J·m^2)/kg)
单向布	23.1	12.7	464.3	21.0
斜纹布	22.9	12.6	411.0	16.6
平纹布	23.2	12.8	424.8	17.5

不同纤维直径或面密度的玄武岩纤维/乙烯基树脂复合材料防弹性能如表5-13所列。在复合材料树脂含量接近的情况下,纤维直径越小,复合材料的抗弹性能越好。究其原因:一是纤维直径越小,在冲击的极短时间内能量传播的通道越多,能量被吸收的也越快、越多;二是纤维直径越小,纤维与树脂基体的界面接触面积越大,复合材料受到冲击时界面脱胶和分层的概率增加,由此所吸收的能量也越多。对于不同面密度的玄武岩纤维织物而言,织物面密度越小,复合材料的抗弹性能越好。产生这种现象的原因是,冲击能量在传播到层间界面时,部

分能量会被反射回来而朝冲击波的反方向传播。经过多次反弹后，既减小了冲击能量，又增加了能量在靶板中的传播时间，这有利于能量向更大范围扩散。在靶板面密度几乎相同的条件下，织物面密度越小，所用织物层数越多，吸收的能量也越多。

表 5-13　纤维性能参数对靶板抗弹性能的影响

纤维类型		靶材面密度/(kg/m^2)	靶材厚度/mm	v_{50}/(m/s)	比吸能/(($J\cdot m^2$)/kg)
纤维直径/mm	7	23.0	12.6	474.2	22.0
	9	23.1	12.7	464.3	21.0
	11	23.1	12.6	450.9	19.8
	13	22.9	12.6	445.5	19.5
织物面密度	188.0	23.1	12.7	479.6	22.4
	300.0	23.0	12.7	468.8	21.5
	660.0	23.3	12.7	457.4	20.2

叶片是风力发电机中最基础和最关键的部件，在复合材料叶片发展之初，采用的是廉价的玻璃纤维增强不饱和聚酯树脂体系，直到今天这仍是大部分叶片采用的材料。随着叶片长度的不断增大，这种体系在某些场合已不能满足要求，而性能更优异的碳纤维进入了叶片生产者的视野，制成的复合材料刚度约是玻璃钢的2倍，但碳纤维价格居高不下，使风机叶片的成本大大提高。而玄武岩纤维具有强度高、模量高、耐高低温性能好(-260~650℃)、耐酸碱性强、绿色无污染等优点，成为聚合物复合材料的理想增强材料，深受各国学者的关注。将玄武岩纤维应用于风机叶片材料领域，部分代替玻璃纤维和碳纤维，实现风机叶片的大型化发展，促进玄武岩纤维复合材料的发展，具有重要的现实意义。

玄武岩纤维综合性能优异，但玄武岩纤维为无机纤维，用于复合材料时具有脆性的缺陷，其强度也有待进一步提高。乙烯基树脂成为未来风机叶片基体材料的重要种类，具有广泛的应用前景。纤维增强树脂复合材料的增韧方法主要有橡胶类弹性体增韧、热塑性树脂增韧、刚性粒子增韧和核/壳聚合物增韧等。其中，橡胶类弹性体增韧是目前研究最多，也是最成熟的一种增韧方法。而无机刚性粒子增韧是一种非常新颖的方法，这种方法可以同时提高复合材料的韧性与模量。

图5-20为液体丁腈橡胶(NBR)含量对玄武岩纤维/乙烯基树脂复合材料力学性能的影响。随着液体NBR添加量的增加，复合材料的力学性能均呈先上升后下降的趋势。液体NBR-40和液体NBR-26均在添加量5%时，复合材的力学性能达到最大值，添加液体NBR-40对复合材料的改性效果要稍好于NBR-26。当液体NBR-40添加量为5%时，复合材料的拉伸强度为626.03MPa，

提高了24.43%；冲击强度为300.15kJ/m²，提高了17.52%。当NBR-26添加量为5%时，复合材料的拉伸强度为617.14MPa，提高了22.66%；冲击强度为293kJ/m²，提高了14.72%。

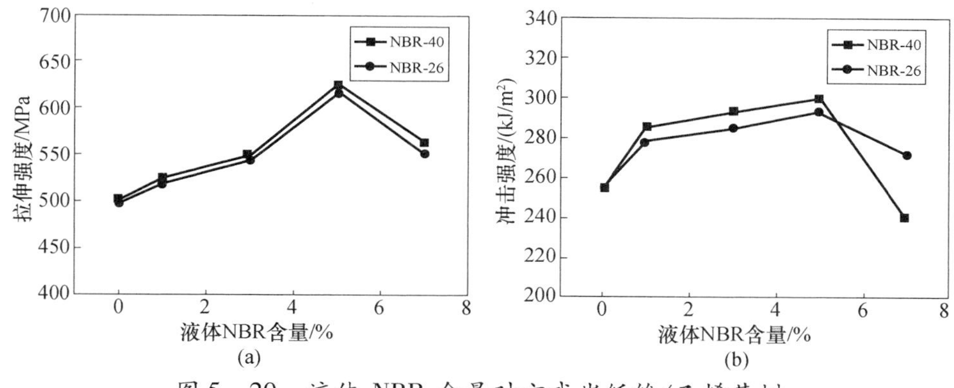

图5-20 液体NBR含量对玄武岩纤维/乙烯基树脂复合材料力学性能的影响

(a)拉伸强度；(b)冲击强度。

液体NBR对复合材料力学性能的改善均很显著，其原因可能与液体NBR的黏度和树脂固化后析出的NBR颗粒有关。一方面，复合材料的拉伸过程主要是基体树脂在应力作用下产生塑性移动，将负荷传递给纤维，由纤维来承担负荷。纤维之间的良好黏结性起着决定性的作用，使各纤维之间产生协同作用而使强度得到提高。乙烯基树脂基体黏度较低，流动性较大，橡胶加入后，增加了树脂基体的黏度，进而增加了纤维与树脂基体的黏结力，当复合材料受到外力作用时，外力要克服纤维和基体之间的黏结而做功，从而提高复合材料的力学性能。另一方面，通过共混方法在乙烯基树脂中引入液体NBR，液体NBR与树脂为部分相容体系，在固化过程中体系发生相分离，橡胶以颗粒形式分布于树脂基体中。材料受外力作用时，复合材料中橡胶颗粒能使乙烯基树脂网络发生局部剪切屈服形变，诱发银纹和剪切带。银纹和剪切带的产生吸收大量能量，同时剪切带还能钝化、终止银纹，避免发展成为破坏性裂纹，阻止微裂纹扩展，有利于提高复合材料的力学性能。橡胶含量增大，橡胶粒子数增加，引发银纹、终止银纹的速率相应增大，各个粒子周围的应力场发生相互作用更有利于银纹的引发，对材料的冲击韧性提高有利。

但是过多地加入橡胶之后，树脂基体的黏度过大，不利于树脂的渗透，使纤维与树脂不能充分浸润；而且过多地加入橡胶会使橡胶粒子沉淀过多，使胶结界面的黏附作用减弱，从而复合材料力学性能下降。同时，NBR橡胶粒子又是应力集中点，橡胶含量过高时，橡胶分散相粒径变大，分散性变差，复合材料的力学性能下降。而液体NBR-40与NBR-26相比，NBR-40对复合材料的改性效果优于 NBR－26。这是因为它们结合的丙烯腈数量不同，随着丙烯腈含量增加，拉伸强度、硬度、黏度等也会相应提高，NBR－40 结合的丙烯腈数量较多，拉伸强度高，纤维与基体的黏结作用更强，改性效果更好。

图 5－21 为纳米 TiO_2含量对玄武岩纤维/乙烯基树脂复合材料力学性能的影响[13]。添加纳米 TiO_2后，复合材料的拉伸强度得到显著改善，在添加量为1%时，拉伸强度达到最大，为 584.99 MPa，与未添加改性剂的复合材料相比提高了 16.27%。纳米 TiO_2对复合材料的冲击性能改善效果亦显著，随着纳米 TiO_2添加量的增加，复合材料的冲击性能呈先上升后下降的趋势，在添加量为2%时，复合材料的冲击强度为 297.1kJ/m^2，提高了 16.33%，提高幅度较大。而过多地添加纳米 TiO_2则导致复合材料的力学性能显著下降，甚至明显低于未添加改性剂的复合材料。

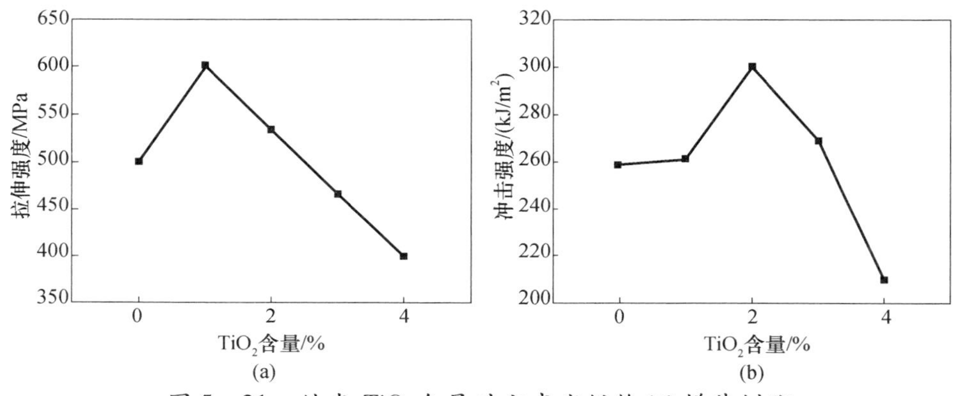

图 5－21 纳米 TiO_2含量对玄武岩纤维/乙烯基树脂复合材料力学性能的影响

(a)拉伸强度；(b)冲击强度。

添加纳米 TiO_2对复合材料的力学性能改善效果显著，这可能主要与 TiO_2的纳米尺寸有关。未添加改性剂的复合材料本身存在着很多的缺陷，受到外力的冲击时，裂纹会扩展，其能量就转化成产生新裂纹的表面能。当裂纹超过一定长度时，开裂速度大大加快，导致材料容易破坏。而在乙烯基树脂中掺入纳米 TiO_2后，复合材料力学性能得到显著提高。一方面，纳米 TiO_2粒子的存在产生应力集中效应，易引发周围树脂产生微开裂，吸收一定的变形功。由于 TiO_2是纳米粒子，与微米级无机粒子相比，比表面积大，与基体接触面积大，在相同含量的情况下，其引起的应力集中点要多得多，高出几个数量级，同时其引起的微裂纹也就相应大大增多，由此而消耗的能量也会多，因此在含量为 2% 时复合材料的力学性能即有显著提高；大量微裂纹的存在又会使基体树脂裂纹扩展时相互影响和制约，使微裂纹的发展受阻和钝化，最终终止裂纹不致发展为破坏性开裂，从而提高复合材料的力学性能。另一方面,纳米 TiO_2 经过偶联剂 KH550 处理后,与树脂形成化学结合,粒子不易与基体脱黏,而且偶联剂处理有利于纳米 TiO_2 在树脂中的分散,促使纳米 TiO_2 作用的充分发挥。当纳米 TiO_2 添加量为 2% 时,复合材料的力学性能最佳,可能是因为此时纳米 TiO_2 含量合适,能够均匀分散在乙烯基树脂中,且树脂黏度适中,从而赋予复合材料良好的力学性能,纳米 TiO_2 具有增强增韧的双重作用。而当纳米 TiO_2 添加量大于 2% 时,复合材料的力学性能下降,这可能是因为纳米 TiO_2 纳米粒子之间距离太近,材料受外力时产生的银纹过多、塑性变形过大,从而演变成大的裂纹,导致材料的强度和韧性下降。另外,用量过多,纳米粒子分散性下降,有一定程度的团聚,从而使复合材料在受力时,TiO_2 纳米粒子团聚体引起的应力集中点变得少而大,易发展成为宏观开裂,导致材料迅速破坏,反而造成复合材料性能下降。而且过多地加入纳米 TiO_2 亦使复合材料的黏度大大增加,不利于纤维与树脂的浸润,从而导致复合材料的力学性能下降。

5.2 热塑性树脂基复合材料

自 20 世纪 50 年代树脂基复合材料问世以来,热固性树脂基复合材料一直是发展的主流,进入 90 年代以后,随着科学技术的迅猛发展,以通用工程塑料和高性能工程塑料为基体树脂制备的热塑性复合材料受到了越来越多的关注,研究与应用十分活跃,在航天航空、汽车、化工、电子电器等领域发展迅猛,近 10 年来以年均 25% 的速度增长。热塑性复合材料的特性如表 5-14 所列。

表 5-14 热塑性复合材料的特性

项目	优点	缺点
热塑性复合材料的性能	密度小;韧性好;介电性能高	蠕变性能差
	耐腐蚀性、耐水性好	某些品种的耐候性差
	成形加工周期短、可重复使用	高温性能受到限制
预浸料的储存和使用	没有储存期限	预浸料刚性大
	不需要特别的储存条件	预浸料没有黏性
热塑性复合材料的加工	制造期间无化学反应	制造技术仍在发展中
	加工速度快、成本低	需高温加工
	可重复加工	密封层昂贵
	边角料可以回收	新设备投资大

在国内,通过 20 世纪 60 年代前期的摸索研究,自 1969 年开始,玻璃纤维增强尼龙首先投入生产,随即聚苯乙烯、氯化聚醚、聚碳酸酯、聚氯乙烯、饱和聚酯、

聚砜等树脂基体制备的增强复合材料相继研制成功并投入生产。我国的热塑性树脂基复合材料从品种、性能、产量方面，都显示了赶超世界先进水平的趋势。另外，随着高强度与高模量碳纤维的问世，其与聚酰胺、聚醚砜、聚苯硫醚、聚醚砜酮、聚醚醚酮、热塑性聚酰亚胺等制备的复合材料极大地丰富了热塑性复合材料的应用领域。

玄武岩纤维与玻璃纤维有着相似的化学组成，主要成分都是二氧化硅，且都是非晶体，目前除了 S2 玻璃纤维，其余玻璃纤维的强度较玄武岩纤维均有所不及，碳纤维的强度与模量虽高于玄武岩纤维，但是其昂贵的价格成为限制其大规模应用的，另外，玄武岩纤维属于绿色产品，可回收利用并可降解为土壤母质从而不污染环境，由玄武岩纤维制备的复合材料具有质轻、隔音等优点。因此，玄武岩纤维作为热塑性复合材料的增强体在越来越多的领域内显示出了它的优越性。

5.2.1 连续玄武岩纤维增强热塑性树脂基复合材料

连续玄武岩纤维增强热塑性复合材料具有目前树脂基复合材料难以兼备的突出优点，如优异的力学性能（高韧性、高刚性、高强度、高裂纹扩展）、抗疲劳、耐磨损、热变形温度高、不吸水、抗老化、抗腐蚀等。另外，连续玄武岩纤维增强复合材料的原料成本低，成形工艺简单，既可以在现有通用设备上加工，也可以在小型压机上加工，并且特别适用于机械化、自动化的连续性大工业生产，成形周期短，原材料储存期长。此外，连续玄武岩纤维制备的热塑性复合材料还具备可重复使用性、可再生利用以及一定的可修补性。

5.2.1.1 连续玄武岩纤维增强热塑性复合材料的加工

由于热塑性树脂的熔融黏度通常在 500 ~ 5000Pa · s，因此在加工过程中不利于玄武岩纤维的浸渍。采用传统的复合材料加工方法加工玄武岩纤维增强热塑性树脂基复合材料，很难满足纤维与基体树脂均匀分布和基体树脂对纤维完全浸渍的要求，所以，对玄武岩纤维增强热塑性树脂基复合材料，热塑性树脂和玄武岩纤维的结合方法一直是这类复合材料加工的难点和关键。

对于热塑性树脂，它与连续玄武岩纤维的结合归纳起来有两大类方法：第一类方法是预浸渍法，即预浸料的制备方法，它是使液态树脂流动、逐渐浸渍玄武岩纤维并最终充分浸渍每根纤维而形成的半成品。预浸渍法又分溶液浸渍法和熔体浸渍法。第二类方法是后浸渍法或预混法，即预混料的制备方法，它是将热塑性树脂以纤维、粉末或薄膜态与玄武岩纤维结合在一起，形成一定结构形态的半成品。但其中的树脂并没有浸渍玄武岩纤维，复合材料成形加工时，在一定的温度和压力下树脂熔融并立即浸渍相邻纤维，进一步流动最终完全浸渍所有纤维。

溶液浸渍法(Solution Impregnation Technique)是选用一种合适的溶剂,也可以是几种溶剂配成的混合溶剂,将树脂完全溶解,制得低黏度的溶液浸渍纤维,然后将溶剂挥发制得预浸料。如果溶剂完全挥发,则制得硬挺的预混料,若保留适当的溶剂,则预浸料具有一定的黏性和铺覆性。该方法克服了热塑性树脂熔融黏度高的缺点,可以很好地浸渍纤维,然而也存在许多不足,主要是溶剂的蒸发和回收费用昂贵,且有环境污染;如果溶剂消除不完全,在复合材料中会形成气泡和孔隙,影响制品性能;该方法加工的复合材料,在使用的过程中其耐溶剂性必然会受到影响;另外,一些热塑性树脂很难找到合适的溶剂。熔体浸渍法(Melt Impregnation)是在一定张力作用下将开纤的丝束从树脂熔体中拉过而浸渍纤维,熔体法是加工热塑性预浸料最直观同时也是最常用的方法,但热塑性树脂熔体黏度较高,使这种方法在使用时浸渍难度较大,当黏度过高时浸渍非常困难,必须采取相应的措施来提高熔融浸渍的速度和效果。图5-22是一种采用成对的压辊给纤维施加压力以促进浸渍过程的熔体浸渍方法,然而,这种方法由于是两面加压,丝束被压紧,纤维间间隙减少,增加了树脂在丝束中的流动阻力。采用纤维丝束一侧加压的方法,可以获得较好的浸渍效果。

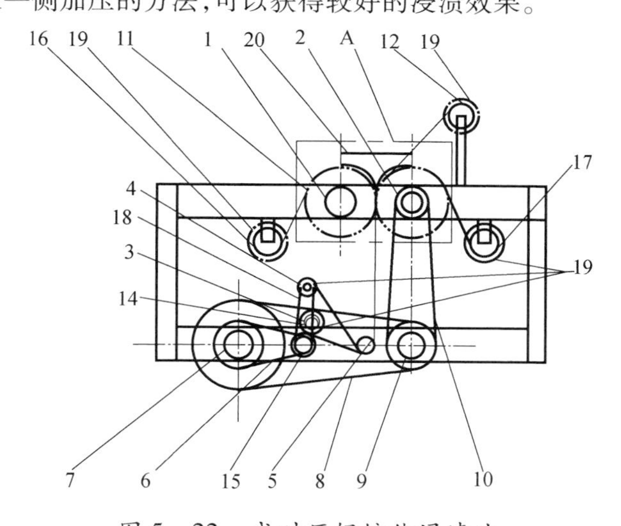

图5-22 成对压辊熔体浸渍法

1,2—热辊;3—加热加压辊;4,5,14,15—导辊;6—离型纸;7—收卷辊;8—纱线;9—提升轴;10,18—传送带;11—冷却辊;12—离型纸收卷辊轴;13—产品收卷辊轴;16,17—纱筒;19—传动轴。

深圳航天科技创新研究院先进材料研究所研究了一种连续玄武岩纤维增强热塑性树脂预浸料的制备方法及装置,解决了热塑性树脂预浸料制备过程中熔体黏度大,难以对纤维进行有效浸渍的问题。预浸料制备方法包括纤维表面处理,树脂单体或低聚体喷涂,树脂原位聚合、浸渍、定型、收卷等步骤。预浸料制备装置包括纤维表面处理系统、树脂高温涂覆系统、树脂反应浸渍系统、定型与收卷系统等四大部分,其中树脂高温涂覆系统采用高效雾化喷淋头式设备实现,且设计为双面喷涂,反应浸渍系统可实现热塑性低聚物聚合和热压浸渍双重功能。采用该装备制备的预浸料可实现树脂双面均匀涂覆且树脂涂覆厚度可控,生产速度快、效率高。该热塑性树脂预浸料制备装置如图 5 - 23 所示。

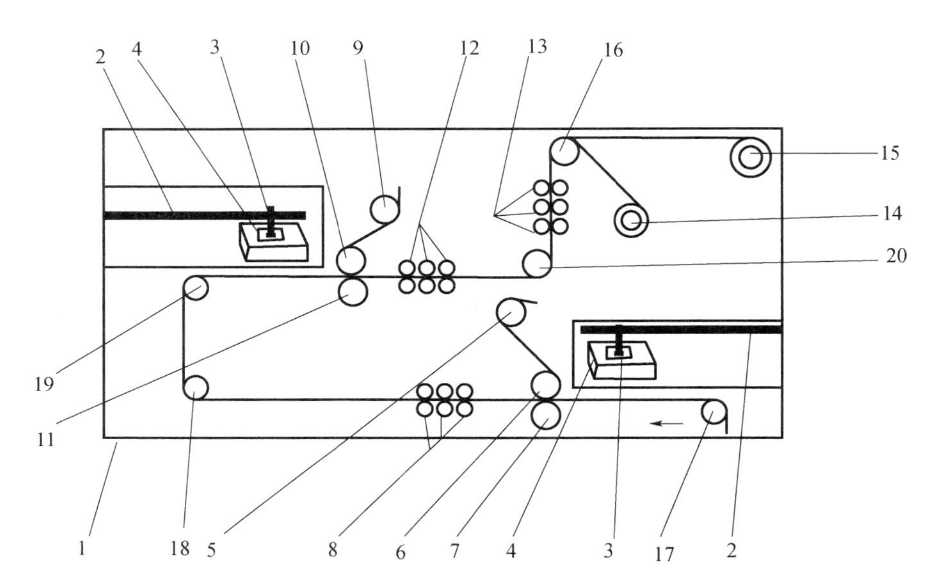

图 5 - 23 可双面均匀涂覆的连续玄武岩纤维增强热塑性树脂预浸料制备装置

1—框架;2—进料管道;3—气压输送管道;4—雾化喷头;5,9—离型纸输送辊轴;
6,10—离型纸缠绕辊轴;7,11—离型纸贴合辊;8,12—加热加压辊;13—冷却辊;
14—离型纸收卷辊轴;15—产品收卷辊轴;16,17—导辊;18,19,20—向上传动轴。

预混法(PremixTechnique),又称为后浸法(Post - impregnation Technique),它是将树脂以粉末、纤维或纤维集合体等不同的固体形式均匀地分布在增强纤维或纤维集体之中获得预混料的方法[14]。在预混料中,树脂基体尚未真正浸渍增强纤维,因此预混料具有良好的悬垂性,并且由于树脂在熔融浸渍前已较均匀地分布在增强纤维或纤维集合体中,在很大程度上改善了熔融状态下树脂对增强纤维的浸渍条件。目前,人们研究较多并且已经使用的预混法有粉末浸渍法(Powder Impregnation Technique)、混纤法(Hybrid Yarn Technique)、混编法(Co - woven Technique)和薄膜层叠法(Film Stacking Technique),图 5 - 24 为常见的玄武岩纤维增强热塑性树脂预混法示意图。

混纤法是以不同的方式将纤维状树脂与增强纤维紧密混合在一起并加工成纱线形式预混料的方法。混纤纱具有许多优点:两相纤维紧密混合在一起,大大减小了浸渍中树脂流动的距离,克服了热塑性树脂基体浸渍的困难;两相纤维的

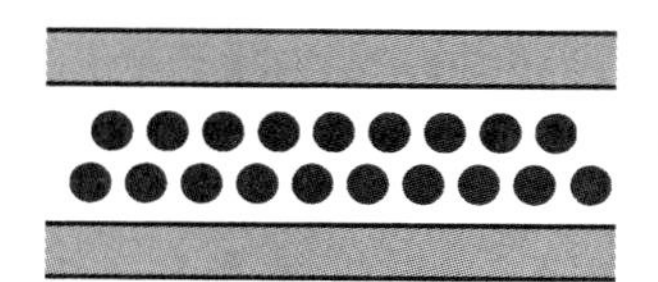
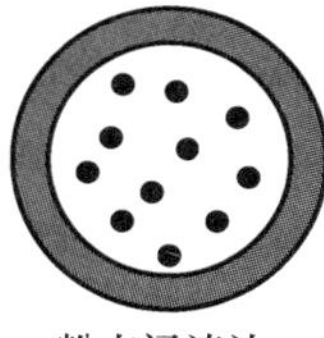

图5-24 常见的预混法制备玄武岩纤维增强热塑性树脂形式

比例容易调节并能精确控制;有良好的柔韧性和悬垂性,容易适应复杂的形状,可机织、针织和编织加工制备预混料,也可以单向缠绕加工成单向板预混料。适合此方法的连续玄武岩纤维包括玄武岩纤维混合纱、玄武岩纤维包缠纱、玄武岩纤维包芯纱。玄武岩纤维包芯纱是将短的热塑性树脂基体纤维通过各种方式纺在连续的玄武岩纤维芯纱外形成的一种混纤纱。目前研究较多的加工包芯纱混纤纱的方法是摩擦纺的方法,该方法是20世纪90年代初由(Wulfhorst)等提出的,它利用摩擦纺纱的原理将连续增强纤维和热塑性树脂短纤维结合在一起形成摩擦纺包芯纱。玄武岩纤维混合纱是将玄武岩纤维与基体纤维通过各种方法均匀而紧密地混合在一起形成的一种混纤纱。混合纱中由于玄武岩纤维和树脂纤维随机分布,因此在预型件加工中,易造成增强纤维的损伤,进而影响复合材料的性能,并且在一定的加工张力作用下,混纤纱会发生解混现象。而包芯纱不会出现这种问题。玄武岩纤维包缠纱是将基体纤维包缠在玄武岩纤维芯的外面形成的一种混纤纱。它的性能与包芯纱的性能很相近,由于外层的基体纤维是长纤维的形式,因此它没有包芯纱柔软,这使后序加工要难一些。

混编法是将纤维状树脂与增强纤维混编成带状、空心状、二维或三维等几何形状的织物而制备预混料的方法。近几年对通过经编的方法将热塑性基体纤维和增强纤维较好地结合到一起形成经编织物,然后通过热压成形制备连续纤维增强热塑性复合材的研究较多,虽然利用这种纺织技术的高效和自动化,可以降低成本,并且复合材料成形只需对现成的织物进行加工,工艺大大简化,同时经编织物还具有纤维能保持平直状态,制备出的复合材料力学性能损失小,织物的柔顺性和铺覆性较好,适于制备形状复杂的复合材料等特点,但也存在着很大的缺陷,如干纤维区、孔隙、纤维束冲断以及缝编线缺陷等,限制了其发展[15]。

粉末浸渍法是以不同的方式将粉末状树脂施加到增强体上来制得预混料的方法。因此,热塑性树脂能够经济并且方便地加工成树脂粉末是采用这种方法的前提条件。由于粉末加工技术的发展,目前一些主要的热塑性树脂都可以加工成粉末,如PEEK、PEK、PEKEKK、PPS、LaRC-TPI、PEI、PES、PMR-15、Polyimide 2080和Matramid9725等[16]。为了保证增强纤维与树脂颗粒混合均匀,树脂颗粒一般较细。增强纤维的直径一般为5~15μm,因而也希望树脂粉末在此范围内。但在现有的技术条件下,树脂粉末的直径在20μm以上,一般为100μm左右,粉末越细,加工成本越高。所以,粉末加工技术在一定程度上制约了粉末浸渍法的发展。尽管如此,粉末浸渍法的优势仍具有极大的吸引力,许多厂商和研究机构投入了大量的人、财、物力进行研究,在粉末与纤维的均匀混合以及粉末防脱落等方面取得了较大的进展。粉末浸渍法可以用于加工粉末浸渍纱、单向预浸带或粉末浸渍织物。图5-25是采用粉末法制备预浸纤维的工艺流程。

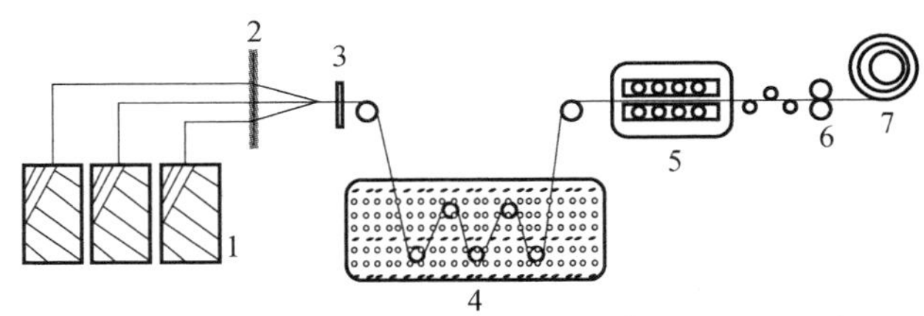

图5-25　粉末浸渍法制备预浸玄武岩纤维工艺流程

1—玄武岩纤维;2—分纱板;3—纤维分配器;4—粉末浸渍槽;
5—热板;6—牵引机;7—收卷装置。

预浸纤维的树脂含量与树脂的粉末颗粒大小、分散辊的数量和排布方式有关。树脂粉末的颗粒越小,玄武岩纤维吸附的树脂粉末越多,树脂含胶量就越高,在其他条件相同的情况下,当用粒径为40目的聚丙烯粉末浸渍玄武岩纤维时,含胶量为39.6%;而用80目的聚丙烯粉末时,含胶量为85.7%。当分散辊数目较少时,由于纤维束未能完全分散开,纤维束中的很多纤维未能吸附到树脂粉末,而且,已分散开的纤维也有重新收紧集束的趋向,使得原来已经分散的纤维来不及充分吸附粉末,因此预浸带的树脂含量很低。当分散辊数目增加时,由于纤维分散程度的增加,吸附于纤维束上的树脂含量增加,所以预浸带中的树脂含量增加。分散辊数目对预浸带树脂含量的影响见表5-15。

表5-15　分散辊数目对预浸带树脂含量的影响

分散辊数目/根	预浸带树脂含量/%
3	39.6
5	75.0
7	85.7
9	89.9

薄膜层叠法是将增强纤维织物或纱与树脂薄膜交替层叠来制得预混料的方法。这种工艺是把织物或纱和树脂薄膜交替层叠,然后在适当的温度、压力作用下制成复合材料。但是一些研究者认为,用这种工艺制成的复合材料,由于熔融

的热塑树脂黏度太高，不能很好地浸渍织物或纱，因而性能比较低。也有研究者认为，如果合理地选取压制参数，是可以利用这种方法生产出高质量的复合材料的[17]。

玄武岩纤维增强热塑性树脂基复合材料的加工存在一定的困难，对于这种加工方法的研究一直没有停歇过。

玄武岩纤维增强热塑性复合材料的冲压成型工艺过程是先将片状模塑料预热，然后再放入模具内加压成型。该工艺的特点是成型周期较短、生产效率较高、产品收缩率低，能成型形状复杂的大型制品。

玄武岩纤维增强热塑性复合材料拉挤成型工艺是由拉挤工艺发展起来的一种新工艺。目前应用比较广泛的热塑性树脂基体材料是尼龙和聚丙烯。聚醚醚酮、聚酰亚胺、聚砜、聚醚、聚碳酸酯、聚苯硫醚等也有应用。由于复合材料在拉挤成型过程中没有化学反应，因此玄武岩纤维增强热塑性复合材料的拉挤成型工艺比玄武岩纤维增强热固性复合材料的拉挤成型工艺容易进行，复合材料制品的质量更加稳定且更容易控制。热塑性树脂基体材料的断裂伸长率为8%～12%，其拉挤成型制品的韧性好，纤维不易露出制品表面，制品表面性能好。目前，玄武岩纤维增强热塑性复合材料拉挤成型的制品有宽5～250mm不等的条状制品、直径10mm左右的原型杆、矩形梁材料、中空柱状材料、汽车板簧、冲浪板的加强筋、网球拍的嵌件等。

玄武岩纤维增强热塑性复合材料的拉挤成型工艺目前有两种：一种是预浸纤维拉挤成型工艺，即先用热塑性树脂基体浸渍玄武岩纤维，制得预浸纤维，再用预浸纤维进行拉挤成型。另一种是用玄武岩纤维直接进行拉挤成型，这种工艺方法从表面上看类似于热固性复合材料的拉挤成型工艺。采用粉末法制备的玄武岩纤维预浸料进行拉挤成型的工艺流程如图5-26所示。

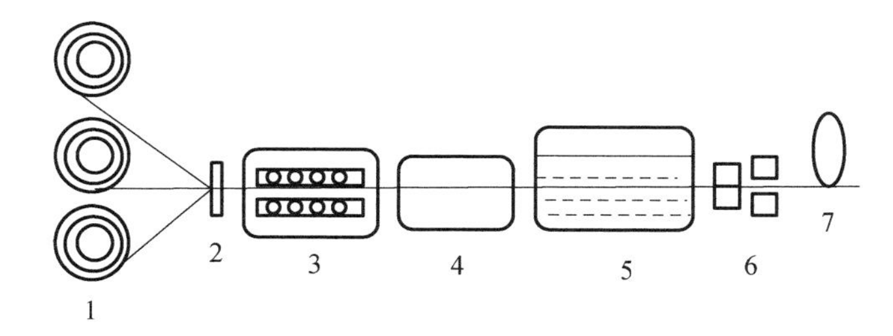

图5-26　粉末法制备玄武岩纤维预浸料拉挤成型工艺流程

1—玄武岩纤维；2—纤维分配器；3—热板；4—成形模具；
5—粉末浸渍槽；6—牵引机；7—切割机。

连续玄武岩纤维预浸料进入拉挤模具之前，必须加热至树脂基体达到黏流态，在牵引力下，熔融的预浸料进入模腔拉挤成型，刚出模的热塑性复合材料是弹性体，经冷却定型后，材料达到一定的硬度和强度，按需要定长切割。成型过程的模具温度高低是按照树脂基体的类型决定的，在设备已定的情况下，加热和冷却时间由牵引速度来控制。连续玄武岩纤维预浸料直接拉挤成型工艺如图5－27所示。

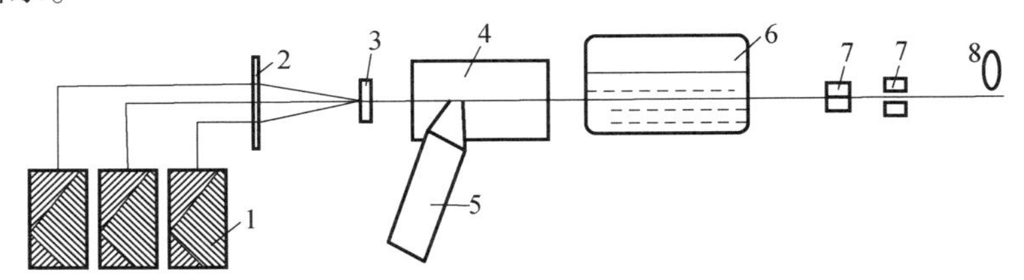

图5－27 连续玄武岩纤维预浸料直接拉挤成型工艺

1—玄武岩纤维；2—分纱板；3—纤维分配器；4—成型模具；
5—树脂注射机；6—冷却液；7—牵引机；8—切割机。

连续玄武岩纤维经过纤维分配器进入模具，热塑性树脂基体用注射机注入模具内，玄武岩纤维和热塑性树脂在模具内浸渍后成型出模，经冷却定型，定长切割成制品。各段温度必须严格控制，以保证玄武岩纤维能够被树脂浸透。

连续玄武岩纤维增强热塑性复合材料的模压成型，是采用热塑性树脂预浸料在模具内加热加压成型复合材料的一种成型工艺，模压成型工艺参数主要有温度、压力和时间，这些参数主要取决于热塑性树脂的类型和复合材料的产品形状。对于完全浸渍的热塑性树脂基体，仅仅需要融化聚合物并使用适当的压力，将预浸料压制成复合材料制品。一般模压成型的压力为0.7～2.0MPa，在成型温度下仅需要几分钟的时间。几种高性能热塑性树脂的成型条件见表5－16。

表5－16 几种热塑性树脂预浸料的成型条件

成型条件	PEEK	PPS	PEI
升温速率/(℃/min)	任意	任意	任意
压制温度/℃	380～400	300～343	304～343
压制时间/min	5	5	5
压制压力/MPa	0.7～1.4	1.0	0.7
冷却压力/MPa	0.7～2.0	1.0	0.7

玄武岩纤维增强热塑性复合材料的缠绕成型工艺的工艺原理和缠绕设备与热固性复合材料的干法缠绕成型工艺一样，而且两者都是用预浸纤维或预浸带进行缠绕成型。但是，两者的工艺条件有所不同，由于热塑性树脂熔融温度较高，对预浸料进行加热的温度比热固性树脂高得多，热塑性复合材料缠绕成型完成后不需要固化，因此，加工成本大大低于热固性复合材料。

玄武岩纤维增强热塑性复合材料缠绕成型时，先将预浸纤维加热至熔融，再在与芯模的接触点加热，并由加压辊加压，使其熔接成一个整体。缠绕成型可以用预浸纤维也可以用预浸带。

5.2.1.2　连续玄武岩纤维增强热塑性树脂基复合材料的应用

1. 连续玄武岩纤维增强聚丙烯基复合材料

聚丙烯具有优良的力学性能、耐热性、加工流动性，突出的耐应力开裂和耐磨性等，广泛应用于汽车、电子、电气等领域。采用挤压工艺制备的玄武岩纤维增强聚丙烯复合材料，当挤出温度从 180℃ 升高到 240℃ 时，玄武岩纤维与聚丙烯的黏附力增大，材料的缺陷减少，拉伸强度和弹性模量分别达到 42MPa 和 4.2GPa，该材料具有优异的耐磨损性能，可用于制备机器摩擦零件[18,19]。

将连续玄武岩纤维与纤维状聚丙烯按 2∶8 质量比进行混合开松、梳理成网，模压成型制备热塑板。玄武岩纤维经过硅烷偶联剂 KH550 表面处理。模塑板的拉伸性能如图 5－28 所示。从图中可以看出，KH550 偶联剂改性处理对热塑板的横向拉伸性能指标影响很大，经 KH550 偶联剂改性处理的热塑板的横向拉伸强度为 36.21MPa，拉伸模量为 1262.51MPa，与未经偶联剂 KH550 改性处理的热塑板的性能相比，拉伸强度提高 91.4%，拉伸模量提高了 33.5%，改善效果明显。从图中还可以看出，KH550 偶联剂的改性处理对热塑板的纵向拉伸性能指标也存在改善效果，纵向拉伸强度提高了 40.2%，拉伸模量提高了 29.5%。这表明硅烷偶联剂 KH550 可以改善玄武岩纤维和聚丙烯基体间的界面黏结状况，宏观上表现为热塑板的拉伸性能提高。

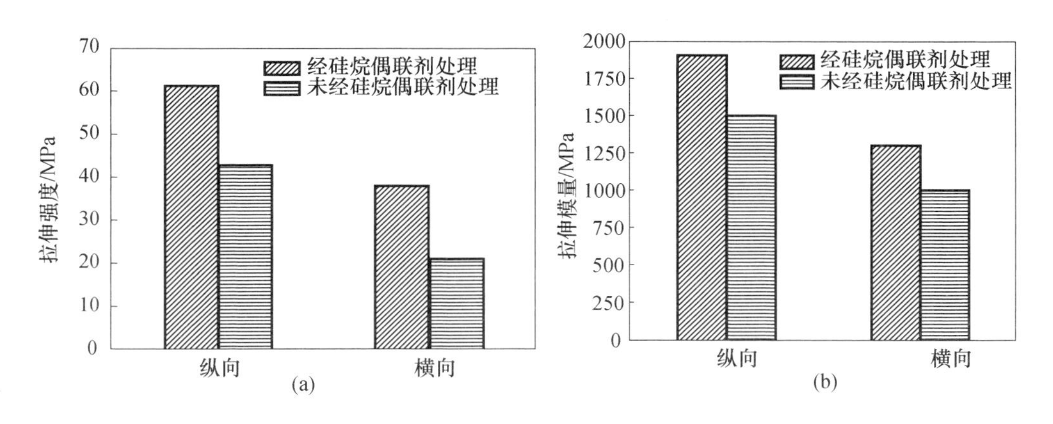

图 5－28　连续玄武岩纤维增强聚丙烯热塑板拉伸性能

(a)拉伸强度；(b)拉伸模量。

在对经过偶联剂改性处理与未经偶联剂改性处理的两种板材进行拉伸实验时，随着拉伸载荷的增大，热塑板试样逐渐伸长，表面颜色由灰逐渐变白，伴随着“嚓嚓”的声响。未经偶联剂 KH550 改性处理的热塑板拉伸试样的中段有颈缩现象，断面出现分层现象。经 KH550 偶联剂改性处理的热塑板试样的颈缩现象减弱，试样断面为45°断裂，无分层现象。这表明经硅烷偶联剂KH550处理后的玄武岩纤维和基体间的界面黏结力增大，复合材料的界面将受到的载荷通过界面剪切力传递给玄武岩纤维，发挥了玄武岩纤维的增强作用。

两种热塑板的纵向拉伸强度和弹性模量均明显高于横向的，采用经KH550偶联剂处理的玄武岩纤维制备的热塑板纵向强度和模量分别是横向的1.7倍和1.5倍，采用未经KH550偶联剂处理的玄武岩纤维制备的热塑板纵向强度和模量分别为横向的2.3倍和1.5倍。热塑板纵向的拉伸性能指标比横向的高，这与预成型件的梳理铺层工艺有关。在梳理过程中可以发现，从梳理机梳出的单层纤维网中，大部分玄武岩纤维是沿着纤维网输出的方向分布的（即热塑板的纵向），只有一小部分玄武岩纤维的分布是垂直于纤维网输出的方向（即热塑板的横向），并且预成型件是采用平行铺网的方式，正是由于玄武岩纤维的这种排列方向上的差异导致热塑板纵向的拉伸性能指标明显优于横向的拉伸性能[20]。

图5-29(a)是未经KH550处理的玄武岩纤维增强聚丙烯热塑板试样拉伸断口的扫描电镜形貌图。可以看到，玄武岩纤维表面十分光滑，未与聚丙烯基体产生任何结合，根部有空隙，断裂时聚丙烯基体沿界面剥离，而玄武岩纤维断裂的位置并不在基体主裂纹平面上，而是出现在基体中，所以断面有大量露头的拔出纤维以及玄武岩拔出后留下的孔洞。可见，未经表面处理的玄武岩纤维不仅不能与聚丙烯基体形成良好的界面结合，反而在玄武岩纤维与基体的界面处留有空隙，这些界面也就相当于材料中的缺陷，使基体的承载能力整体降低。图5-29(b)是经KH550偶联剂处理的玄武岩纤维增强聚丙烯热塑板的拉伸断面扫描电镜形貌图。可以看出，经KH550偶联剂处理后，尽管拉伸断口还有少量的玄武岩纤维拔出现象，但是玄武岩纤维表面变得粗糙，有聚丙烯基体黏附，玄武岩纤维根部与基体连在一起，不再是热塑板的薄弱环节，基体可以将承受的载荷通过界面传递给玄武岩纤维，发挥了玄武岩纤维的增强作用。

复合材料冲击理论认为[21]，当复合材料受到载荷时，断裂通过界面作用，基体将所承受的载荷通过界面传递给纤维，由于增强纤维轴向传递，应力被迅速扩散，阻止裂纹的增长。在载荷累积超过纤维强度时，引起纤维的断裂，复合材料也就被破坏，即发挥了纤维的增强作用。同时，这种传递作用在一定程度上起到了能量的分散作用，从而增强了材料承受外力作用的能力，在宏观上体现为材料的拉伸强度等力学性能大幅度提高。

2. 连续玄武岩纤维增强聚酯类树脂基复合材料

聚酯是由多元醇和多元酸缩聚而得的聚合物的总称，常用的如聚对苯二甲酸乙二醇酯（PET），具有高强度、高模量、高硬度、耐蠕变性、抗疲劳性和耐有机溶剂等优点。玄武岩纤维增强PET复合材料，其力学性能比纯PET提高2倍以

(a)

(b)

图5－29　玄武岩纤维增强聚丙烯热塑板拉伸断口扫描电镜图
(a)玄武岩纤维未经KH550处理;(b)玄武岩纤维经KH550处理。

上,在复合材料制备过程中纤维的成核剂作用能够使PET的结晶速率得到提升。玄武岩纤维与PET的结合不及玻璃纤维,导致力学性能稍差,但是玄武岩纤维在成本上具有优势[22]。玄武岩纤维增强再生PET复合材料可用于生产包装工业的产品,如饮料瓶等。研究表明,玄武岩纤维与PET基体之间有着良好的黏附性,相比于传统使用的玻璃纤维,这种含有15%的玄武岩纤维增强再生PET的新型复合材料拥有良好的力学性能,因此在技术层面上可用于实际生产。

玄武岩纤维的含量对玄武岩纤维增强PET复合材料拉伸性能的影响如图5－30所示。从图中可以看出,纤维的加入大幅度提升了材料的拉伸强度和拉伸弹性模量。拉伸强度由纯PET的50MPa提高到140MPa以上,拉伸弹性模量由1500MPa大幅度提升到4500MPa。随着纤维含量的增加,复合材料的拉伸强度和拉伸弹性模量不断得到提高,这与很多纤维复合材料性能变化是一致的。复合材料的断裂伸长率在加入玄武岩纤维后大幅度下降,由400%以上降至5.0%左右。

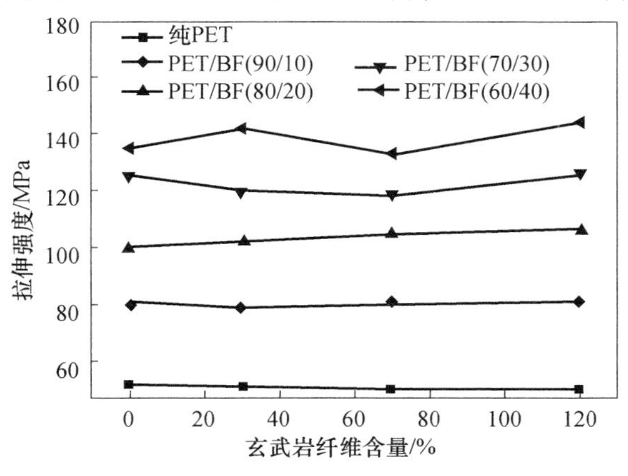

图5－30　玄武岩纤维的含量对复合材料拉伸性能的影响

PET经玄武岩纤维增强后,冲击强度得到大幅度提升,如图5-31所示。当纤维含量为30%(质量分数)时,材料的冲击强度由不足6.0kJ/m^{2}提升到9.5kJ/m^{2}左右;当纤维含量达到40%(质量分数)时,冲击强度更是提升到10kJ/m^{2}左右,纤维的增强效果很明显。

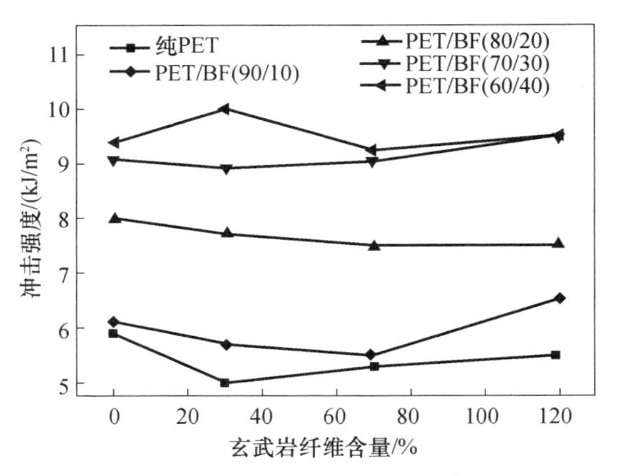

图5-31　玄武岩纤维的含量对复合材料冲击性能的影响

在玄武岩纤维增强PET二元复合材料体系中添加交联促进剂,并用辐照的方法制备三元的复合体系。交联促进剂是一种多官能团的单体,易于发生自由基聚合,能有效降低交联所必需的剂量。图5-32给出了增强材料冲击断面的结构。从图中可以看出,复合材料添加交联促进剂并经过辐照之后,断面形貌(图5-32(b))发生了明显的变化,此时,断面中纤维拔出之后留下的光滑孔洞已经消失,且拔出纤维的表面附着部分基质PET,从断面图中还可以看出,复合材料断裂时,PET基质产生了非常明显的屈服形变,这是由于纤维拔出所诱导产生的。从上述变化可以看出,相比于未辐照的二元体系(图5-32(a)),添加了交联促进剂且经过辐照的复合材料的界面作用力得到非常明显的改善[23]。

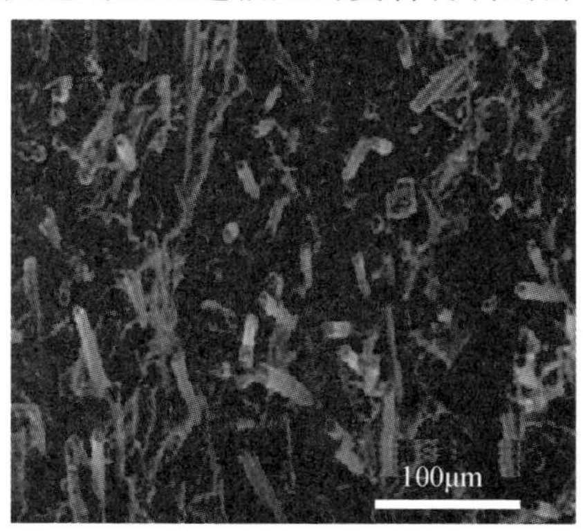

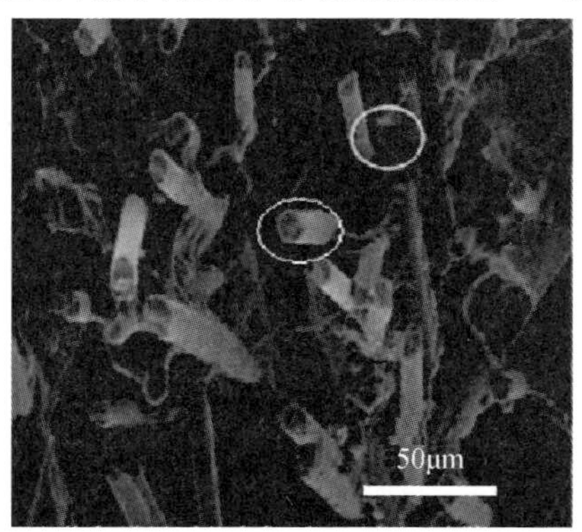

(a)

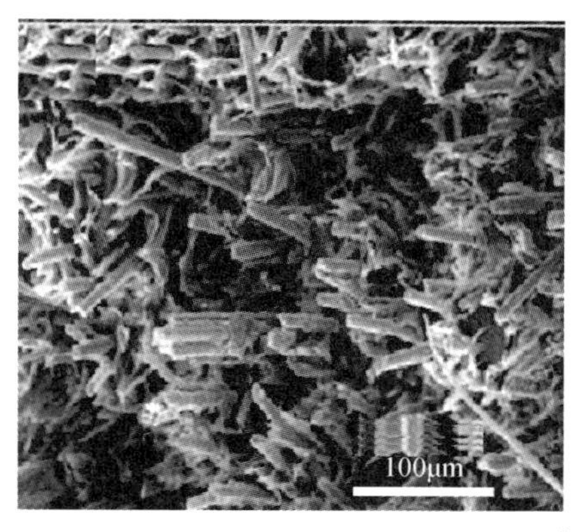

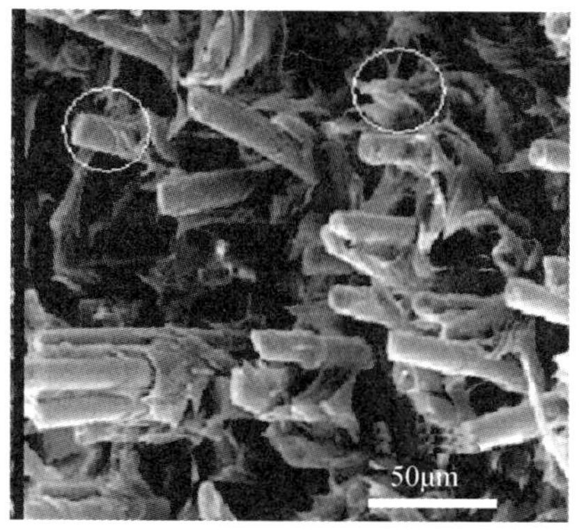

(b)

图5-32　玄武岩纤维增强PET复合材料冲击断面电镜图

(a)未添加交联促进剂,未辐照;(b)添加3%(质量分数)交联促进剂,辐照。

环状聚酯低聚物(CBT)是一种兼具高流动、高浸润、高填充能力的复合材料用基体树脂,其熔融黏度低,将其作为热塑性复合材料基体使用能够很好地解决热塑性树脂熔融黏度大、不易加工的问题。CBT树脂熔融黏度低,加入催化剂后可在较低温度下(180~200℃)原位聚合生成热塑性工程塑料pCBT,反应时间可控制在几十秒到几十分钟,无反应热和挥发性有机化合物(VOC)释放。由于CBT可用于浇铸、模塑和复合,在反应时无反应热释放、可热成型并无其他释放物等,因而CBT树脂一经问世,就引起很多科学研究者的注意,并在加工领域获得青睐。

以CBT树脂为基体树脂制备玄武岩纤维增强复合材料,在复合材料的成型过程中,CBT树脂开环聚合形成大分子量的pCBT聚合物,一般来说,催化剂存在于CBT树脂表面与CBT树脂接触引发原位聚合,但是,当催化剂存在于玄武岩纤维表面时,复合材料中增强体与树脂基体具有更好的界面结合性。

图5-33给出了三种玄武岩纤维增强pCBT复合材料,分别是催化剂在玄武岩纤维布表面,催化剂在CBT树脂表面,催化剂同时分布在玄武岩纤维布表面与CBT树脂表面,三种不同的复合材料层间力学性能以及拉伸性能。当催化剂只存在于纤维布表面时,CBT树脂浸润到纤维布表面并在纤维布表面发生原位聚合形成pCBT聚合物,此时树脂与纤维的结合性比较充分,复合材料的层剪强度与弯曲强度明显高于催化剂在树脂中以及催化剂同时存在于树脂与纤维表面的复合材料。当催化剂存在于树脂中时,CBT树脂的原位聚合更加充分,形成的pCBT树脂基体分子量更大,复合材料的拉伸强度最高。当催化剂同时存在于树脂与纤维布表面时,复合材料的层剪强度、弯曲强度以及拉伸强度均处于

三种材料中间,说明催化剂同时与纤维布以及树脂接触时,一方面复合材料基体pCBT能保持一定的聚合度,维持材料的强度,另一方面一部分CBT在纤维布表面进行原位聚合形成pCBT,提高了复合材料基体与增强体的结合力,使复合材料能够兼顾层间力学性能与力学强度。

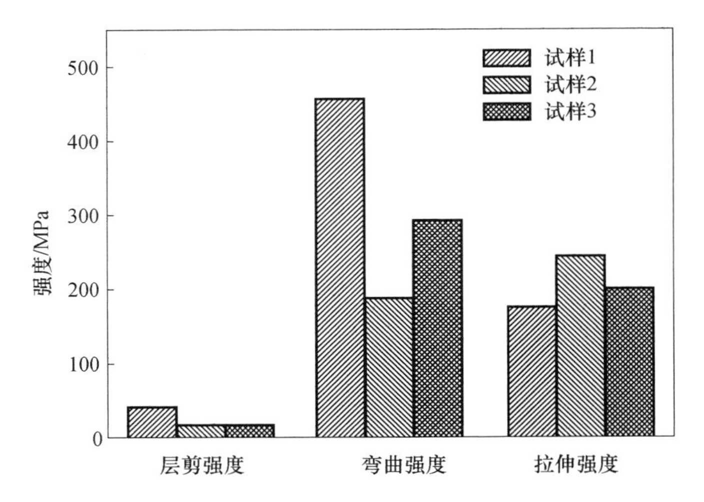

图5-33 催化剂附着形式对玄武岩纤维增强pCBT复合材料力学性能的影响

试样1—催化剂在玄武岩纤维表面;试样2—催化剂在CBT表面;试样3—催化剂同时存在玄武岩纤维与CBT表面。

3. 连续玄武岩纤维增强乙烯基酯类树脂基复合材料

以乙烯基酯树脂和连续玄武岩纤维为原料并配以所需助剂,采用真空吸注成型工艺制备复合材料,采用高压水切割机制备标准靶板。v_{50}即一定面密度的复合材料靶板在贯穿/防住弹丸的概率为50%时弹丸的入射速度,v_{50}值能科学表征一定面密度靶板的抗弹性能。玄武岩纤维对乙烯基酯类复合材料抗弹性的影响见表5-4。

从表5-4可以看出,在玄武岩纤维织物中以单向布增强乙烯基酯树脂复合材料的抗弹性能最好,斜纹布的效果最差。这种现象可能是由不同织物中单位长度内纤维的弯曲程度不同引起的。如果防弹材料中的纤维呈平直状态,则冲击波可沿纤维轴向传播至较远的距离而无反射,这有助于冲击能的快速扩散;如果纤维弯曲或有断头,则弯曲点或断点会部分反射冲击波,缩小了瞬间扩散范围,使防弹效果降低[24]。因此纤维单向布的防弹效果比斜纹布和平纹布好。斜纹布的编织结构影响到织物的力学性能,导致断裂强度下降,从而影响了其抗弹效果。从表5-17可以看出,织物面密度越小,复合材料的抗弹性能越好。产生这种现象的原因是，冲击能量在传播到层间界面时，部分能量会被反射回来而朝冲击波的反方向传播。经过多次反弹后既减小了冲击能量又增加了能量在靶板中的传播时间，这有利于能量向更大范围扩散。在靶板面密度几乎相同的条件下，织物面密度越小，所用织物层数越多，吸收的能量也越多。纤维直径越小，复合材料的抗弹性能越好。究其原因：一是纤维直径越小，在冲击的极短时间内能量传播的通道越多，能量被吸收的也越快、越多；二是纤维直径越小，纤维与树脂基体的界面接触面积越大，复合材料受到冲击时界面脱胶和分层的概率增加，由此所吸收的能量也越多。

表5-17 玄武岩纤维对乙烯基酯类复合材料抗弹性的影响

玄武岩纤维形态		靶板面密度/(kg/m²)	靶板厚度/mm	v_{50}/(m/s)	比吸能/(J/(m²·kg))
玄武岩纤维编织结构	单向布	23.1	12.7	464.3	21.0
	斜纹布	22.9	12.6	411.0	16.6
	平纹布	23.2	12.8	424.8	17.5
织物面密度/(g/m²)	188.0	23.1	12.7	479.6	22.4
	300.0	23.0	12.7	468.8	21.5
	660.0	23.3	12.7	457.4	20.2
纤维直径/mm	7	23.0	12.6	474.2	22.0
	9	23.1	12.7	464.3	21.0
	11	23.1	12.6	450.9	19.8
	13	22.9	12.6	445.5	19.5

根据弹体侵彻靶板的现象分析，弹体侵彻过程比较复杂，既不是简单的压缩塑性变形扩孔，也不是简单的冲塞现象[25,26]。弹体击中靶板后产生两种应力波：一种是沿纤维轴向的横波（类似脉冲波）向周围传播，通过纤维交错点和树脂基体分散开来，传递到较大的面积，造成纤维断裂和基体破坏，从而吸收能量；另一种波以纵波形式沿靶板厚度方向传播，造成靶板分层和分层部位的纤维断裂并在靶板背面撕起一些小窄层，从而吸收能量。玄武岩纤维增强乙烯基酯树脂复合材料的吸能方式主要是纤维断裂、基体破坏、靶板局部的变形和分层。

玄武岩纤维增强乙烯基酯树脂复合材料的抗弹性能与中碱玻璃纤维增强乙烯基酯树脂复合材料的抗弹性能基本相同，可部分替代玻璃纤维。该纤维在抗弹材料方面具有广阔的应用前景。

4. 连续玄武岩纤维增强聚酰胺类树脂基复合材料

将玄武岩纤维与PA66挤出成型制备复合材料。图5-34表示玄武岩纤维含量对PA66/玄武岩纤维复合材料拉伸强度的影响。由图可知,随着玄武岩纤维含量的增加,PA66/玄武岩纤维复合材料的拉伸强度提高。当玄武岩纤维质量分数达到40%时,复合材料的拉伸强度达到了234.0MPa,比纯PA66提高了196.2%。这是由于玄武岩纤维起了骨架增强作用。图5-35表示玄武岩纤维含量对PA66/玄武岩纤维复合材料弯曲性能的影响。由图可知,随着玄武岩纤维含量的增加,复合材料的弯曲强度和弯曲弹性模量均提高。当玄武岩纤维质量分数达到40%时,复合材料的弯曲强度达到了306.8MPa,弯曲弹性模量达到了10219.9MPa,相对于纯PA66分别提高了182.5%和211.8%。

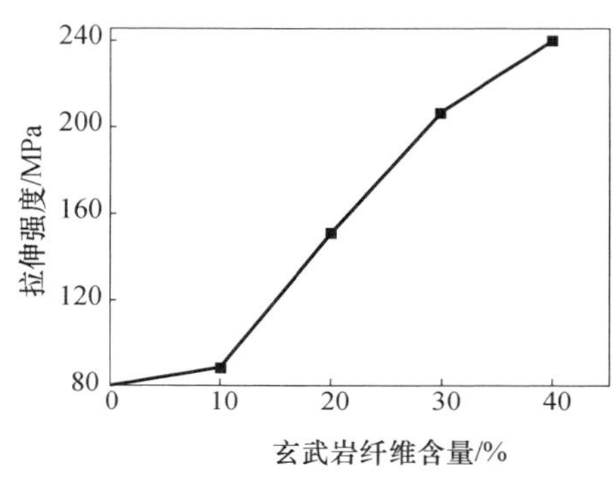

图5-34 玄武岩纤维含量对PA66/玄武岩纤维复合材料拉伸强度的影响

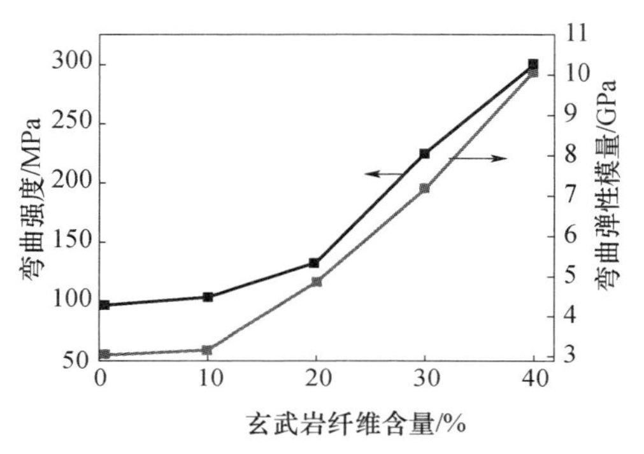

图5-35 玄武岩纤维含量对PA66/玄武岩纤维复合材料拉伸强度的影响

随着玄武岩纤维含量的增加,PA66/玄武岩纤维复合材料的缺口冲击强度增加。当玄武岩纤维质量分数达到40%时,PA66/玄武岩纤维复合材料的缺口冲击强度达到了17.3kJ/m^2,比纯PA66提高了517.8%,复合材料的韧性得到了极大的提高。图5-36为PA66/玄武岩纤维复合材料(玄武岩纤维质量分数30%)的冲击断口形貌。由图5-36(a)可以看出,未加入KH550时,玄武岩纤维表面十分光滑,未与PA66基体产生任何结合,只是简单堆砌在PA66基体中。可见,在未加入KH550的PA66/玄武岩纤维复合材料中,玄武岩纤维不仅不能与PA66基体形成良好的界面结合,反而在玄武岩纤维与PA66基体的界面处留有空隙,使基体的承载能力降低。由图5-36(b)可以看出,添加偶联剂KH550后,玄武岩纤维表面变得粗糙,且与PA66基体间产生了良好的结合,从而增强了PA66/玄武岩纤维复合材料承受外力的能力,在宏观上表现出PA66/玄武岩纤维复合材料的拉伸强度、弯曲强度和缺口冲击强度等力学性能均大幅度提高。

图5-36 PA66/玄武岩纤维复合材料冲击断口形貌
(a)不含偶联剂;(b)含质量分数0.5%的偶联剂KH550。

5.2.2 短切玄武岩纤维增强热塑性树脂基复合材料

相对于矿棉纤维和玻璃纤维等增强材料,玄武岩纤维具有很大的优势。玄武岩纤维的拉伸强度在3800~4800MPa范围内,比碳纤维、聚苯并咪唑纤维、芳纶、氧化铝纤维还要高,与S玻璃纤维接近。因此,玄武岩纤维被认为是较好的增强材料。已有研究表明,玄武岩纤维对复合材料具有增强作用。当玄武岩纤维直接与聚丙烯共混时,复合材料的拉伸强度相对于聚丙烯基体有所下降,但是冲击强度比纯聚丙烯增加了4倍。加入偶联剂马来酸酐接技聚丙烯(PP-g-MAH)后,复合材料的拉伸强度相对于聚丙烯基体有所提高,冲击强度比纯聚丙烯增高5倍之多。当未加入偶联剂时,玄武岩纤维和聚丙烯基体之间具有较差的界面黏合性,因此拉伸强度降低,而偶联剂改善了玄武岩纤维和聚丙烯基体之间的界面黏合性,复合材料的拉伸性能提高,冲击强度也进一步提高。这是因为玄武岩纤维中含有大量的SiO_2,硅酸盐中的羟基和偶联剂中的酐基发生反应生成碳碳双键。除此之外,生成的羧基和硅酸盐中的羟基之间有可能会形成氢键。这些反应的发生使玄武岩纤维和聚丙烯基体之间的界面强度增加,便于复合材料中的载荷有效地从基体转移到玄武岩纤维上,复合材料的力学性能大幅度增加。因此,玄武岩纤维是一种很好的增强体。

随着人类环境意识的提高,天然纤维增强聚合物基复合材料的研究已经受到人们的关注。生物纤维相对于传统加强材料(如玻璃纤维、碳纤维、滑石、云母等材料)的优点是:成本低、密度低、韧性高,可接受的比强度,减少刀具磨损,减少皮肤和呼吸道刺激,良好的热性能,提高能源的回收和生物降解性。生物纤维属于可再生资源,相对于原材料利用,为热塑性和热固性复合材料中的加强纤维提供了积极的环境效益。近年来,这种生物基复合材料的使用迅速扩大,并且这个领域在未来的增长具有巨大的潜力。它的使用范围从汽车内饰件到土工布,多种农业纤维已应用到重要的结构零件或复合材料的填充剂/加强剂。然而,天然纤维也存在着一些缺点,如天然纤维和聚合物基体之间界面黏结差,合成过程中易聚团、易吸潮等,并且天然纤维在热的和氧化条件下容易损坏。此外,还有复合材料的环境降解问题。这些都极大地限制了天然纤维增强复合材料的应用。为了促进天然纤维复合材料在工程上的应用,在天然纤维制备的增强复合材料中添加短切玄武岩纤维,既能够利用玄武岩纤维优异的力学性能对复合材料进行增强,又不影响天然纤维可降解不污染环境的特点。

将黄麻纤维和玄武岩纤维切成 10mm 长,用 3% NaOH 溶液浸泡,用乙酸中和 NaOH,水洗烘干纤维。将处理后的纤维与聚丙烯、PP - g - MA 通过熔融塑炼,挤出成型制备复合材料。图 5 - 37 给出了纯聚丙烯和复合材料拉伸强度、断裂伸长率的值。加入黄麻纤维后,聚丙烯复合材料的拉伸强度降低,PP - g - MA 提高了聚丙烯复合材料的拉伸强度,复合材料的拉伸强度高于纯聚丙烯,这主要归功于黄麻纤维和聚丙烯界面之间黏结性的提高。为了研究玄武岩纤维对黄麻/聚丙烯复合材料性能的影响,纤维总含量定为 20%(质量分数),纤维长度为 10mm。其他研究表明,PP - g - MA 能有效地改善玄武岩纤维和聚丙烯之间的界面强度,因此采用 PP - g - MA 作为偶联剂,把玄武岩纤维加入黄麻/聚丙烯复合材料中后,拉伸强度增加。加入玄武岩纤维后,复合材料的断裂伸长率变得更低,在 6% 左右。这是由于玄武岩纤维的拉伸强度和刚性高于黄麻纤维的,复合材料通过界面把部分载荷传递到了玄武岩纤维上,玄武岩纤维承受了一部分载荷,同时玄武岩纤维增加了复合材料的刚性。

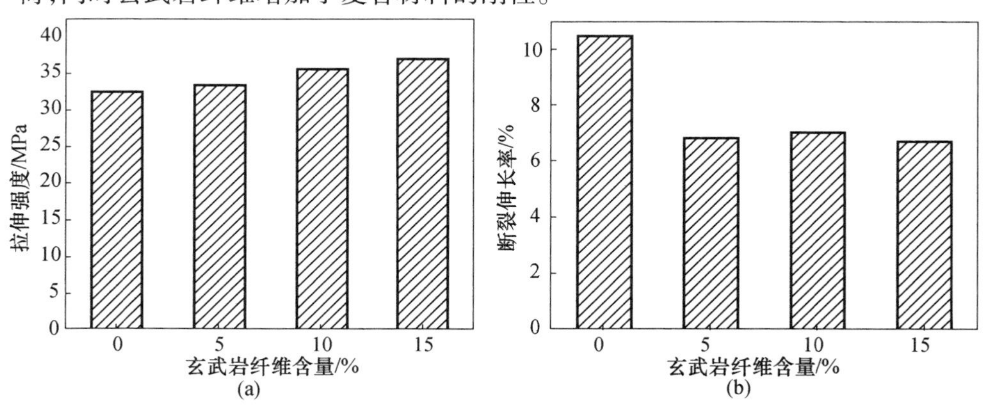

图 5 - 37 短切玄武岩纤维含量对复合材料拉伸强度与断裂伸长率的影响
(a)拉伸强度;(b)断裂伸长率。

图5-38是纯聚丙烯和复合材料冲击强度的值。加入黄麻纤维后，聚丙烯复合材料的冲击强度急剧下降。PP-g-MA提高了聚丙烯复合材料的冲击强度，但是效果不明显，冲击强度依然比纯聚丙烯低很多。把玄武岩纤维加入黄麻/聚丙烯复合材料中，冲击强度增加。复合材料冲击强度的提高是由于玄武岩纤维的加入增加了复合材料的阻力，当复合材料受到冲击时，纤维和聚丙烯基体之间的阻力增加，纤维拔出需要吸收更多的能量。

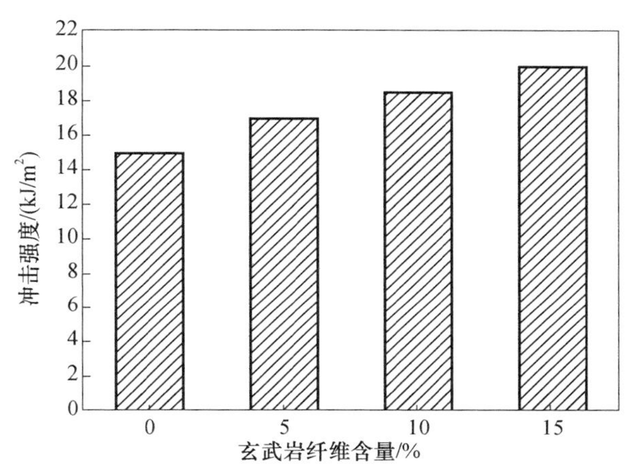

图5-38 短切玄武岩纤维含量对复合材料冲击强度的影响

表5-18是聚丙烯和复合材料热性能的值，如熔融温度(T_m)、熔融热焓(ΔH_f)和结晶度(X_c)的值。表中JF表示黄麻纤维，PP-g-MA表示马来酸酐接枝聚丙烯，BF表示玄武岩纤维。PP/JF/BF复合材料的结晶度X_c低于PP/JF复合材料，并且PP/JF/BF复合材料的结晶度X_c随玄武岩纤维的增加呈现降低的趋势。这说明，玄武岩纤维不利于聚丙烯结晶成核，而黄麻纤维表面有利于聚丙烯结晶和部分晶体成长，更有利于纤维周围穿晶层(TCL)的形成。因此，玄武岩纤维的加入不利于结晶过程，导致两种纤维复合材料的结晶度X_c低于JF/PP复合材料。

表5-18 短切玄武岩纤维对复合材料热性能的影响

试样	熔融温度 T_m /℃	熔融热焓 ΔH_f /(J/g)	结晶度 X_c /%
PP	149.179	71.16	51.57
PP/20JF	149.913	62.87	56.95
PP/20JF/PP-g-MA	164.141	76.13	68.96
PP/15JF/5BF/PP-g-MA	146.846	61.05	55.30
PP/10JF/10BF/PP-g-MA	144.512	59.83	54.19
PP/5JF/15BF/PP-g-MA	148.012	57.76	53.32

图5-39是聚丙烯和不同纤维含量PP/JF/BF复合材料的二次加热DSC曲线。对于化学处理过的纤维复合材料来说,复合材料的熔融峰转移到了更高的温度处,熔融温度T_m增加,使聚丙烯熔融变得困难。这说明,化学处理有效地改善了复合材料的界面,纤维和基体牢牢地结合在一起。将玄武岩纤维加入JF/PP复合材料中,复合材料的熔融峰转移到了较低温度处,熔融温度T_m降低,并且比纯聚丙烯还要低,使聚丙烯熔融变得容易。

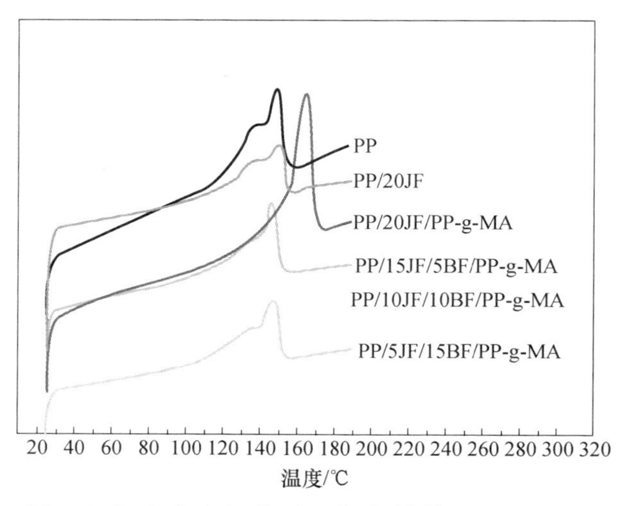

图5-39　短切玄武岩纤维增强复合材料二次加热DSC曲线

将一定质量的聚丙烯、相容剂PP-g-MAH(聚丙烯接技马来酸酐)、弹性体(SEBS、EPDM、POE、EVA等)融熔共混挤出造粒,加入5%~20%(质量分数)的短切玄武岩纤维,注塑成型制备玄武岩纤维增强聚丙烯复合材料。不同玄武岩纤维含量对PP/BF复合材料力学性能的影响如表5-19所列。拉伸强度可以表征材料的使用极限,从表中数据可以看出,随着玄武岩纤维含量的增加,PP/BF复合材料的拉伸强度在玄武岩纤维含量为5%时略微减小,当大于5%后,呈现增加趋势。这说明较低含量的玄武岩纤维对拉伸强度影响甚微,当含量大于一定程度时(>5%),对拉伸强度增加明显。断裂伸长率是显示材料延展性和拉伸断裂韧性的主要参数,从表中数据可以看出,当玄武岩纤维小于5%时,断裂伸长率有小范围的增加,当玄武岩纤维大于5%时,断裂伸长率急剧降低,甚至呈现出脆性断裂的现象。这是由于纤维含量增加过多,纤维与基体树脂的相容性变差,使复合材料内部结构松散。弹性模量是显示材料抗拉刚性的主要参数,从表中可以看出,随着纤维含量的增加,弹性模量呈递增趋势,这说明在融熔共混过程中,纤维在基体中分散均匀,阻碍了基体树脂分子链的运动,所以使PP/BF复合材料的抗拉刚性有所提高。缺口冲击强度是材料使用性能的重要指标之一,由表中可以看出,随着玄武岩纤维含量增加,除了个别点,缺口冲击强度总体呈现增加趋势,玄武岩纤维为5%时,缺口冲击强度最低为1.79kJ/m²,之后增加明显。这可能是由于一定含量的玄武岩纤维在冲击载荷的情况下能诱发纤维粒子周围的聚丙烯产生剪切应力,使相应的剪切带能够吸收部分冲击性能,因此提高了复合体系的缺口冲击强度。

表5-19　玄武岩纤维含量对PP/BF复合材料力学性能的影响

复合材料	拉伸强度/MPa	断裂伸长率/%	弹性模量/MPa	缺口冲击强度/(kJ/m²)
PP/BF(100/0)	33.89	595.2	722	1.84
PP/BF(95/5)	33.01	617.8	932	1.79
PP/BF(90/10)	34.98	19.0	1125	2.27
PP/BF(80/20)	38.00	10.8	1729	2.62

如图5-40所示,为玄武岩纤维含量0%与10%的复合材料冲击断面的SEM图。通过对比两张图片可以看到,纯聚丙烯的V形缺口冲击断面表现为大小不同的凸台状,伴随着冲击下所产生的裂纹扩展迅速,因此冲击强度不高。复合材料的玄武岩纤维在聚丙烯机体中的分布相对均匀,基体和纤维的界面比纯聚丙烯的光滑,基本上没有纤维被拔出的现象,并且纤维表面相对光滑,说明伴随纤维的加入,材料的脆性略有增加,验证了拉伸过程中的脆性断裂,使断裂伸长率出现了急剧下降的现象。但是纤维壁上仍有少量的树脂附着,使材料的冲击韧性略微的提高。

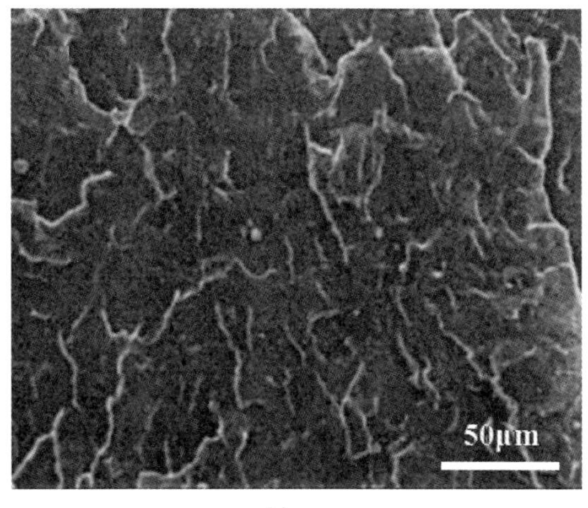

(a)

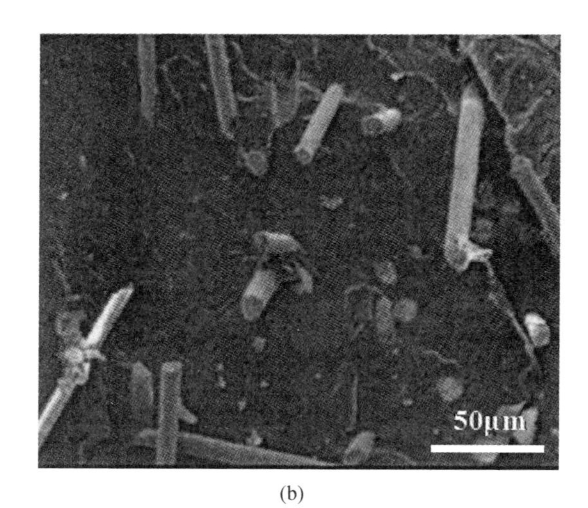

(b)

图 5－40　短切玄武岩纤维含量0%与10%时复合材料冲击断面SEM图

(a)纤维含量0%；(b)纤维含量10%。

在复合材料体系中添加一定量的相容剂PP－g－MAH，得到相容性更好的复合材料。玄武岩纤维含量不同，所得复合材料的力学性能如表5－20所列。从表中可以看出，随玄武岩纤维含量递增，拉伸强度依次递增且递增明显，通过对比，可以确定相容剂PP－g－MAH的加入，增加了两种聚合物的相容性，促使之间的黏结力增加，使分散相与连续相之间均匀，形成稳定结构。拉伸断裂伸长率随玄武岩纤维含量增加大幅度减少，表中数据可以看出，加入玄武岩纤维的试样形成了脆性断裂，PP－g－MAH对改善断裂伸长率帮助不大。弹性模量随着玄武岩纤维的增加而增加。通过分析四组缺口冲击强度的数值可以看出，加入玄武岩纤维有增强缺口冲击强度的趋势，但效果不是很明显，其中5%玄武岩纤维含量的缺口冲击强度最高为不含玄武岩纤维的1.28倍，为不含PP－g－MAH的1.7倍。因此可知，相容剂PP－g－MAH的加入有助于提高复合材料的缺口冲击强度。

表5－20　短切玄武岩纤维含量对添加相容剂复合材料力学性能的影响

玄武岩纤维含量/%(质量分数)	拉伸强度/MPa	断裂伸长率/%	弹性模量/MPa	缺口冲击强度/(kJ/m^2)
0	34.33	656.9	800	2.44
5	40.6	18.4	1060	3.13
10	46.85	9.7	1400	2.36
15	53.78	6.3	1639	3.03

在复合材料体系中添加一定量的相容剂 PP - g - MAH 的情况下，再添加一些弹性体三元乙丙橡胶（EPDM），制备的复合材料的力学性能如表5-21所列。由表中数据可以看出，复合材料的拉伸强度伴随玄武岩纤维含量的增加呈现递增趋势，且增幅明显，表明弹性体 EPDM 的加入对于提高 PP/PP - g - MAH/BF 复合材料的拉伸强度有很大作用。断裂伸长率随玄武岩纤维的加入大幅度减弱，这说明在复合材料 PP/PP - g - MAH/EPDM 中加入玄武岩纤维对断裂伸长率有严重影响，玄武岩纤维含量越高，断裂伸长率越低，原因可能是 EPDM 不能均匀地分布在聚丙烯中，形成团聚的 EPDM 使复合材料的局部强度过低，再加上玄武岩纤维混合得不均匀，导致了拉伸极易断裂。从弹性模量的数值分布上可以看出，随着玄武岩纤维含量的增加，弹性模量逐渐提高，且玄武岩纤维含量为20%时达到了2106MPa，是已测试样中最高的。这表明 EPDM 对于提高 PP/BF 复合材料的弹性模量有显著的作用。从表中可以看到，缺口冲击强度随玄武岩纤维含量增加而增大，在不含玄武岩纤维时最低，玄武岩纤维含量为20%时最高，这可以说明弹性体 EPDM 的加入对纤维复合材料的冲击强度的提高有明显作用。

表5-21 短切玄武岩纤维含量对添加偶联剂及 EPDM 的复合材料力学性能的影响

玄武岩纤维含量/%（质量分数）	拉伸强度/MPa	断裂伸长率/%	弹性模量/MPa	缺口冲击强度/(kJ/m^2)
0	31.82	757.8	516	1.14
5	39.11	25.3	1043	1.71
10	50.64	8.5	1475	2.53
15	62.13	6.7	2106	3.58

表5-22为 PP/PP - g - MAH/POE/BF 复合材料力学性能。可以看到，复合材料的拉伸强度随玄武岩纤维含量增加而增加，但通过与未加入 POE 的数据 PP/PP - g - MAH/BF 相比可以看到，弹性体 POE 的加入降低了复合材料的拉伸强度，同样的热塑性弹性体 POE 本身的拉伸强度就远小于塑料，因此它的加入拉低了复合材料的拉伸强度。断裂伸长率随玄武岩纤维含量的增加而减小，且玄武岩纤维含量越高，断裂伸长率越小，但相比于没有加入弹性体的实验结果来看，弹性体 POE 的加入也在相应程度上对断裂伸长率有一定的提升作用。弹性模量也随着玄武岩纤维含量的递增而增加，在玄武岩纤维含量为20%时达到了1862MPa。缺口冲击强度随玄武岩纤维含量的增加，呈现非线性波动，且在玄武岩纤维含量为10%时达到最大，与未加入弹性体 POE 的材料相比，POE 的加入提高了材料之间的界面相容性，作为分散相的弹性体能较好地分布在作为连续相的聚丙烯中，可以较好地增加复合材料的缺口冲击强度。

表 5-22　短切玄武岩纤维含量对添加偶联剂及 POE 的复合材料力学性能的影响

玄武岩纤维含量/%（质量分数）	拉伸强度/MPa	断裂伸长率/%	弹性模量/MPa	缺口冲击强度/(kJ/m^2)
0	31.94	630.8	654	4.66
5	32.61	187.8	837	4.31
10	42.41	15.3	1280	5.60
15	53.35	7.6	1862	5.24

图 5-41 为相同组分的玄武岩纤维含量（玄武岩纤维质量分数为 10%），不同冷却速率下，各组的非等温结晶 DSC 曲线。图中横坐标代表温度变化，纵坐标代表结晶过程中的热焓变化，箭头所示方向为吸热方向。图 5-41(a)代表 PP/BF，(b)代表 PP/PP-g-MAH/BF，两图为不同冷却速率对 PP/BF 复合材料

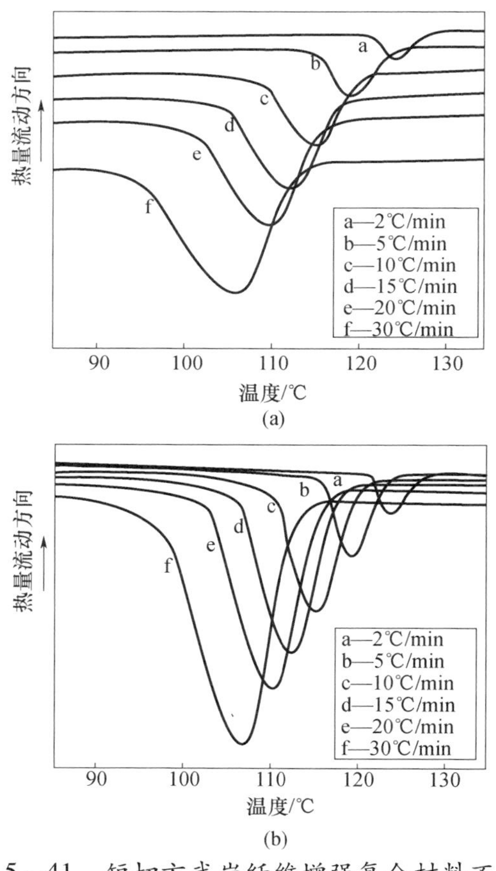

图 5-41　短切玄武岩纤维增强复合材料不同冷却速率下非等温结晶 DSC 曲线

(a) PP/BF；(b) PP/PP-g-MAH/BF。

结晶性能的影响。可以看到，结晶过程为放热过程，伴随着冷却速率的递增，开始结晶温度 T_{onset}、结晶峰温度 T_{peak}、结晶终了温度 T_{end} 均向低温方向移动，且结晶温度范围变得更加宽泛。

图5-42为玄武岩纤维增强聚丙烯复合材料由DSC实验数据所得到的熔融行为曲线。横坐标轴表示温度的变化，纵坐标轴表示热焓值的变化，纵坐标轴所示正方向表示为吸热方向。图中显示出了不同冷却速率下复合材料的非等温熔融行为，图5-42(a)代表PP/BF，(b)代表PP/PP-g-MAH/BF。熔融过程是聚合物从固态变化到液态，同时也是相变从有序到无序的过程，这期间需要吸收大量的热，即熔融吸热，相反，结晶放热。由图5-42可以看出，随着冷却速率的不同，熔融温度也在不断地变化。图中箭头表示冷却速率越大，熔融峰越向着低温方向移动，即箭头直线所示的方向。显然，复合材料的熔融行为取决于冷却速率。冷却速率越慢，结晶开始时的温度区域就越高，因为它需要更多的时间来克服成核障碍；冷却速率越高，结晶的晶体(聚丙烯表现为球晶)越不完善，温度越低。

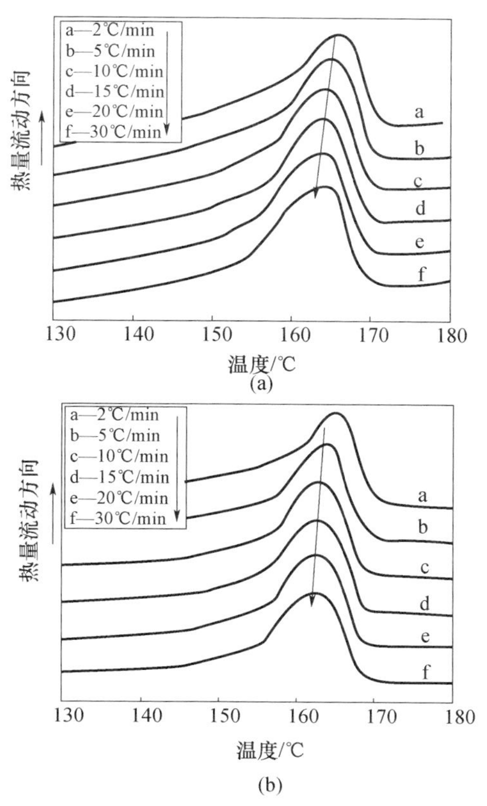

图5-42　短切玄武岩纤维增强复合材料不同冷却速率下非等温熔融曲线
(a)PP/BF；(b)PP/PP-g-MAH/BF。

表5－23所列为纯聚丙烯与四组复合材料的非等温结晶动力学参数。表中所列的数值从左至右依次为结晶0.1%时的温度$T_{0.1\%}$、开始结晶温度T_{onset}、结晶峰温度T_{peak}、结晶终了温度T_{end}、结晶99.9%时的温度$T_{99.9\%}$，以及半结晶度时间$t_{1/2}$（从结晶出现开始到结晶过程结束，当相对结晶度达到50%时所需的时间）。从表中可以到，各组复合材料结晶峰温度T_{peak}都随冷却速率的增加，呈现下降趋势，这说明冷却速率可以影响复合材料的结晶温度，冷却速率越快，结晶温度越低。同时由半结晶度时间$t_{1/2}$的值随着冷却速率的加快逐渐变小，也验证了同样的结论。此外还可以看出，复合材料相比于纯聚丙烯来说，在相同的结晶速率下，半结晶度时间变小，即结晶速率加快。可以推断出，加入玄武岩纤维、偶联剂与弹性体促进了聚丙烯的结晶。

表5－23　纯聚丙烯与四组复合材料的非等温结晶动力学参数

样品	升温速率/(℃/min)	$T_{0.1\%}$/℃	T_{onset}/℃	T_{peak}/℃	T_{end}/℃	$T_{99.9\%}$/℃	$t_{1/2}$/min
纯PP	2	127.84	123.07	118.73	116.07	127.84	123.07
	5	124.49	118.34	114.48	111.89	100.43	1.65
	10	123.00	115.50	111.40	107.57	93.96	1.14
	15	122.49	113.79	109.29	103.97	89.60	0.90
	20	120.17	112.39	106.98	100.36	86.16	0.69
	30	116.96	110.06	102.84	94.07	85.13	0.49
PP/BF	2	131.82	128.20	124.57	121.70	113.63	3.53
	5	127.40	123.97	119.89	115.62	108.14	1.55
	10	126.25	120.45	115.72	109.48	97.52	1.07
PP/BF	15	125.52	118.20	113.01	105.09	92.00	0.93
	20	124.25	116.48	110.78	101.50	88.38	0.85
	30	120.30	113.80	107.26	95.22	86.16	0.42
PP/PP－g－MAH/BF	2	129.40	127.31	123.96	121.44	110.46	3.56
	5	126.88	123.33	119.55	115.95	103.98	1.50
	10	125.97	119.88	115.65	110.46	97.59	1.03
	15	124.48	117.60	113.00	106.51	91.27	0.86
	20	122.35	115.84	110.92	103.29	87.12	0.74
	30	118.59	113.04	107.46	97.62	85.75	0.48
PP/PP－g－MAH/EPDM/BF	2	129.69	126.98	123.50	120.82	110.33	2.95
	5	126.38	122.99	119.07	115.54	103.99	1.28
	10	124.91	119.56	115.26	109.43	98.39	0.72
	15	123.88	117.29	112.67	105.81	93.18	0.53

（续）

样品	升温速率/(℃/min)	$T_{0.1\%}$/℃	T_{onset}/℃	T_{peak}/℃	T_{end}/℃	$T_{99.9\%}$/℃	$t_{1/2}$/min
PP/PP－g－MAH/EPDM/BF	20	121.97	115.50	110.81	102.92	87.88	0.46
	30	118.07	112.74	106.78	97.99	85.89	0.33
PP/PP－g－MAH/POE/BF	2	131.52	127.36	123.86	121.08	108.14	3.37
	5	126.04	123.08	119.22	115.34	102.14	1.39
	10	123.51	119.50	115.18	109.54	95.83	0.79
	15	123.14	117.18	112.44	105.31	91.43	0.65
	20	121.68	115.38	110.16	101.76	87.67	0.64
	30	117.72	112.54	106.57	95.60	86.29	0.34

图5－43为纯聚丙烯以及玄武岩纤维含量10%的复合材料的偏光显微镜照片。聚丙烯为球晶结构，由于晶体的双折射特性，出现了明暗相间的球晶形态，从图中可以看出，纯聚丙烯的球晶比较大，且边界比较清楚。由于纯聚丙烯的结晶速度比较快，所以球晶很快就叠加了起来。通过对比可以看出，在加入了纤维之后，PP/BF的球晶相比于纯聚丙烯在一定程度上变小了，且球晶边界变得稍显模糊，说明玄武岩纤维的加入促进了聚丙烯的结晶，具有一定的成核作用，单位时间内，晶体的密度变大了。在加入了相容剂PP－g－MA后的PP/BF共混体系中，球晶大小与PP/BF组差别不大。在加入弹性体EPDM与POE后，复合材料的球晶尺寸变得更小，球晶形态变得很不清晰，边界更加模糊。这说明偶联剂与弹性体的共同作用，相比于只加玄武岩纤维的PP/BF组以及加入相容剂的PP/BF/PP－g－MA组，弹性体促进聚丙烯的成核作用变得更加明显，相当于成核剂，使在一定时间下，增加了晶核分布的密度，促使更多的聚丙烯分子在广泛的晶核附近生长，因此，复合体系的球晶尺寸大大小于纯聚丙烯的球晶尺寸。

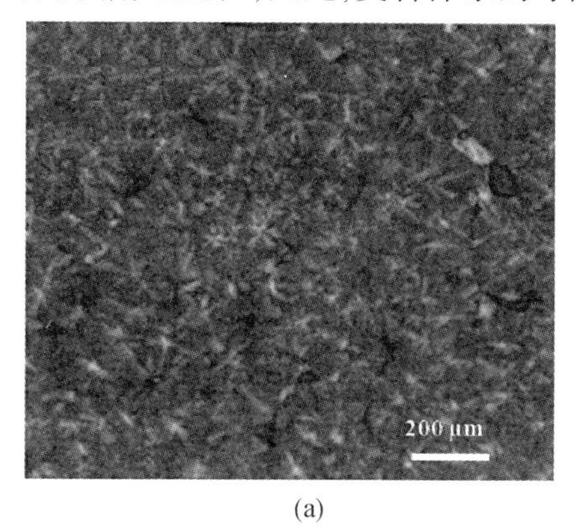

(a)

(b)

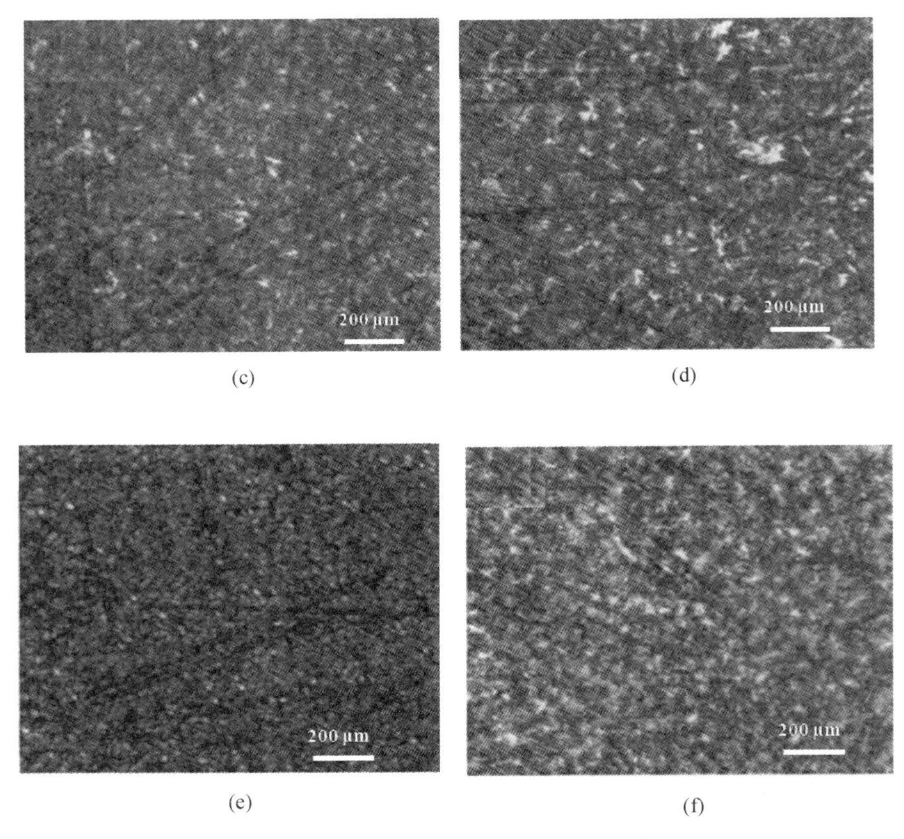

(c) (d)

(e) (f)

图 5-43 纯聚丙烯以及玄武岩纤维含量10%的复合材料的偏光显微镜照片

(a)纯 PP;(b)纯 PP;(c)PP/BF;(d)PP/BF/PP-g-MA;
(e)PP/BF/PP-g-MA/EPDM;(f)PP/BF/PP-g-MA/POE。

短切玄武岩纤维还可用来增强PET制备复合材料,增强后的复合材料拉伸强度和拉伸弹性模量分别达到112.9MPa和8655MPa,短切玄武岩纤维的加入还降低了复合材料的结晶度。继续加入滑石粉改善纤维和基质的界面黏结力,可进一步提高复合材料的力学性能[27]。

采用双螺杆挤出机对短切玄武岩纤维、聚丙烯、聚酰胺(尼龙)混合体系进行熔融共混挤出造粒,注塑得到短切玄武岩纤维增强的聚丙烯/尼龙复合材料。实验表明,尼龙的含量对于复合材料力学性能的影响变化明显,当尼龙含量较小(10%~20%(质量分数))时,尼龙和短切玄武岩纤维在聚丙烯基体中形成了一种随机网络结构,这种方式可以有效提高复合材料的力学性能[28]。

5.3 建筑用玄武岩纤维增强复合材料

5.3.1 玄武岩纤维在路面土工格栅中的应用

随着中国交通运输业的飞速发展,重载车逐渐增多,荷载逐渐增大,沥青路面早期破坏现象越来越普遍,许多路面仅在2~3年便出现了明显的损坏。重载、超载已成为影响路面使用性能及缩短路面使用寿命的重要因素之一。总地来说,这些损坏可归结为水损坏和高温剪切破坏,尤其在渠化交通处更为明显,因此,研究沥青路面的抗水损坏和高温抗剪性能显得极为重要。在国内外路面工程实例中,纤维复合材料是目前解决上述问题的有效技术手段,对有机类纤维(木质素纤维和聚合物纤维)沥青混合料的路用性能及抗水损害能力方面已有了较多的研究和应用[29]。已有研究结果表明:有机类纤维由于强度和弹性模量低、耐高温性能差、低温脆化、吸水等性能缺陷,因而不太适合沥青混合料。玄武岩矿物纤维可以弥补有机类纤维的缺点,并可再生利用,不但弥补了石棉等矿物纤维存在威胁环境及人体的缺陷,而且其较高的强度及弹性模量、与沥青和集料较好的亲和力以及分散性好等众多优点,决定了它是一种绿色、环保、无污染的新型无机非金属矿物纤维[30]。

玄武岩纤维具有较高的强度、弹性模量和耐高低温、耐侵蚀等性能,适用于路面土工格栅中的基础材料——纤维布。土工格栅是指用沥青处理过的纤维布经烘干成型后铺设在沥青道路罩面层下的加强筋材料,在国外已应用多年。土工格栅用于沥青道路时,可发挥以下作用:

(1)抗疲劳开裂。土工格栅可使沥青混凝土的弯拉强度提高26%,临界应力增加57%,可有效地改变路面结构的应力分布。这样路面在车轮荷载受压时形成缓冲,可减少应力突变对沥青路面表面层的破坏,从而大大提高路面的使用寿命。

(2)耐高温车辙、抗低温缩裂。沥青在高温时具有流变性,在车辆荷载作用下,受力区域产生凹陷,发生塑性变形,经过长期积累就会形成车辙。在沥青中使用土工格栅,可形成复合力嵌锁体系,限制塑性运动,使沥青面层中各部分彼此牵制,防止了沥青的表面推移,从而起到抵抗车辙的作用。特别是在严寒地区,由于冬季路面温度很低,沥青混凝土遇冷收缩,当拉应力超过沥青混凝土的拉伸强度时就会产生裂缝。而使用土工格栅可大大提高沥青混凝土的拉伸强度,即使局部产生裂纹,其应力也能通过格栅传递消失,不会形成裂缝。

(3)加强软土基。软土基疏松多孔,在荷载下易沉降。而使用土工格栅进行加筋处理,其网状结构一方面有利于软土基排水;另一方面软土基与格栅的共同作用可形成嵌锁体系,受车载时应力趋于均匀,从而使承载力提高。

为了使上述作用得到充分发挥,要求土工格栅的强度、弹性模量、耐高低温性能和耐侵蚀性等越高越好,路面的使用寿命也就越长。玄武岩纤维土工格栅的上述性能要优于玻璃纤维土工格栅,在性价比适当时,玄武岩纤维将成为土工格栅的主要材料。

沥青混合料是由沥青胶浆和集料组成的复合材料,玄武岩纤维的加入,一定程度上增加了混合料的相和界面,使其成为多相复合体。不同材料的性能及其之间的相互作用,使纤维混合料表现出不同的力学性能和使用性能。从基本构成而言,沥青胶浆首先与玄武岩纤维结合,形成玄武岩纤维胶浆,在混合料的强度形成中起到了关键作用;而剪切流变性能和黏度是沥青胶浆的关键指标。

表5-24给出了不同玄武岩纤维掺量下沥青胶浆的高温性能。由表可知,随着温度的升高,不同纤维掺量胶浆的抗车辙因子均呈减小趋势,这主要是因为随着温度的升高,沥青胶浆由黏塑状态向流体转化,从而其内部的抗剪阻力减小。同一试验温度下,在SBS原沥青中加入玄武岩纤维后,纤维胶浆的抗车辙因子值得到显著提高,且随着掺量的增加,纤维胶浆的抗车辙因子呈上升趋势;而在不同温度下,掺加纤维量相同时,沥青胶浆抗车辙因子值与原沥青抗车辙因子值相比增大2.5~5.9倍。可能的原因是:一方面,纵横交错的纤维吸附沥青中的小分子(轻质油类)物质,导致沥青中沥青质的相对含量增高,沥青组分发生改变,从而使沥青的黏度增大;另一方面,纤维与沥青在加热条件下相互作用,使得纤维固态物质表面产生对液态沥青的吸附、扩散、湿润和化学键的结合作用,致使沥青在纤维表面进行排列,形成结合力较强的沥青界面结构层,玄武岩纤维在沥青胶结料中起到了明显的“加筋”作用,从而使纤维胶浆的扭矩增大,抗车辙因子值提高,胶浆的高温性能得到显著改善。

表5-24　不同玄武岩纤维掺量下沥青胶浆的高温性能

玄武岩纤维掺量/%	不同温度的抗车辙因子/kPa				
	52℃	58℃	64℃	70℃	76℃
0	15.08	7.31	3.54	1.72	0.88
0.2	40.53	20.14	9.58	5.41	3.08
0.3	48.27	25.11	11.63	5.77	3.57
0.4	54.66	28.46	14.05	6.37	3.91
0.5	56.57	30.63	15.51	6.84	4.12

沥青的黏度是沥青在外力作用下抵抗剪切变形的能力。而沥青路面是以沥青将松散集料黏结成具有一定强度的结构物。已有研究表明,沥青的黏度与其

路用性能,尤其抗车辙性能有良好的相关性,沥青黏度大、黏结力强,拌制的混合料强度、稳定性和耐久性较好。

玄武岩纤维沥青混合料的水稳定性通过浸水马歇尔试验和冻融劈裂试验评价。由图5-44可知,玄武岩纤维对沥青混合料稳定度和浸水马歇尔稳定度影响显著。加入纤维后,混合料稳定度和浸水稳定度明显提高,且随着纤维掺量的增加而增大;尤其对浸水马歇尔稳定度的提高更为显著,纤维掺量为0.2%、0.3%、0.4%、0.5%时的混合料稳定度较未加纤维的混合料稳定度分别提高10.4%、16.3%、22.1%、23.2%。

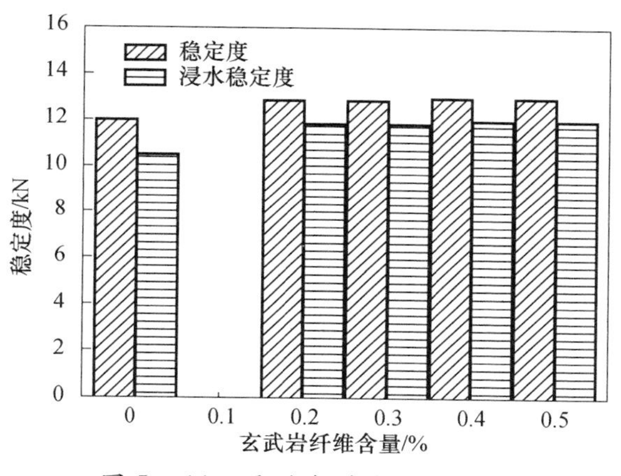

图5-44 马歇尔稳定性与浸水马歇尔稳定性

由图5-45可知:混合料残留稳定度比随纤维掺量的增加呈上升趋势,在纤维掺量为0.2%、0.3%、0.4%时,残留稳定度比呈直线上升;而掺量增加到

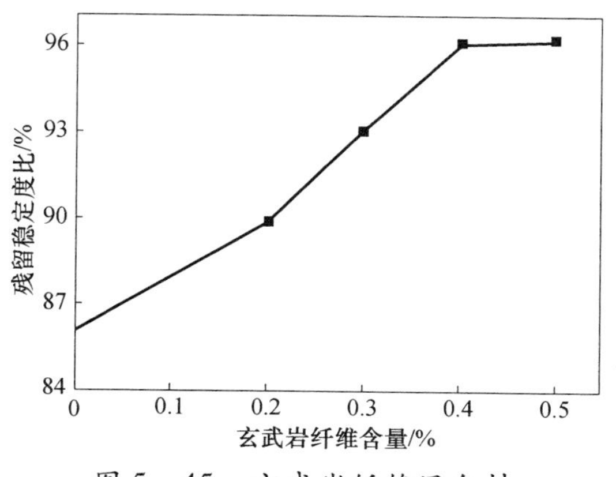

图5-45 玄武岩纤维混合料的残留稳定度比

0.5%时,曲线出现拐点,残留稳定度比增加变缓。在进行马歇尔稳定度试验过程中,混合料试件处于压剪复合受力状态,在一定程度上反映了混合料剪压强度及抗变形能力。玄武岩纤维沥青混合料的抗剪强度由纤维沥青胶浆的强度、沥青与集料间的界面强度、集料间的嵌挤强度组成。在沥青、集料的材料性能及级配组成不变的情况下,试件的稳定度主要取决于纤维沥青胶浆的强度,所以混合料的稳定度及浸水稳定度随着纤维掺量的增大而增强。而过量纤维的加入又会影响集料间的嵌挤,从而影响混合料的强度。因此,在混合料中加入玄武岩纤维存在最佳值,综合上述试验结果分析,推荐玄武岩纤维最佳掺量为0.4%。

玄武岩纤维对混合料的劈裂强度性能有明显改善,对于冻融和未冻融的混合料而言,劈裂强度值均随纤维掺量的增加而增大。掺加纤维后劈裂强度值均有较大提高,未冻融试件劈裂强度值增加范围为8.6%~18.1%;冻融试件劈裂强度值提高11.6%~34.0%。图5-46表明,混合料的冻融劈裂强度比与纤维掺量呈线性增加,由于冻融劈裂强度比直接反映沥青混合料抵抗水损坏破坏的能力,说明玄武岩纤维的加入可使混合料水稳定性得到改善。

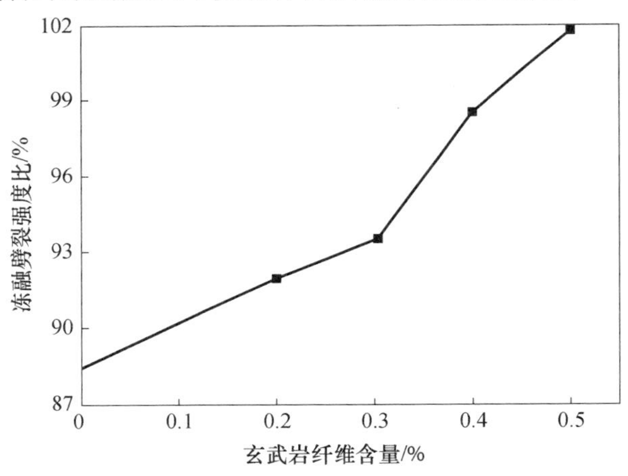

图5-46 玄武岩纤维混合料的冻融劈裂强度比

从复合材料界面化学理论可知,处于物系平衡状态下的各相相接触的界面(或界面相),在分子力的作用下连续发生组分和能量上的变化,同时在界面接触处形成新的相,致使其表面能降低、物系处于稳定状态。玄武岩纤维通过增强沥青胶浆的强度和韧性来改善沥青—集料之间的界面结合条件,提高了混合料整体的强度性能,从而使混合料的水稳定性得到改善。从劈裂强度数据可知,在纤维掺量为0.5%时,冻融劈裂强度比大于100%,并未产生水损害或者水损害较小,表明玄武岩纤维对沥青混合料的水稳定性具有良好的改善效果。

沥青混合料是一种黏弹塑性体,其力学指标通常与温度及荷载密切相关。在正常荷载作用下,沥青路面的永久变形主要发生在路表温度高于40℃的情况下。另外,随着超载、重载车辆的增多,轮胎压力普遍高于0.7MPa,甚至高达1.3MPa,致使沥青路面产生较大的剪切变形,从而降低了道路的通行能力。采用三轴重复荷载蠕变试验和车辙试验,模拟实际路面受力状态,发现在高温45℃、60℃及两种应力水平0.7MPa、1.1MPa下,玄武岩纤维的加入明显提高了沥青混合料的流变次数,混合料流变次数随着玄武岩纤维掺量的增大而增加。

根据JTJ 052—2000《公路工程沥青和沥青混合料试验规程》的方法,拌制五种纤维掺量下的沥青混合料,成型车辙板尺寸为300mm×300mm×50mm,在轮压为0.7MPa、试验温度为60℃、加载轮速度为42次/min的情况下进行车辙试验,每种混合料平行试件为3个,试验结果如图5-47所示。纤维沥青混合料较无纤维沥青混合料动稳定度增长率如图5-48所示。由图5-47中未加纤维及不同纤维掺量下沥青混合料的动稳定度可知,玄武岩纤维对混合料高温性能有明显的增强作用。在纤维掺量为0.2%、0.3%、0.4%、0.5%的情况下,混合料稳定度较未加纤维的混合料分别提高了11.7%、13.2%、16.4%、17.5%,其变化规律如图5-48所示;在纤维掺量为0.2%、0.3%和0.4%、0.5%之间曲线增大较缓,而纤维掺量从0.3%到0.4%时提升较为迅速。产生以上情况的原因可能是:首先,加入玄武岩纤维后,沥青混合料中随机分布的玄武岩纤维网络对沥青的流动产生较大的摩阻力,从而增大了沥青胶浆的黏度;其次,纤维的加入使沥青膜处于稳定的状态,在高温情况下,纤维内部的空隙将为受热膨胀的沥青提供一定的缓冲空间,减小沥青路面高温时泛油的可能性;最后,纤维在混合料中形成的空间网状结构进一步减小了混合料的塑性变形,增强了沥青混合料的高温抗剪切性能。

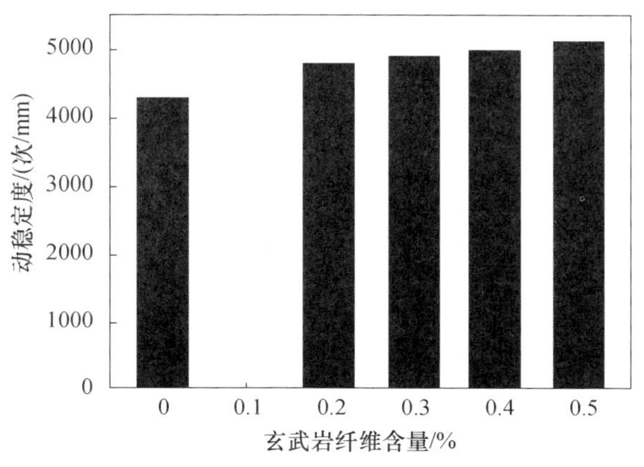

图5-47 玄武岩纤维沥青混合料动稳定度

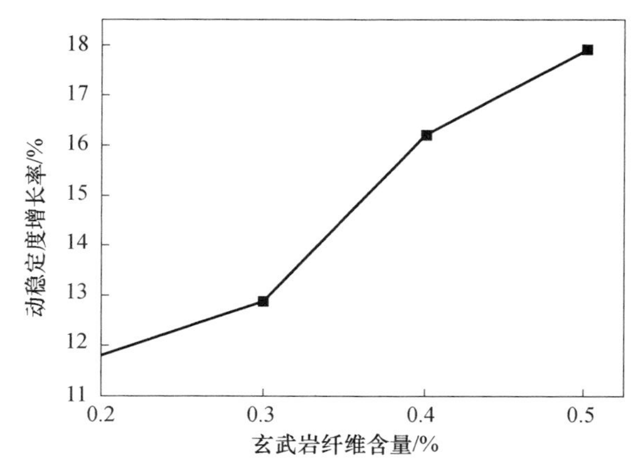

图 5-48　玄武岩纤维沥青混合料动稳定度增长率

5.3.2　玄武岩纤维在水泥基复合材料中的应用

纤维增强水泥制品是20世纪60年代研制的一种新型复合材料。在水泥砂浆中均匀地掺加纤维材料,可提高水泥制品的抗拉强度和抗裂强度,同时还可显著提高制品的韧性,使水泥制品所固有的脆性问题得到极大的改善。但是,在水泥与纤维的结合过程中存在着侵蚀的问题,解决这一问题的途径是降低水泥的碱度和提高纤维的抗碱性。低碱度水泥和早强硫铝酸盐水泥已在实际施工中应用,所用纤维为抗碱性的AR玻璃纤维,这两种材料复合而成的GRC制品是目前质量最好的纤维增强水泥制品。但AR玻璃纤维的成本很高,使其应用受到了限制,而玄武岩纤维在抗碱性能方面能够代替AR玻璃纤维,并可降低制品的成本,从而扩大了其应用范围。

5.3.2.1　玄武岩纤维增强混凝土

混凝土是一种多相复合材料,由于各组成材料性质的差异和施工养护的影响,混凝土内部不可避免地存在大量的微裂缝,这些裂缝的存在影响了混凝土的性能,特别是降低了混凝土的抗拉强度,也是混凝土呈脆性破坏的主要原因。纤维具有抑制混凝土收缩、提高混凝土抗拉强度、增加混凝土韧性的作用,能够解决高强高性能混凝土中出现的拉压比低、韧性差和收缩大等问题[31]。常用的纤维主要有碳纤维、玻璃纤维和芳纶纤维等,芳纶纤维和玻璃纤维热稳定性、耐高温、抗碱性差;碳纤维物理、力学性能较好但价格昂贵,依赖进口[32]。玄武岩纤维是以天然的火山喷出岩作为原料,通过铂—铑合金拉丝漏板制成的连续纤维,作为国内一种新型纤维材料,玄武岩纤维具有独特的力学性能、良好的稳定性以及较高的性价比,使其成为一种良好的混凝土增强材料[33]。随着近年来材料工业的迅速发展,粘贴纤维增强材料加固成为一种新兴的加固方法,玄武岩纤维在建筑结构加固中的应用也具有广阔的前景。

玄武岩纤维增强混凝土是将玄武岩连续纤维或不连续纤维按合理的用量和适当的方式掺入混凝土中,形成的一种新型混凝土复合材料,该材料保留混凝土抗压强度高等优点,增加其抗拉、耐磨和抗冲击等性能,在混凝土工程中起到加固补强、增强增韧、延长使用寿命等作用。玄武岩纤维是典型的硅酸盐纤维,具有天然的相容性,用它与水泥混凝土和砂浆搅拌时很容易分散,新拌玄武岩纤维混凝土体积稳定,和易性较好。与普通混凝土相比,玄武岩纤维混凝土还具有优越的耐温性、抗收缩性以及耐腐蚀性,这有利于提高混凝土工程的耐久性,扩大混凝土的使用范围。在混凝土中合理地掺入玄武岩纤维,可以提高混凝土的抗冲击性能,降低其脆性,改善混凝土的力学性能。生产玄武岩纤维的原料取自天然的火山岩喷出岩,原料中几乎不含有对人类健康有害的成分,使玄武岩纤维混凝土在建筑工程领域的推广具有节约资源、绿色环保的意义[34]。

将直径为 9 ~ 22μm,长度为 3 ~ 25mm 的短切玄武岩纤维掺杂在混凝土中制备复合材料,掺杂量为 0 ~ 1.2%。图 5 - 49 为短切玄武岩纤维体积掺量对复合材料抗压强度、劈拉强度和弯拉强度的影响。从图中可以看出,添加短切玄武岩纤维后,混凝土的 14 天和 28 天抗压强度、劈拉强度、弯拉强度均有不同程度的

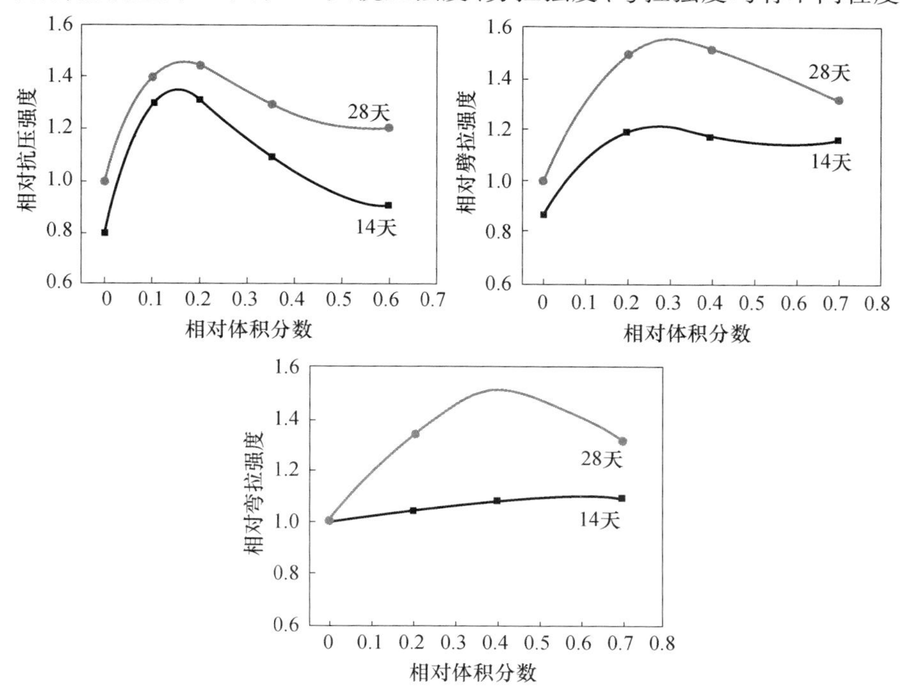

图 5 - 49 短切玄武岩纤维体积掺量对复合材料抗压强度、劈拉强度和弯拉强度的影响

提高,最大增强幅度达到47.5%,随着短切纤维体积掺量变化,混凝土的14天和28天抗压强度、劈拉强度、弯拉强度均具有一个峰值范围,此范围对应着一个较优的体积掺量范围。对于该范围的确定和研究具有极其重要的理论意义和应用价值。掺入短切纤维后,抗压强度提高幅度较大,较素混凝土比对试件提高了47.5%,劈拉强度和弯拉强度也均有近50%左右的提高幅度,由此可见,增强效果是十分明显的。

图5-50为短切玄武岩纤维相对长径比对复合材料抗压强度、劈拉强度和弯拉强度的影响。从图中可以看出,增强后混凝土强度峰值在靠近坐标原点很近的一个范围内,即长径比较小时增强效果较好。考虑到通过纤维长度变化改善长径比对增强效果的影响不显著,且工业应用时便于施工的纤维长度范围较小,因此,可以通过增大短切纤维直径来取得较好的增强效果,通过变换直径来改变长径比的效果要显著一些。此外,由图中可知,长径比的影响没有体积掺量对强度的影响显著,即短切玄武岩纤维体积掺量对增强效果是第一位的影响因素。

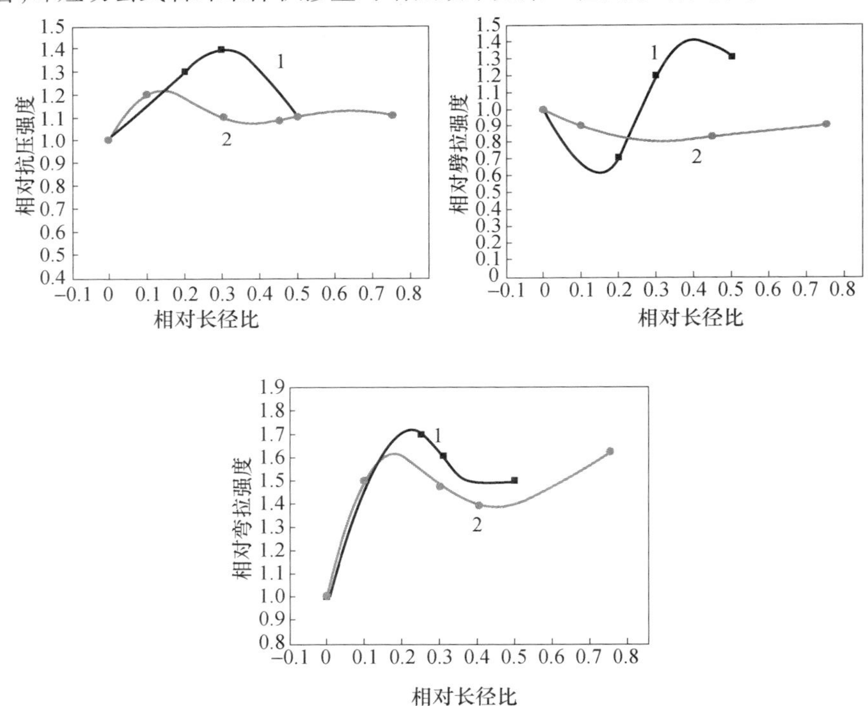

图5-50 短切玄武岩纤维相对长径比对复合材料抗压强度、劈拉强度和弯拉强度的影响

有关玄武岩纤维混凝土耐久性能的研究国内外较少。有研究表明,玄武岩纤维对混凝土的耐磨、抗冻、耐腐蚀等耐久性能有较大的提高。玄武岩纤维对混

凝土耐磨性能的主要贡献是其阻裂效应，由此引起了混凝土孔结构的改善，使无害孔增多，有害孔减少，增加了混凝土的致密性能，降低了孔隙率；同时在磨损的过程中，玄武岩纤维又限制了外力对混凝土基体的磨损。试验表明，掺玄武岩纤维28天的混凝土抗冲磨强度提高了44.7%~47.5%。

影响混凝土抗冻性最主要的因素是其密实性和孔结构特征。在混凝土中掺入玄武岩纤维，既抑制了裂缝的引发，又能限制因冰冻产生的膨胀，有效地提高了混凝土的抗冻性能。试验结果表明，玄武岩纤维混凝土的相对动弹性模量在冻融100次时下降到71.55%，而普通混凝土的相对动弹性模量下降到了48.58%，说明抗冻性能明显优于普通混凝土。

混凝土对有害离子的渗透扩散和阻碍能力主要取决于混凝土的孔隙率和孔径分布情况。玄武岩纤维在混凝土中呈三维乱向分布，彼此黏连，起到了“承托”骨料的作用，有效地抑制了混凝土硬化前连通裂缝的产生，避免了连通毛细孔的形成，改善了水泥石的结构，提高了混凝土的抗渗能力，从而有效地提高了混凝土的耐腐蚀能力。此外，玄武岩纤维本身具有耐温性佳、抗氧化、抗辐射、耐腐蚀、适应于各种环境下使用等优异性能，对耐久性能的提高有很大的空间。试验结果表明，加入玄武岩纤维后混凝土6h通过的总电通量降低了442N·m^2/C，氯离子的渗透性能由低变为极低。

钢筋混凝土的耐久性问题给世界各国带来了巨额的经济损失，对该问题的研究正引起土木工程界的高度重视，已是当今世界的重大问题。氯盐主要存在于海水、盐湖环境及除冰盐中，氯离子侵入引起混凝土中的钢筋锈蚀，导致混凝土膨胀开裂进而破坏结构。现有的研究表明，混凝土在实际工程环境条件下的耐久性与荷载有非常密切的关系。利用短切玄武岩纤维增强混凝土构件，并对钢筋混凝土梁中的氯离子浓度进行测试及分析，同时对钢筋混凝土梁进行破坏试验（包括无腐蚀的钢筋混凝土梁），通过试验，可以知道：在荷载作用下，无论是否掺有短切玄武岩纤维，混凝土梁中的氯离子扩散都存在对流区，深度为4~8mm；材料性能与加载方式相同的构件，所受荷载越大，相同深度处受压区混凝土氯离子浓度越小，同时，受拉区混凝土氯离子浓度越大。荷载水平对混凝土氯离子扩散的影响很明显；在一定荷载条件下，在钢筋混凝土梁中掺加短切玄武岩纤维使混凝土中氯离子的扩散性能降低。短切玄武岩纤维对增强混凝土构件抵抗氯离子侵蚀有较显著的作用。掺加玄武岩短切纤维，可较大幅度提高钢筋混凝土梁的开裂荷载，可提高1倍左右。

玄武岩纤维在建筑结构中的应用主要体现在建筑结构加固及建筑材料替代两个方面。玄武岩纤维丝束缠绕与碳纤维布包裹加固圆柱和方柱在反复荷载下的对比试验指出，玄武岩纤维丝束缠绕加固能够显著提高混凝土柱的承载力，改变试件的破坏形态，在相近侧向约束刚度下，玄武岩纤维加固对柱承载力的提高及延性、耗能等结构性能的改善都能够达到甚至超过碳纤维加固柱。玄武岩纤维加固混凝土柱具有更好的抗震性能。

对10根玄武岩纤维布加固混凝土的简支梁进行四点加载破坏试验，在相同情况下进行玻璃纤维布加固混凝土简支梁试件的试验。试验均得到了一些非常有意义的结论：粘贴一层玄武岩纤维布对提高加固试件的极限强度收效甚微，屈服强度可提高15%；粘贴二层和三层玄武岩纤维布的加固试件，屈服强度、极限强度分别提高26%、27%和16%、29%，不同粘贴长度的加固试件受力性能并无明显不同；粘贴三层玄武岩纤维布的加固试件易发生纤维与混凝土的剥离破坏，两层玄武岩纤维布能够充分发挥玄武岩纤维的自身强度，并能避免剥离破坏。与同等情况下玻璃纤维布加固试验相比，玄武岩纤维布加固试件体现出更好的延性，破坏前有明显征兆。加不同量和粘贴不同长度进行加固，采用两层玄武岩纤维布的比采用一片和三层片材具有更好的加固效果，更能充分发挥出玄武岩纤维布延性好的优点，增加玄武岩纤维布的粘贴长度并不能提高梁的抗弯承载能力。

混凝土作为建筑材料，其发展经过了一个较漫长的历史，其间也发生了几次根本的革命。每一次混凝土技术的革命都使整个建筑业的面貌为之一新，进而促进了整个社会文明的进步。纤维混凝土是一种新型建筑材料，它将合成化学纤维和传统的混凝土相结合，可有效防止混凝土因早期干缩、塌沉所引起的裂缝。而连续玄武岩纤维对提高混凝土的早期抗裂性极为有利，也能显著提高混凝土的抗渗性、抗冻性和抗冲击性，具有良好的技术经济效益。随着纤维混凝土技术研究与应用的发展，连续玄武岩纤维混凝土的优越性更为突出，连续玄武岩纤维将在纤维混凝土的研究和应用中起重要作用。

5.3.2.2 玄武岩纤维复合筋

长期以来，在钢筋混凝土结构中一直存在钢筋锈蚀引起的结构耐久性问题，特别是在一些侵蚀性环境下的钢筋混凝土结构，混凝土的碳化和氯离子的侵蚀，使混凝土逐渐中性化，钢筋钝化膜受到破坏后，钢筋开始被腐蚀，最终可能导致结构失效。钢筋锈蚀严重地影响结构功能的正常发挥，并大大地降低结构的使用寿命。解决钢筋锈蚀所引起的混凝土结构耐久性问题的一个有效方法是利用纤维增强塑料（Fiber Reinforced Plastics，FRP）筋来代替钢筋和预应力钢筋。迄今为止，国外已进行了较多的FRP加筋混凝土的试验研究和工程应用，我国在这方面的研究起步是较早的，几乎与国外同步，但初期发展较慢，近几年发展迅速，目前已进行了不少的试验研究。

FRP筋是以纤维为增强材料，以合成树脂为基体材料，并掺入适量辅助剂经拉挤成型技术和必要的表面处理形成的一种新型复合材料，具有比强度高、耐腐蚀性能好、可设计性强、抗疲劳性能好、耐电磁等独特优点。在FRP筋中，目前常用的纤维有玻璃纤维、聚芳基酞胺纤维和碳纤维。

钢筋增强混凝土板是一种在路桥建筑中使用的钢筋混凝土制品，因钢筋长期处于水泥中会产生锈蚀，造成建筑结构的损坏。国外于20世纪90年代开始推广使用玻璃纤维增强筋代替钢筋。研究表明，玻璃纤维的拉伸强度高于钢筋，其重量只有钢筋的1/4，同时受水泥的侵蚀远远低于钢筋，而重量的降低又使建筑成本大为降低。尤其是对直接曝露在易遭受海水、海风影响的沿海地区的建筑、桥梁、公路、停车场，用玻璃纤维筋代替钢筋更能体现出其优越性。而玄武岩纤维由于其独特的性能，如耐高温和低温热稳定性、高的耐酸碱性和化学稳定性、耐紫外线光照、抗老化性能良好、性价比高等优点，可将其制成玄武岩FRP筋用于混凝土结构或预应力混凝土结构，玄武岩纤维筋的抗碱性能比玻璃纤维筋优异，拉伸强度也更高一些，可大大提高混凝土制品的使用寿命。

玄武岩纤维筋是以玄武岩纤维为增强材料，与乙烯基树脂及填料、固化剂等基体相结合，经拉挤工艺成型的一种新型复合材料。玄武岩纤维筋的抗拉强度为600～1500MPa，与高强钢丝强度差不多，因此可以用它来代替混凝土构件中的受拉钢筋。玄武岩纤维筋耐腐蚀性好，不生锈，因此用它来代替受拉钢筋可以解决长期困扰人们的钢筋锈蚀问题，因此在实际施工时玄武岩纤维筋不需要保护层，直接放在梁底部进行浇注，减轻了一定的工作量。玄武岩纤维筋的密度是1.9～2.1g/m^3，为钢筋的16%～25%，因此用其代替钢筋能极大地减轻结构的自重。此外，玄武岩纤维筋还有抗疲劳性能好、电磁绝缘性好等特点，因此，对于一些有特殊要求的建筑物，如雷达站等，玄武岩纤维筋是一个理想的选择。

近年来，粘贴FRP对钢筋混凝土梁进行受弯加固已成为普遍采用的加固方法，其基本操作是在梁底粘贴FRP板，此外还有附加端部锚固和对FRP板施加预应力。由于加载历程、加固材料参数等因素，粘贴FRP板加固的梁有多种破坏模式，总体上可分为两类：弯曲破坏和黏结破坏。因为FRP材料没有屈服点，这两种破坏模式均为脆性破坏，但弯曲破坏和中部裂缝引起的剥离破坏具有一定的延性，当发生剥离破坏时，FRP的极限抗拉强度不能得到充分利用。试验结果表明，连续玄武岩纤维加固混凝土梁在试验中粘贴一层和二层的极限荷载相对于其对比梁分别提高了20.8%、46.9%，加固后梁的挠度增长缓慢，比未加固梁的挠度小，这种差异随着荷载的增大而增加；开裂后连续玄武岩纤维布对裂缝的开展有较大的抑制作用，加固后梁的裂缝发展较为缓慢，裂缝间距变小，数量增多，宽度变小。此外，加固梁的承载力随加固层数增多而增大，但不呈线性增长，即存在一个使构件到最大承载力的极限层数，超过该层数后，构件的极限承载力不会再提高。

粘贴FRP片材进行梁的受剪加固的方法引起了广泛的关注，除了FRP材料良好的耐腐蚀性能、高比强度等优点，在受剪加固中，FRP对于不同截面形状及角部的广泛适应性也是一个突出的优势。在梁的受剪加固中，FRP 的粘贴方式有多种，包括仅在梁两侧面粘贴 FRP、于梁侧和受拉面 U 形粘贴 FRP 以及沿整个梁截面封闭缠绕 FRP，既可以采用 FRP 条带间隔粘贴，也可以采用纤维布连续满贴。粘贴 FRP 受剪加固梁在试验中呈现出的破坏模式包括 FRP 拉断的剪切破坏、FRP 未拉断的剪切破坏、FRP 剥离引起的剪切破坏和局部破坏。试验结果表明，采用梁侧外部粘贴玄武岩纤维布的加固方法对钢筋混凝土梁斜截面进行加固，延缓了斜裂缝的出现，约束了斜裂缝的发展，从而提高了梁的抗剪承载力、刚度以及变形能力。

采用 FRP 材料加固钢筋混凝土柱成为代替外包钢的一种新型加固方法，已得到广泛应用。根据 FRP 材料的成型工艺，FRP 加固偏压柱和轴压柱的加固方法可分为湿黏法、连续纤维缠绕法和预制壳法。三种方法都是提高混凝土外在的约束，从而提高混凝土的轴向抗压强度和极限应变。FRP 约束混凝土的破坏模式为环向 FRP 拉断。试验结果表明，连续玄武岩纤维丝束缠绕加固能够显著提高混凝土柱的抗剪承载力，改变试件的破坏形态，在相近侧向约束刚度下，连续玄武岩纤维加固对柱承载力的提高及延性、耗能等结构性能的改善都能够达到甚至超过碳纤维加固柱。

5.3.2.3 玄武岩纤维增强水泥砂浆

水泥砂浆是经济耐久、应用非常广泛的建筑材料之一，具有较高的抗压强度、较强的适应性及经济性，但存在黏结强度差、脆性大、柔性低等缺陷。掺入短切玄武岩纤维的水泥砂浆的黏结强度有所改善，水灰比 0.35 的砂浆，在掺加不同长度的短切玄武岩纤维后的黏结强度变化如图 5－51 所示。

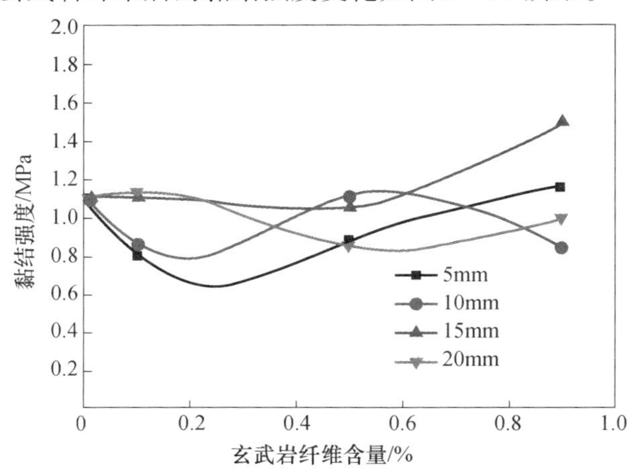

图 5－51　水泥砂浆黏结强度与纤维掺量的关系(水灰比 0.35)

由图 5－51 可知，掺入短切玄武岩纤维能在一定程度上提高砂浆的黏结强度。总体而言，随着纤维掺量的增加，水泥砂浆黏结强度有所提高。在体积掺量为0.9%处达到最大值。最大黏结强度时的纤维长度为15mm，较普通砂浆强度提高34.8%。上述结论说明短切玄武岩纤维掺加量是提高水泥砂浆黏结强度的主要影响因素。

以水灰比0.35、0.45、0.50和0.60的砂浆，以同一体积掺量，不同纤维长度的水泥砂浆抗压强度的平均值进行分析，水泥砂浆抗压强度与玄武岩纤维掺量的关系如图5-52所示，由图可知，四种水灰比水泥砂浆的抗压强度都有不同程度的提升。其中：水灰比0.35，抗压强度最大增强7.84%；水灰比0.45，抗压强度最大增强9.17%；水灰比0.50，抗压强度最大增强17.81%；水灰比0.60，抗压强度最大增强24.69%。可见，玄武岩纤维掺入在高水灰比时的水泥砂浆抗压强度增长值大于低水灰比。分析其原因，高水灰比时未掺玄武岩纤维水泥砂浆的抗压强度值小于低水灰比，从而使玄武岩纤维的增强率更高。

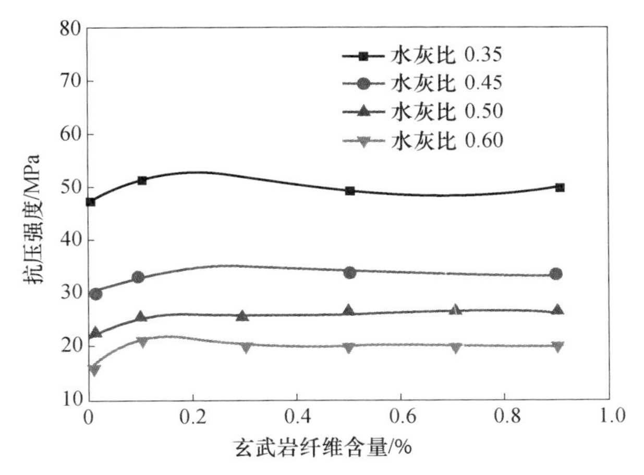

图5-52 水泥砂浆抗压强度与玄武岩纤维掺量的关系

通过正交设计的试验方法[35]，选取玄武岩纤维掺量、水胶比、粉煤灰掺量、砂率、单位用水量五个因素作为主要影响因素来研究玄武岩纤维增强高性能混凝土的最佳配合比，每个因素选择四个水平，主要考察的性能指标为坍落度值、28天抗折强度值和28天抗压强度值。结果得到影响高性能混凝土工作性、抗压性和抗折性能的因素排序为：单位用水量>水胶比>玄武岩纤维掺量>粉煤灰掺量>砂率，得到最优的试验条件是玄武岩纤维掺量为1.2kg/m^3、水胶比0.34、粉煤灰掺量15%、砂率40%、单位用水量160kg/m^3。

玄武岩短切纤维在砂浆掺量在1.5%以内，对抗裂砂浆的稠度影响不大。抗裂砂浆的抗压强度随玄武岩纤维掺量增加而有所降低，但其抗折强度明显增大，压折比降低，砂浆的柔韧性得到了改善。随着玄武岩纤维掺量的增大，抗裂砂浆黏结强度先增大后减少，在纤维掺量不大于1%时，黏结强度变化不大。玄武岩纤维能明显提高抗裂砂浆的抗拉强度与抗冲击韧性[36]，当掺量为1%时，抗拉强度与抗冲击韧性分别提高了11.0%和12.4%。玄武岩纤维能明显增强抗裂砂浆的动态抗开裂性，当掺量为1%时，砂浆动态抗开裂裂缝宽度减少了26.7%。

参考文献

[1] 郑志才，葛林海，陈艳. 玄武岩纤维增强树脂基复合材料力学性能研究[J]. 航空制造技术, 2011, 17: 66-69.

[2] 李伟，朱锡，王晓强. 热固性树脂基玄武岩纤维复合材料性能的研究[J]. 兵器材料科学与工程, 2009, 32(4): 50-53.

[3] Lopresto V, Leone C, De Iorio I. Mechanical characterisation of basalt fibre reinforced plastic[J]. Composites: Part B, 2011, 42: 717-723.

[4] 周俊龙，江世永，李炳宏. 玄武岩纤维增强塑料筋耐腐蚀性研究[J]. 土木建筑与环境工程, 2011, 33(1): 218-222.

[5] 赵世海，蒋秀明，淮旭国. 玄武岩纤维增强酚醛树脂基摩擦材料的摩擦磨损性能[J]. 机械工程材料, 2010, 34(5): 52-55.

[6] Czigany T, Poloskei K. Fracture and failure behavior of basalt fibermat - reinforced vinylester/epoxy hybrid resins as afunction of resin composition and fiber surfacetreatment[J]. Journal of materialsscience, 2005, 40: 5609-5618.

[7] Hodong Kim. Enhancement of thermal and physical properties of epoxy composite reinforced with basalt fiber [J]. Fibers and Polymers, 2013, 14(8): 1311-1316.

[8] Hodong Kim. Thermal characteristics of basalt fiber reinforced epoxy - benzoxazine composites[J]. Fibers and Polymers, 2012, 13(6): 762-768.

[9] Chelliah Anand Chairman, Subramani Palani Kumaresh Babu. mechanical and abrasive wear behavior of glass and basaltFabric - reinforced epoxy composites[J]. Appl. Polym. sci., 2013, 130: 120-130.

[10] Fiorea V, Di Bella G, Valenza A. Glass - basalt/epoxy hybrid composites for marine applications [J]. Materials and Design, 2011, 32: 2091-2099.

[11] Dorigato A, Pegoretti A. Fatigue resistance of basaltfibers - reinforced laminates[J]. Journal of Composite Materials, 2011, 46(15): 1773-1785.

[12] 吴敬宇，咸贵军，李惠. 玄武岩纤维及其复合筋的耐久性能研究[J]. 玻璃钢/复合材料, 2009, 5: 58-62.

[13] 李英建，金子明，李华. 玄武岩纤维增强乙烯基酯树脂的抗弹性能研究[J]. 工程塑料应用, 2006, 36(9): 5-7.

[14] 樊在霞，张瑜. 纤维增强热塑性树脂基复合材料的加工方法[J]. 玻璃钢/复合材料, 2002, (7): 22-24.

[15] 吴学东，丁辛. 热塑性树脂基纺织结构复合材料[J]. 玻璃钢/复合料, 1996(6): 34-39.

[16] Hartness T. Thermoplasticpowder technology for advanced composite systems [J]. Clemson University Fiber Producer Conference Proceedings, 1988(4): 1458-1472.

[17] 孙宏杰，张晓明，宋中健. 纤维增强热塑性复合材料的预浸渍技术发展概况[J]. 玻璃钢/复合材料, 1999(4): 40-44.

[18] Bashtannik P I, Ovcharenko V G, Boot Y A. Effect of combined extrusion parameters on mechanical properties of basalt fiber – reinforced plastics based on polypropylene[J]. Mech. Compos. Mater. ,1997,33(6): 600 – 603.

[19] Bashtannik P I, Ovcharenko V G. Antifriction basalt – plastics based on polypropylene [J]. Mech. Compos. Mater. ,1997,33(3):299 – 301.

[20] 郭宗福,钟智丽. 玄武岩纤维/聚丙烯热塑板拉伸性能的研究[J]. 玻璃纤维, 2012, 2:34 – 38.

[21] 高志秋,陶炜,金文兰,等. 长玻纤增强尼龙6复合材料研究[J]. 工程塑料应用, 2001,29(7):2 – 5.

[22] Ronkay F, Czigány T. Development of composites with recycled PET matrix [J]. Polym. Adv. Tech. , 2006,17(9 – 10):830 – 834.

[23] 尹园. 玄武岩纤维增强PET复合材料的制备及性能研究[D]. 长春:吉林大学, 2009.

[24] 夏军佳,卫甘霖,张征定,等. 纤维力学性能与防弹性能的关系[J]. 纤维复合材料, 2004, 18(1): 18.

[25] Traim N, Findik F, Uzum H. Ballistic impact performance of polymercomposites[J]. Composites Structure, 2002, 49: 13.

[26] Findik F, Traim N. Ballistic impact efficiency of polymer composites[J]. Composites Structure, 2003, 61: 187.

[27] Kráčalík M, Pospíšil L, Šlouf M, et al. Recycled poly(ethylene terephthalate) reinforced with basalt fibres: rheology, structure, and utility properties [J]. Polym. Comp. ,2008,29(4):437 – 442.

[28] Szabo J S, Kocsis Z, Czigany T. Mechanical properties of basalt fiber reinforcedPP/PA blends [J]. Periodica Polytechnica Sek,2004,48(2):119 – 132.

[29] 刘永胜. 纤维混凝土增强机理的界面力学分析[J]. 混凝土, 2008, 4:34 – 35.

[30] 王丽艳. 纤维混凝土特性及前景分析[J]. 科技资讯, 2006, 7:22 – 23.

[31] 王强,陈国新,何力劲,等. 玄武岩纤维对水工抗冲磨混凝土性能的影响[J]. 长江科学院院报, 2010,4:58 – 60.

[32] 徐蕾. 聚酯纤维材料在高速公路养护中的应用分析[J]. 公路, 2004(12):199 – 203.

[33] 丁智勇,戴经梁,王振军. 大尺寸纤维沥青拉伸断裂与抗裂性能研究[J]. 筑路机械与施工机械化, 2011, 28(5):50 – 53.

[34] 李为民,许金余,沈刘军,等. 玄武岩纤维混凝土的动态力学性能[J]. 复合材料学报, 2008, 25(2):135 – 142.

[35] 何军拥,田承宇,黄小清. 玄武岩纤维增强高性能混凝土配合比的正交试验研究[J]. 混凝土与水泥制品, 2010(3):45 – 47.

[36] 胡亮,余剑英. 玄武岩短纤维对抗裂砂浆性能的影响[J]. 武汉理工大学学报, 2010,32(13):6 – 9.

第6章

玄武岩纤维制品及其应用

6.1 无捻粗纱

6.1.1 规格与性能

无捻粗纱是玄武岩纤维制品的基本品种之一(图6-1)。玄武岩纤维无捻粗纱的定义为“多股平行玄武岩纤维丝束或单股玄武岩丝束不加捻并合而成的集束体,包括玄武岩纤维合股无捻粗纱和玄武岩纤维直接无捻粗纱两种”。生产粗纱所用玄武岩纤维的单丝直径为3~23μm。根据使用的需求,玄武岩纤维无捻粗纱的号数从150号到9600号(tex)不等。

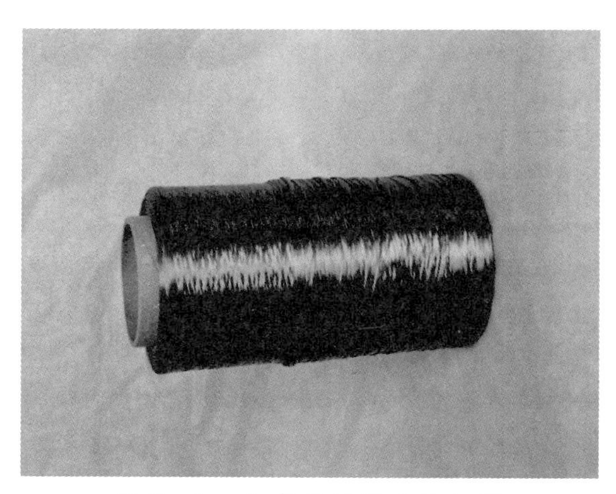

图6-1 玄武岩纤维无捻粗纱

按照GBT 25045—2010《玄武岩纤维无捻粗纱》国家标准的规定,无捻粗纱的直径、线密度、原丝线密度、浸润剂代号、合股数都在代号中表示。例如:

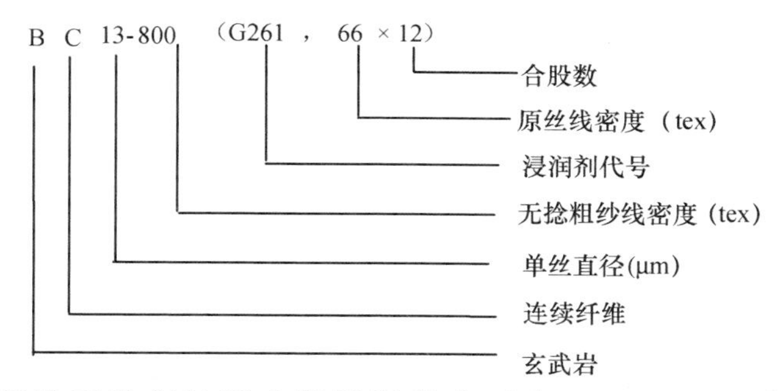

玄武岩纤维无捻粗纱要求断裂强度应不小于0.4N/tex，含水率不大于0.2%，耐碱性和耐温性以单丝拉伸强度保留率表示，应不小于70%。同时无捻粗纱的应用性能应符合表6-1的规定[1]。

表6-1 玄武岩纤维无捻粗纱应用性能

<table>
<tr><th>用途</th><th>项目</th><th colspan="2">要求</th></tr>
<tr><td>喷射、模塑料</td><td>浸胶后丙酮溶解度/%</td><td colspan="2">标称值的±20</td></tr>
<tr><td rowspan="3">拉挤、缠绕</td><td rowspan="3">浸胶纱力学性能</td><td>拉伸强度/MPa</td><td>≥2000</td></tr>
<tr><td>弹性模量/GPa</td><td>≥85</td></tr>
<tr><td>断裂伸长率/%</td><td>≥2.5</td></tr>
<tr><td rowspan="2">织造、拉挤、缠绕</td><td rowspan="2">棒状复合材料①弯曲强度</td><td>标准状态</td><td>≥850</td></tr>
<tr><td>潮湿状态②</td><td>≥700</td></tr>
<tr><td colspan="4">① 棒状复合材料树脂基材包括不饱和聚酯树脂、乙烯基树脂、环氧树脂；
② 潮湿状态100沸水煮2h</td></tr>
</table>

6.1.2 应用领域与实例

玄武岩纤维具有高强度、高模量和抗冲击性能，而且耐高温、耐光性极佳，尤其是与树脂结合的界面黏结强度很高，因此各种规格的玄武岩无捻粗纱可用于织造、缠绕、编织各种复合材料预制品。其主要应用领域如下：

（1）织造建筑加固用的各种规格单向布；

（2）缠绕各种管、罐、气瓶等；

（3）编织各种方格布、网格布、土工布等；

（4）建筑修补、加固，耐高温的SMC（片状模塑料）、BMC（团状模塑料）、DMC（团状模塑料）、路用短切纤维；

（5）与树脂复合作增强材料等。

2400tex和1200tex玄武岩纤维无捻粗纱是用于编织网格布、土工格栅、高温过滤、针刺毡基布的首选材料。而4800tex和2400tex无捻粗纱是缠绕耐高温和耐低温、耐化学腐蚀、耐高压管道及储罐的首选材料，玄武岩纤维与碳纤维混杂可制成缠绕天然气瓶(图6-2)、液化气瓶、坦克炮管热护套、炮塔等复合增强材料。

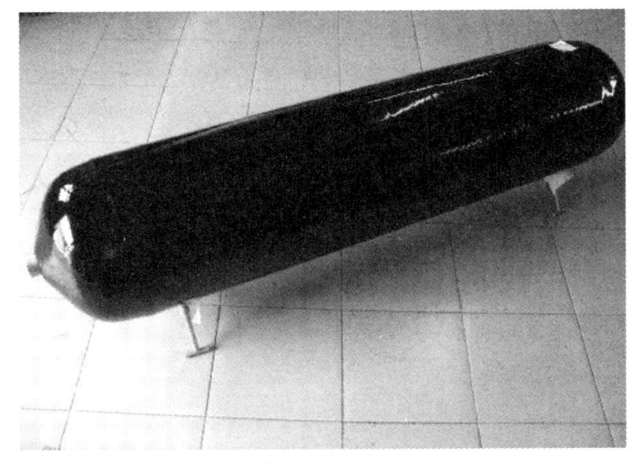

图6-2　玄武岩纤维缠绕天然气瓶

6.2　短切纱

6.2.1　规格与性能

玄武岩短切纱是由相应的玄武岩纤维基材为原料短切而成的短纤维(图6-3)。单丝直径一般在5.5~25μm,长度在6~100mm。根据不同的用途表面涂有不同类型的偶联剂。具有良好的分散性、高温稳定性、低温抗裂性、抗疲劳和抗静电性等性能。

图6-3　玄武岩纤维短切纱

玄武岩短切纱按其纤维类型可分为原丝(S)和加捻合股纱(T)。按其用途可分为用于混凝土的防裂抗裂纤维(BF)和增韧增强纤维(BZ)、用于砂浆的防裂抗裂纤维(BSF)等。表6－2给出了用于建筑领域的玄武岩纤维短切纱的规格和尺寸,同时短切纱的性能需满足表6－3的要求[2]。

表6－2　短切玄武岩纤维的规格和尺寸

纤维类型	公称长度/mm		单丝公称直径/m
	用于水泥混凝土	用于水泥砂浆	
原丝	15～30	6～15	9～25
加捻合股纱	6～50		7～13

表6－3　短切玄武岩纤维的性能指标

试验项目	用于混凝土的短切玄武岩纤维		用于砂浆的短切玄武岩纤维
	防裂抗裂纤维(BF)	增韧增强纤维(BZ)	防裂抗裂纤维(BSF)
拉伸强度①/MPa	≥1050	≥1250	≥1050
弹性模量①/GPa	≥34	≥40	≥34
断裂伸长率①/%	≤3.1		
耐碱性能,单丝断裂强度保留率/%	≥75		
① 三项试验值的变异系数不得大于15%			

6.2.2　应用领域与实例

玄武岩纤维短切纱是增强混凝土的最佳材料,在混凝土工程中可起到加固补强、增强增韧、延长寿命等作用。将短切纱按合适的掺量和方法掺入混凝土中,可改善混凝土的脆性、易开裂及耐腐蚀性差等缺点,在保留混凝土抗压强度高等优点的同时,显著提高其抗拉、耐磨和抗冲击等性能。玄武岩纤维是典型的硅酸盐纤维,其余水泥混凝土和砂浆混合时很容易分散,在混凝土内部易构成均匀的三维乱向分布体系,这也有助于提高混凝土受冲击时对于动能的吸收。表6－4给出了掺玄武岩纤维短切纱的水泥混凝土或砂浆的性能指标[2]。

表6－4　掺玄武岩纤维短切纱水泥混凝土或砂浆性能指标

试验项目	用于混凝土的短切玄武岩纤维		用于砂浆的短切玄武岩纤维
	防裂抗裂纤维(BF)	增韧增强纤维(BZ)	防裂抗裂纤维(BSF)
分散性相对误差/%	－10～10		
混凝土和砂浆裂缝降低系数/%	≥55		

（续）

试验项目	用于混凝土的短切玄武岩纤维		用于砂浆的短切玄武岩纤维
	防裂抗裂纤维（BF）	增韧增强纤维（BZ）	防裂抗裂纤维（BSF）
混凝土抗压强度比 /%	≥95	≥100	—
砂浆抗压强度比/%	—	—	≥95
混凝土抗渗性能提高系数①/%	≥30		—
砂浆透水压力比①/%	—	—	≥120
韧性指数（I_5）①	—	3	—
混凝土抗冲击性能①/%	≥160	≥300	—
① 可选项目，由供需双方协商选用			

目前，玄武岩纤维短切纱增强混凝土在实际工程中已具有广泛的应用，主要用于道路工程、工业建筑工程、特种混凝土工程以及加固工程中。利用其优良的化学稳定性，玄武岩纤维短切纱增强混凝土可应用于港口码头、堤坝、跨海大桥等经常受到酸、碱、盐类介质腐蚀的混凝土结构中。图 6－4 为沥青用玄武岩短切纤维在晋中市太榆路上的应用。

图 6－4　沥青用玄武岩短切纤维
在晋中市太榆路上的应用

俄罗斯、美国等国家在寒冷地带的高速公路、机场跑道等采用玄武岩短切纱、土工布来铺装路面，能减少路面的维修费用，增加其使用寿命；俄罗斯利用玄武岩纤维的抗辐射、抗紫外线性能，将其应用于核能发电厂的第二后路中的建设和维修。

6.3　织造制品

6.3.1　二维织造制品与应用(布、毡等)

6.3.1.1　玄武岩纤维布

玄武岩纤维布分为玄武岩纤维无捻粗纱布和玄武岩纤维细纱布。玄武岩纤维无捻粗纱布是由无捻粗纱织造而成。对织造用无捻粗纱有如下要求：

(1) 良好的耐磨性；

(2) 良好的成带性；

(3) 织造用无捻粗纱在织造前需经强制烘干；

(4) 无捻粗纱张力均匀,悬垂度应符合一定标准；

(5) 无捻粗纱退解性好；

(6) 无捻粗纱浸透性好。

方格布是无捻粗纱平纹织物,是手糊纤维增强复合材料的重要基材(图6-5(a))。方格布的强度主要在织物的经纬方向上,对于要求经向或纬向强度高的场合,特殊情况也可以织成斜纹粗纱布(图6-5(b))和单向粗纱布(图6-5(c)),单向布可以在经向或纬向布置较多的无捻粗纱,并可以分切成窄条状和织带状。

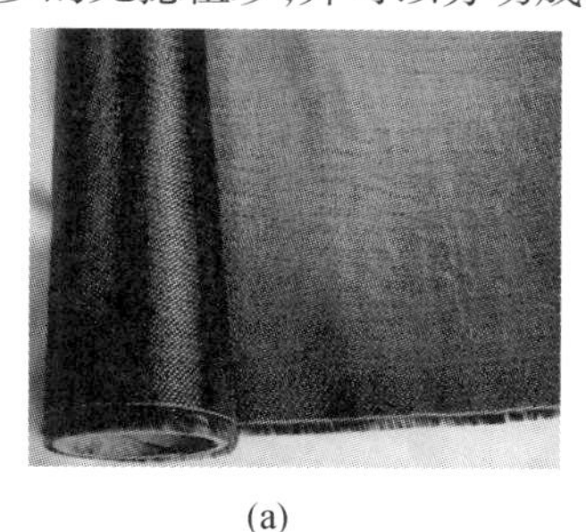

(a)

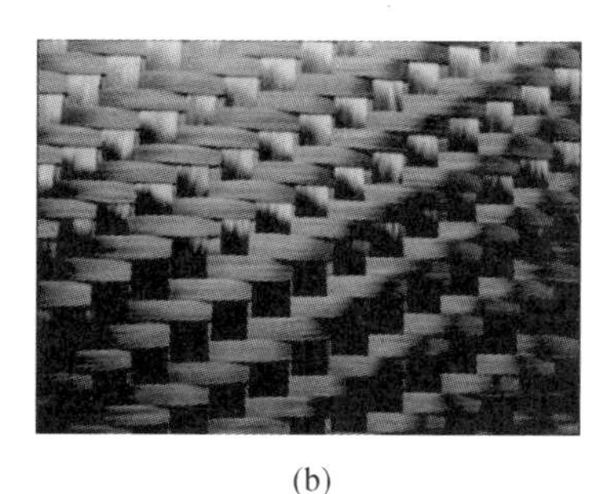

(b)

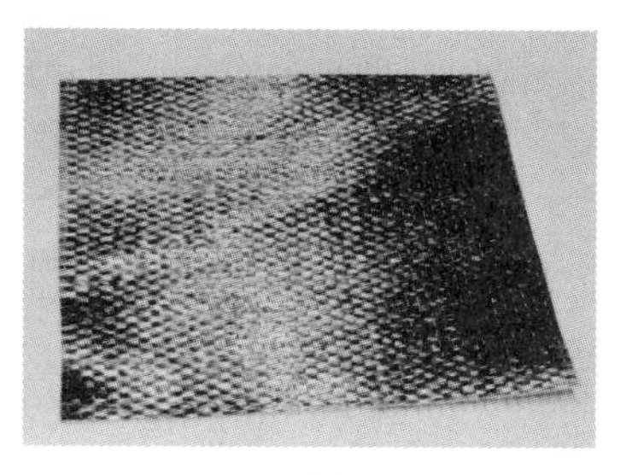

(c)

图6-5　玄武岩纤维布

(a)方格布;(b)斜纹布;(c)单向布。

对方格布的质量要求如下：

（1）织物均匀，布边平直，布面平整呈席状，无污渍、起毛、折痕、皱纹等；

（2）经密、纬密，面积重量、布幅及卷长均符合标准；

（3）卷绕在牢固的纸芯上，卷绕整齐；

（4）迅速、良好的树脂透性；

（5）织物制成的层合材料的干态、湿态机械强度均应达到要求。

玄武岩纤维单向布规格按面密度划分，如 250g/m^2、350g/m^2 等。单向布的物理力学性能应符合表 6－5 的要求[3]。

表 6－5 玄武岩单向布的物理力学性能

项目	Ⅰ级	Ⅱ级	Ⅲ级
拉伸强度/MPa	≥2300	≥2000	≥1700
拉伸弹性模量/MPa	$\geq 10.0\times10^3$	$\geq 9.3\times10^3$	$\geq 8.5\times10^3$
破坏伸长率/%	≥2.3	≥2.15	≥2.0
耐碱性，拉伸强度保留率/%	≥75		

玄武岩纤维细纱布是指用小于 150tex 的玄武岩纤维纱线织造的各种织物。主要用于生产各种电绝缘层压板、印制电路板、各种车辆车体、储罐、船艇、模具等。

6.3.1.2 玄武岩纤维无纺布、毡片

1. 短切原丝毡

将玄武岩原丝（或无捻粗纱）切割成一定长度（50mm），将其随机均匀地铺陈在网带上，随后施以乳液黏结剂或撒布上粉末黏结剂经加热固化后黏结成短切原丝毡（图 6－6）。短切毡主要用于手糊、模压和 SMC 工艺中。

图 6－6 玄武岩纤维短切原丝毡

2. 连续原丝毡

将拉丝过程中形成的玄武岩原丝货从原丝筒中退解出来的连续原丝呈8字形铺敷在连续移动网带上,经粉末黏结剂黏结而成。连续原丝毡中纤维是连续的,故其对复合材料的增强效果较短切毡好。连续原丝毡主要用在拉挤法、RTM法、压力袋法及玻璃毡增强热塑料等工艺中。

3. 表面毡

表面毡是以玄武岩短切纤维为主要原料,用造纸工艺方法生产的薄毡(图6-7)。玄武岩纤维表面毡具有纤维分散均匀、加工性能好、表面平整、尺寸稳定、树脂浸渍速度快、铺覆性好、强度高、耐腐蚀等特点,它与树脂复合,能赋予制品光亮平整的表面,同时提高了制品的层剪剪切强度、耐候性、耐水性及耐腐蚀能力,广泛应用于管道、建筑、卫浴、车船、环保等行业。目前,日本一家公司正在开发玄武岩纤维表面毡增强树脂来制作汽车的壳体,通过与玻璃纤维表面毡增强树脂的性能对比发现,玄武岩纤维表面毡的力学性能更好。

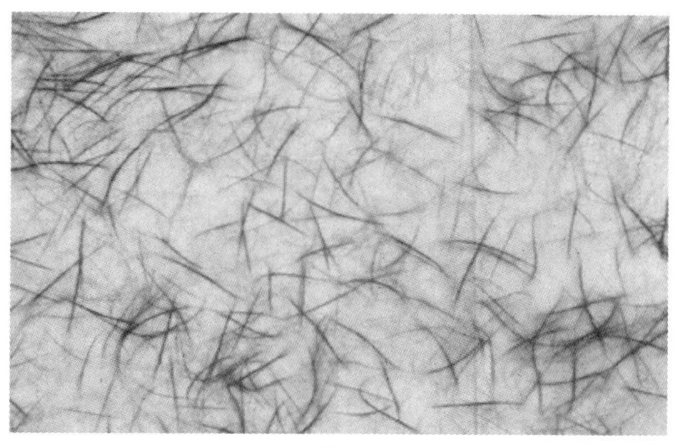

图6-7 玄武岩纤维表面毡

4. 针刺毡

针刺毡分为短切纤维针刺毡和连续原丝针刺毡。连续原丝针刺毡是将连续玄武岩原丝用抛丝装置随机抛在连续网带上,经针板针刺,形成纤维相互勾连的三维结构的毡(图6-8)。这种毡主要用于玄武岩纤维增强热塑料可冲压片材生产。短切纤维针刺毡是将玄武岩纤维粗纱短切成50mm,随机铺放在预先放置在传送带上的底材上,然后用带倒钩的针进行针刺,针将短切纤维刺进底材中,而钩针又将一些纤维向上带起形成三维结构。所用底材可以是玄武岩纤维或其他纤维的稀织物,这种针刺毡有绒毛感。其主要用途可用作隔热隔声材料、衬热材料、过滤材料,也可用在玻璃钢生产中,但所制玻璃钢强度较低,使用范围有限。

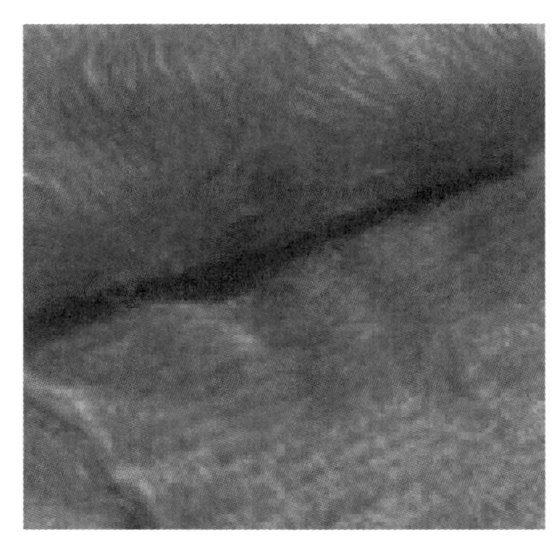

图 6-8　玄武岩纤维连续原丝针刺毡

6.3.2　三维制造制品与应用(立体织物)

立体织物是相对平面织物而言,其结构特征从一维二维发展到了三维,从而使以此为增强体的复合材料具有良好的整体性和仿形性,大大提高了复合材料的层间剪切强度和抗损伤容限。它是随着航空航天、兵器、船舶等部门的特殊需求发展起来的,目前其应用已拓展至汽车、体育运动器材、医疗器械等。主要有五类:机织三维织物、针织三维织物、正交及非正交非织造三维织物、三维编织织物和其他形式的三维织物。立体织物的形状有块状、柱状、管状、空心截锥体及变厚度异形截面等。

图 6-9 和图 6-10 分别为玄武岩纤维三维夹芯织物及玄武岩纤维多轴向织物。

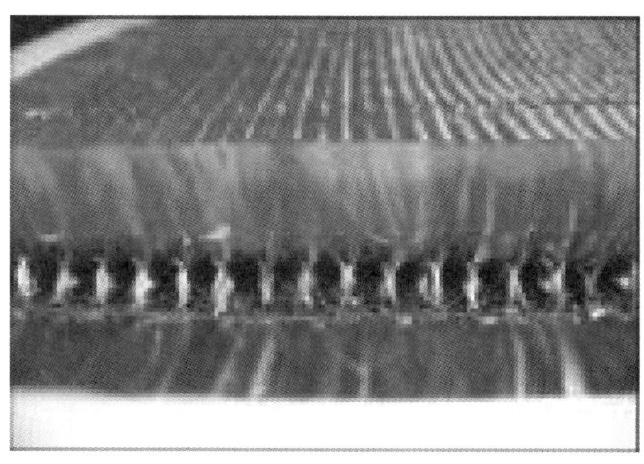

图 6-9　玄武岩纤维三维夹芯织物

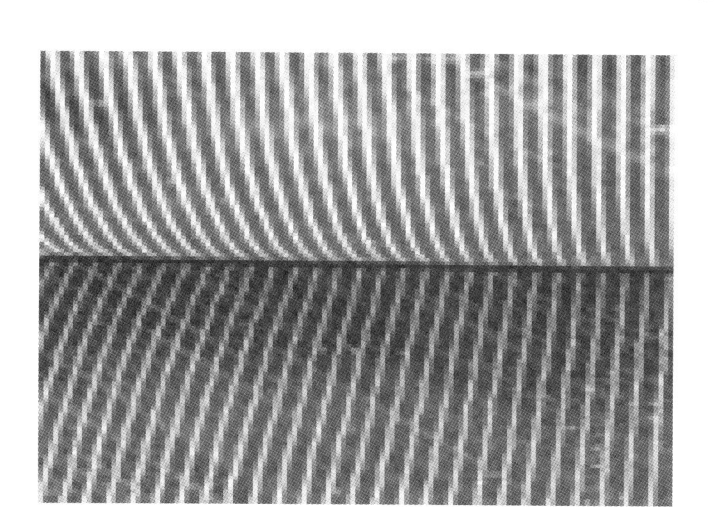

图6－10　玄武岩纤维多轴向织物

6.4　其他制品及应用

6.4.1　土工格栅

玄武岩纤维土工格栅(图6－11)是以玄武岩纤维纱为原料,编织成土工网格,再经表明涂覆处理、烘干,成型为土工格栅。主要用于路面增强、老路补强、加固路基。在处理沥青路面反射裂纹应用上,已成为不可替代的材料。

图6－11　玄武岩纤维土工格栅

玄武岩纤维土工格栅的技术参数如表6-6所列。

表6-6 玄武岩纤维土工格栅物理力学性能

分类	型号	断裂强度		断裂伸长率		网格尺寸	幅宽
		经向	纬向	经向	纬向	12~50	1~6
玄武岩纤维土工格栅	BG2525	≥25	≥25	≤3	≤3	12~50	1~6
	BG3030	≥30	≥30	≤3	≤3	12~50	1~6
	BG4040	≥40	≥40	≤3	≤3	12~50	1~6
	BG5050	≥50	≥50	≤3	≤3	12~50	1~6
	BG8080	≥80	≥80	≤3	≤3	12~50	1~6
	BG100100	≥100	≥100	≤3	≤3	12~50	1~6
	BG120120	≥120	≥120	≤3	≤3	12~50	1~6
自黏式玄武岩纤维土工格栅	BGA2525	≥25	≥25	≤3	≤3	12~50	1~6
	BGA3030	≥30	≥30	≤3	≤3	12~50	1~6
	BGA4040	≥40	≥40	≤3	≤3	12~50	1~6
	BGA5050	≥50	≥50	≤3	≤3	12~50	1~6
	BGA8080	≥80	≥80	≤3	≤3	12~50	1~6
	BGA100100	≥100	≥100	≤3	≤3	12~50	1~6
	BGA120120	≥120	≥120	≤3	≤3	12~50	1~6

6.4.2 复合筋

玄武岩纤维复合筋(图6-12)是以玄武岩纤维为增强材料,与环氧树脂、乙烯基树脂和不饱和聚酯等树脂及填料、固化剂等基体相结合,经拉挤工艺成型的复合筋材。通常分为螺纹筋和无螺纹筋两种。玄武岩纤维复合筋具有高强度、耐碱腐蚀等优良特性。

玄武岩纤维复合筋具有以下特点:

(1)抗拉强度。玄武岩纤维复合筋的强度均在750MPa以上,约为钢筋强度的1.5倍,但是破坏前的应力应变曲线近似直线,没有屈服阶段。

(2)抗拉弹性模量。玄武岩纤维复合筋的弹性模量在40~55GPa,是铜筋的36%,钢筋的1/5左右。因此在配有玄武岩纤维筋的混凝土结构中将不可避免地存在裂缝较宽的问题。

(3)相对密度。玄武岩纤维复合筋的相对密度在1.9~2.1g/cm^{3}之间,是钢筋的1/4和铜筋的1/5。这一特点使得玄武岩纤维筋在运输、施工和安装中更为方便,也减轻了结构自重。

(4)抗剪强度。玄武岩纤维筋的剪切强度较低,是极限抗拉强度的26%左右。

图6-12 玄武岩纤维复合筋

(5)耐久性。玄武岩纤维筋不生锈、耐腐蚀，可以在苛刻的环境下或超低温下使用。使用温度较广，在-270~700℃之间均可使用。

(6)其他。玄武岩纤维复合筋的电绝缘性能好，高温过滤性能佳、抗辐射、良好的透波性能。对于雷达站、电台和国防建筑混凝土等结构，钢筋混凝土结构的存在对整个结构的电磁场会产生不利的影响，用玄武岩纤维复合筋混凝土结构则可以满足此类特殊结构的要求。

表6-7为玄武岩纤维复合筋与钢筋性能的比较。从表中可以看出，玄武岩纤维复合筋的密度小，抗拉强度、屈服强度和热膨胀性均优于钢筋。所以玄武岩纤维复合筋可以替代钢筋，应用于公路、桥梁、机场、水利工程、地下工程和军事工程等领域。图6-13为玄武岩纤维复合筋在映汶高速A9标段上的应用。

表6-7 玄武岩纤维复合筋与钢筋性能比较[4]

名称		玄武岩纤维复合筋	钢筋
密度		1.9~2.1	10~10.4
抗拉强度		600~1500	500~700
屈服强度		600~800	280~420
拉伸弹性模量		50~65	200
热膨胀系数/(10^{-6}/℃)	纵向	9~12	11.7
	横向	21~22	11.7
耐碱性(强度保留率)/%		≥85	

图 6-13 玄武岩纤维复合筋在映汶高速 A9 标段上的应用

参考文献

[1] GBT 25045—2010 玄武岩纤维无捻粗纱.

[2] GBT 23265—2009 水泥混凝土和砂浆用短切玄武岩纤维.

[3] JTT 776.2—2010 公路工程玄武岩纤维及其制品第 2 部分:玄武岩纤维单向布.

[4] 赵党锋,刘华武,樊晓辉,等. 玄武岩纤维的性能及其制品在土木工程领域的应用[J]. 产业用纺织品,2010,(8):39-43.

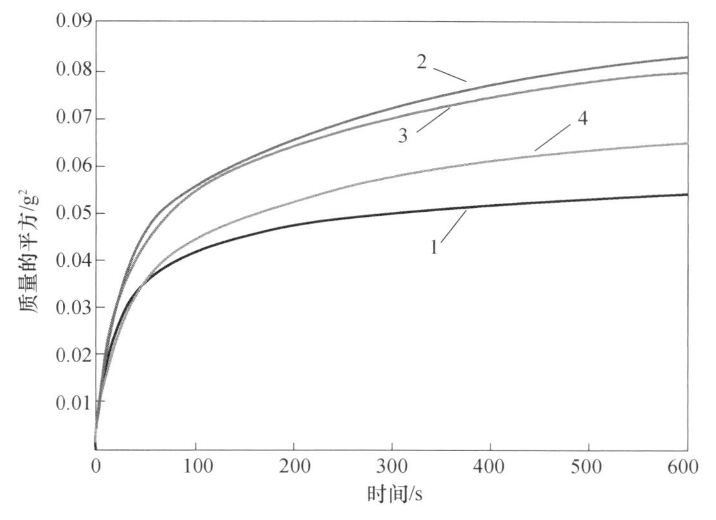

图 4-9　不同配方乳液涂层处理后的玄武岩纤维浸润曲线

1—聚丁二醇；2，3—聚醚和聚酯型的混合物；4—聚丙二醇。

(a)　　(b)

图 5-1　玄武岩纤维石油套管和油管

(a)玄武岩纤维石油套管；(b)玄武岩纤维石油油管。

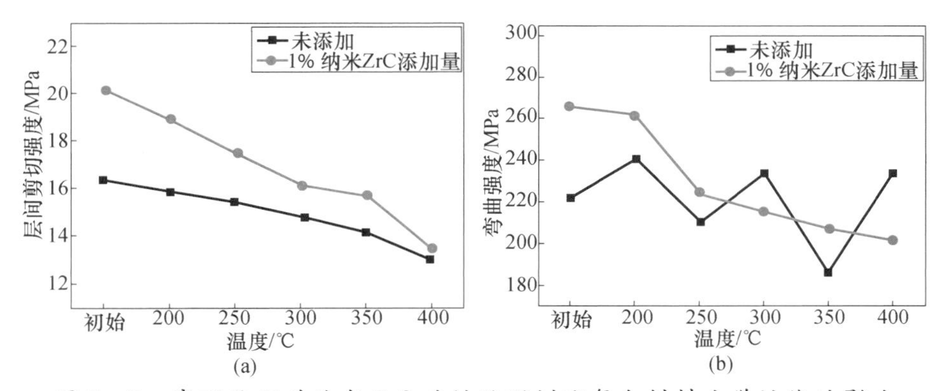

图 5-8　高温处理对纳米 ZrC 改性酚醛树脂复合材料力学性能的影响

(a)层间剪切强度；(b)弯曲强度。

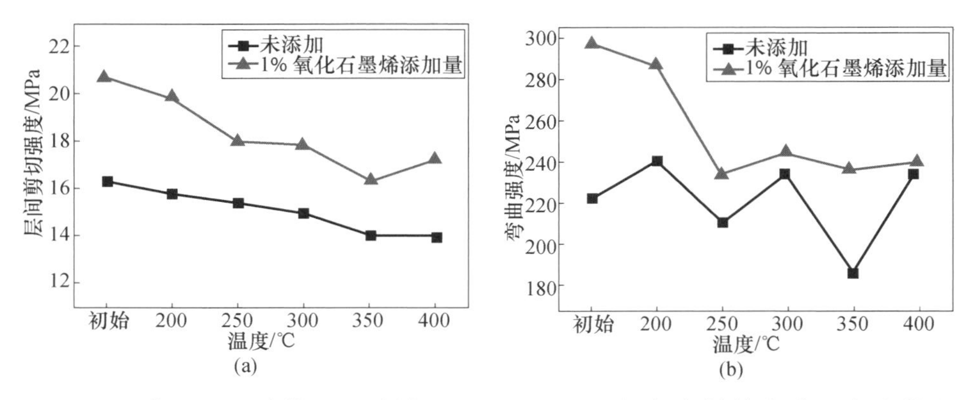

图 5-9　高温处理对氧化石墨烯改性酚醛树脂织物复合材料力学性能的影响

(a)层间剪切强度;(b)弯曲强度。

图 5-11　不同酚醛树脂体积分数复合材料烧蚀试样图片

(a)28%;(b)30%;(c)34%;(d)36%;(e)37.5%。

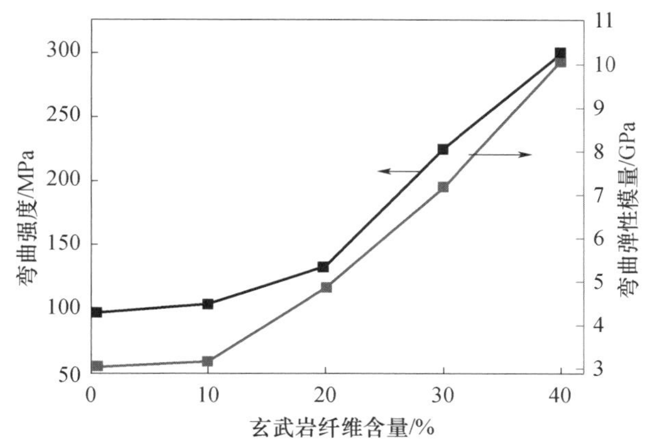

图 5-35 玄武岩纤维含量对 PA66/玄武岩纤维复合材料拉伸强度的影响

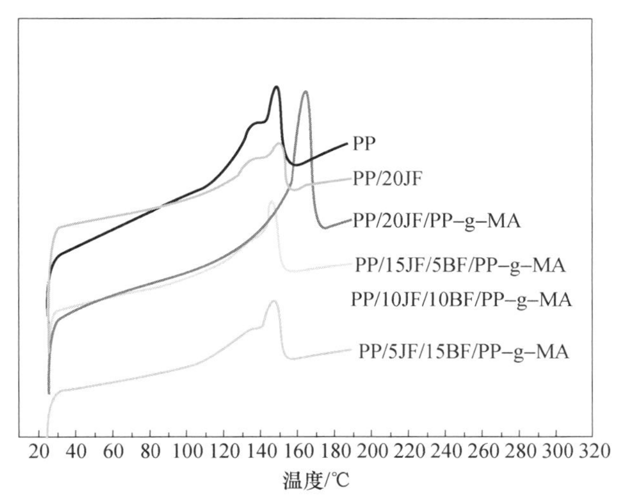

图 5-39 短切玄武岩纤维增强复合材料二次加热 DSC 曲线

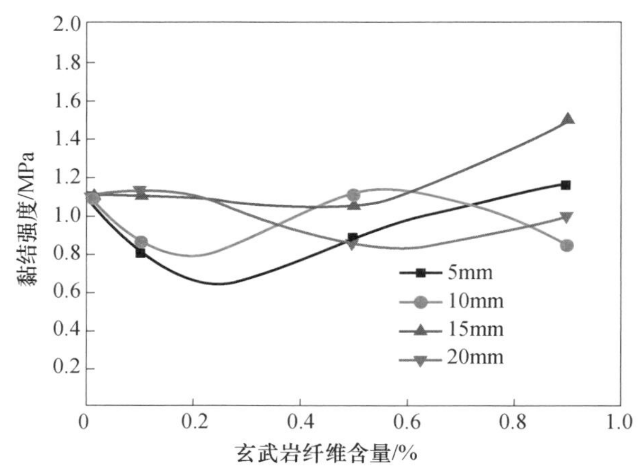

图 5－51　水泥砂浆黏结强度与纤维掺量的关系(水灰比 0.35)

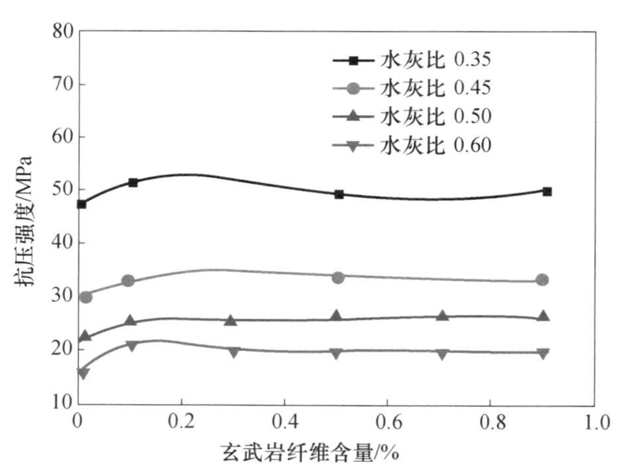

图 5－52　水泥砂浆抗压强度与玄武岩纤维掺量的关系

图 6 - 1　玄武岩纤维无捻粗纱

图 6 - 3　玄武岩纤维短切纱

(a)

(b)

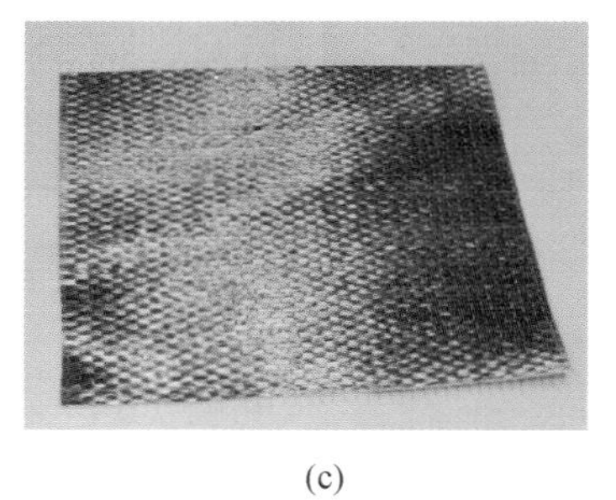

(c)

图 6-5 玄武岩纤维布

(a)方格布;(b)斜纹布;(c)单向布。

图 6-6 玄武岩纤维短切原丝毡

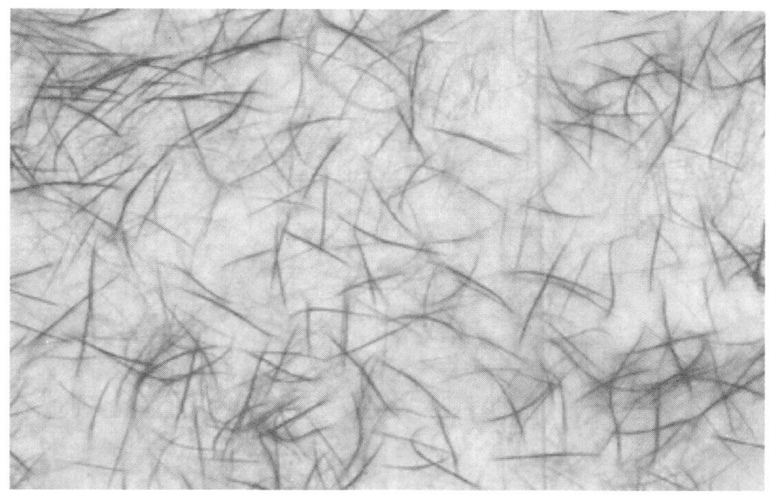

图 6 – 7 玄武岩纤维表面毡

图 6 – 9 玄武岩纤维三维夹芯织物

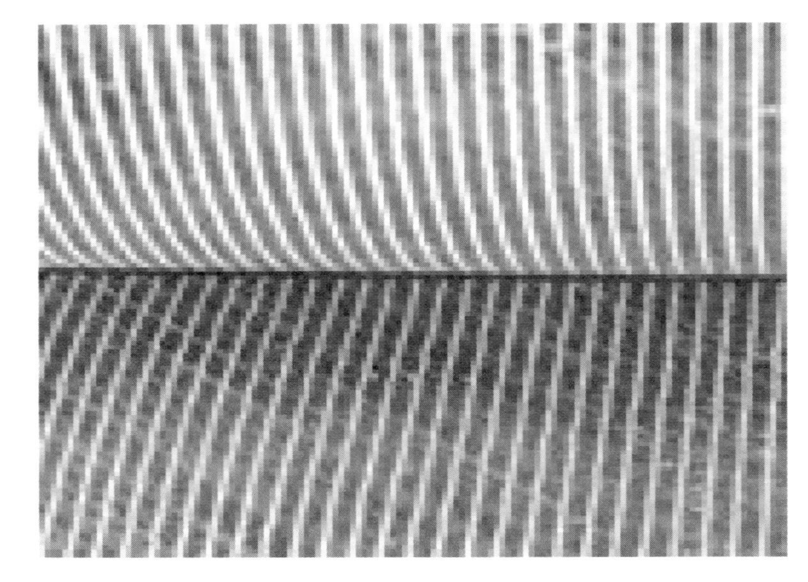

图 6-10　玄武岩纤维多轴向织物

图 6-13　玄武岩纤维复合筋在映汶高速 A9 标段上的应用